极速探索 HarmonyOS NEXT
纯血鸿蒙应用开发实践

主 编｜张云波
副主编｜徐建国 郭 峥 黄志伟

清華大学出版社
北 京

内 容 简 介

本书深入剖析了 HarmonyOS NEXT 的各项技术,通过丰富的实战案例,由浅入深地解析了 HarmonyOS NEXT 的原理与应用。借助多样化的实战案例和丰富的配套资源,读者可以全面了解并掌握鸿蒙开发的核心技术,以及鸿蒙应用在实际开发中的应用方法。

本书共分为四篇,共计 16 章,分别为鸿蒙开发基础篇、鸿蒙开发进阶篇、HarmonyOS SDK 开放能力集篇和鸿蒙特色案例实战篇,内容涵盖了鸿蒙开发的各个关键领域。另外,书中还提供了基于 HarmonyOS NEXT 的完整实战项目和 3 个特色案例,并附带了全套的源代码。

本书适合鸿蒙应用开发工程师、移动应用开发工程师以及对鸿蒙应用开发感兴趣的读者使用。同时,它也可以作为高等院校计算机专业中鸿蒙开发和移动应用开发方向学生的参考书。

本书封面贴有清华大学出版社防伪标签,无标签者不得销售。
版权所有,侵权必究。举报: 010-62782989, beiqinquan@tup.tsinghua.edu.cn。

图书在版编目(CIP)数据

极速探索 HarmonyOS NEXT:纯血鸿蒙应用开发实践 / 张云波主编. -- 北京:清华大学出版社, 2025.1.
ISBN 978-7-302-67859-5

Ⅰ. TN929.53

中国国家版本馆 CIP 数据核字第 2024P33Z85 号

责任编辑:王秋阳
封面设计:秦 丽
版式设计:楠竹文化
责任校对:范文芳
责任印制:刘 菲

出版发行:清华大学出版社
    网 址:https://www.tup.com.cn,https://www.wqxuetang.com
    地 址:北京清华大学学研大厦 A 座 邮 编:100084
    社 总 机:010-83470000 邮 购:010-62786544
    投稿与读者服务:010-62776969,c-service@tup.tsinghua.edu.cn
    质量反馈:010-62772015,zhiliang@tup.tsinghua.edu.cn
印 装 者:涿州汇美亿浓印刷有限公司
经 销:全国新华书店
开 本:185mm×230mm 印 张:25 字 数:603 千字
版 次:2025 年 1 月第 1 版   印 次:2025 年 1 月第 1 次印刷
定 价:119.80 元

产品编号:108468-01

前　　言

HarmonyOS NEXT 5.0 作为鸿蒙操作系统的最新纯正版本，彻底脱离了安卓运行时的环境，成为首款拥有独立生态的国产操作系统。这无疑是一项巨大的进步，也是信息技术国产化道路上的重要里程碑。

本书专为渴望深入探索 HarmonyOS NEXT 开发的人员打造。本书从 ArkUI 基础知识入手，系统地介绍了 HarmonyOS NEXT 的开发框架体系，帮助读者快速建立起整体认知。书中包含了大量实战案例，涵盖界面构建、网络交互、多设备适配和协同开发等多个场景。另外，书中还详细讲解了 HarmonyOS NEXT 新特性在实际项目中的应用，例如新的性能优化机制、HarmonyOS SDK 开放能力集的开发集成等内容。

此外，本书还提供了开发过程中的故障排查技巧和最佳实践经验。无论是初学者还是有一定经验的开发者，都能通过本书提升在 HarmonyOS NEXT 平台上的开发能力。

本书特点

- 循序渐进、由浅入深：从基础知识出发，逐步深入讲解 HarmonyOS NEXT 5.0 的各个层面。通过渐进式的学习路径，读者可以轻松地建立对 HarmonyOS NEXT 5.0 的全面理解。
- 强调方法和技巧：着重介绍在使用 HarmonyOS NEXT 5.0 进行开发过程中的项目架构设计、第三方库的使用及相关技巧，读者能够获得更多的实战经验，提升在实际项目中的应用水平。
- 配套资源丰富：书中配有丰富的架构图、学习视频和实战案例。读者可将学到的知识应用于实际工作中。

读者对象

- 鸿蒙应用开发工程师。
- 移动应用开发工程师。
- 对鸿蒙应用开发感兴趣的开发者。
- 高等院校计算机专业中鸿蒙开发和移动应用开发方向的学生。

读者服务

读者可通过扫描本书封底的二维码访问本书的专享资源官网或访问代码仓库、获取案例实战源码及其他学习资料，也可以加入读者群，下载最新学习资源或反馈书中的问题。

编写团队成员

本书由张云波担任主编，徐建国、郭峥、黄志伟担任副主编。另外，林伟强、郑茹娜、肖雁南、练为跃、廖科武和尹先进也参与了本书的编写工作。

勘误和支持

本书在编写过程中历经多次勘校、查证，力求减少差错，做到尽善尽美。但由于作者水平有限，书中难免存在疏漏之处，欢迎读者批评指正，也欢迎读者来信一起探讨。

编者

目 录

第一篇　鸿蒙开发基础

第1章　鸿蒙开发入门 2
- 1.1　挑战与星辰大海 2
- 1.2　HarmonyOS 整体介绍 3

第2章　搭建开发环境 DevEco Studio 6
- 2.1　获取开发者身份 6
- 2.2　安装与配置 7
- 2.3　DevEco Studio 界面常用布局 8
- 2.4　工程创建和管理 9
- 2.5　中文环境配置 12
- 2.6　代码模板管理 14

第3章　鸿蒙开发语法 16
- 3.1　ArkTS 语法介绍 17
  - 3.1.1　开启 ArkTS 编程之旅 17
  - 3.1.2　ArkTS 声明式 UI 20
- 3.2　鸿蒙应用程序框架 UIAbility 的介绍与使用 34
  - 3.2.1　UIAbility 的概念 34
  - 3.2.2　UIAbility 的生命周期 36
  - 3.2.3　UIAbility 基本用法 39
- 3.3　网络数据访问 43
  - 3.3.1　基本概念 43
  - 3.3.2　HTTP 网络数据请求开发入门 43
  - 3.3.3　实战案例 56
- 3.4　应用数据本地保存 61
  - 3.4.1　创建数据库 62
  - 3.4.2　添加数据 66
  - 3.4.3　查询数据 68
  - 3.4.4　更新数据 71
  - 3.4.5　删除数据 72
  - 3.4.6　升级数据库 73
  - 3.4.7　使用事务 75

第二篇　鸿蒙开发进阶

第4章　Navigation 78
- 4.1　基本用法 79
- 4.2　子页的生命周期 89
- 4.3　最佳实践——跨模块动态路由 96

第5章　Stage 模型详解 101
- 5.1　Stage 层级模型 101
- 5.2　UIAbility 103
- 5.3　AbilityStage 109

5.4 Want 信息传递载体 ……………… 110
5.5 进程和线程模型 ………………… 110

第 6 章 动画组件 ……………………… 113
6.1 简单动画 ………………………… 113
6.2 复杂动画 ………………………… 116
6.3 交互动画 ………………………… 121
6.4 高级动画效果 …………………… 124
    6.4.1 贝塞尔曲线实现的动画 …… 124
    6.4.2 使用弹簧曲线实现的动画 … 126
6.5 优化动画效果 …………………… 128

第 7 章 Web 组件 ……………………… 131
7.1 原生开发与 Web 开发 …………… 131
7.2 Web 组件概述 …………………… 132
7.3 在应用中显示 Web 页面 ………… 133
    7.3.1 页面显示 …………………… 133
    7.3.2 页面跳转 …………………… 140
7.4 与 Web 页面交互 ………………… 145
    7.4.1 通过控制器加载页面资源 … 145
    7.4.2 通过控制器加载 HTML
          格式的文本数据 …………… 146
    7.4.3 在应用中使用 Web 页面的
          JavaScript ………………… 147
7.5 其他场景 ………………………… 159

7.6 Web 组件应用实战案例 ………… 163

第 8 章 媒体 ……………………………… 171
8.1 Media Kit ………………………… 171
8.2 AVPlayer/SoundPool 音频播放 · 172

第 9 章 文件 ……………………………… 180
9.1 将数据写入文件 ………………… 180
9.2 从文件中读取数据 ……………… 183

第 10 章 Native 适配开发 ……………… 186
10.1 创建新项目 …………………… 186
10.2 调整主页面内容 ……………… 187
10.3 实现基本运算功能 …………… 188
10.4 更新 CMakeLists.txt ………… 190
10.5 使用基本运算函数 …………… 190
10.6 实现摄氏温度与华氏温度的
      转换功能 ……………………… 191

第 11 章 使用第三方库 ………………… 196
11.1 ZRouter ……………………… 197
11.2 Logger ………………………… 204

第 12 章 高效开发实践 ………………… 207
12.1 实践工程概述 ………………… 207
12.2 应用性能四板斧 ……………… 209
12.3 性能优化案例展示 …………… 210

第三篇　HarmonyOS SDK 开放能力集

第 13 章 应用服务 ……………………… 220
13.1 华为账号服务 ………………… 220
    13.1.1 账号服务概述 …………… 220
    13.1.2 账号服务实战 …………… 223

13.2 应用内支付服务 ……………… 239
    13.2.1 应用内支付服务概述 …… 240
    13.2.2 IAP Kit 服务实战 ………… 240
13.3 推送服务 ……………………… 257

13.3.1 Push Kit 服务概述 ……………………… 257
13.3.2 Push Kit 服务实战 ……………………… 261
13.4 定位服务 ……………………………………… 271
　13.4.1 Location Kit 开发指南 ………………… 272
　13.4.2 案例实操 ………………………………… 276
13.5 统一扫码服务 ………………………………… 277
　13.5.1 默认界面扫码 …………………………… 278
　13.5.2 自定义界面扫码 ………………………… 280
13.6 游戏登录服务 ………………………………… 284
　13.6.1 开发前置条件 …………………………… 285
　13.6.2 游戏登录的开发步骤 …………………… 288
13.7 通用文字识别 ………………………………… 298

13.7.1 开发步骤 ………………………………… 298
13.7.2 实现效果 ………………………………… 301
13.8 华为支付服务 ………………………………… 301
　13.8.1 华为支付分类 …………………………… 302
　13.8.2 华为支付服务场景 ……………………… 303
　13.8.3 开发前置条件 …………………………… 305
　13.8.4 华为支付服务的基本流程 …… 313
13.9 地图服务 ……………………………………… 317
　13.9.1 开发前置条件 …………………………… 318
　13.9.2 地图开发指导 …………………………… 321
　13.9.3 开发步骤 ………………………………… 322

第四篇　鸿蒙特色案例实战

第 14 章　Day Matters ……………………… 324
　14.1 使用开源三方库
　　　@nutpi/privacy_dialog
　　　实现隐私协议对话框 …………… 324
　14.2 网络获取数据 …………………………… 326
　14.3 鸿蒙多设备适配 ………………………… 327
　14.4 动画 ……………………………………… 328
　14.5 服务卡片 ………………………………… 329
第 15 章　坚果单车 …………………………… 332
　15.1 应用开发准备 …………………………… 332
　15.2 开发步骤 ………………………………… 337
第 16 章　酷酷音乐 …………………………… 354
　16.1 项目概述 ………………………………… 354

16.2 多设备部署支持 ………………………… 356
16.3 ohpm 模块依赖 ………………………… 360
16.4 UI 适配之自适应布局 ………… 364
16.5 UI 适配之响应式布局 ………………… 370
　16.5.1 获取窗口对象 …………………… 371
　16.5.2 通过媒体查询 …………………… 374
　16.5.3 借助栅格布局 …………………… 377
16.6 断点组件 ………………………………… 381
16.7 多设备能力验证 ………………………… 386
16.8 后台运行 ………………………………… 388
16.9 一镜到底 ………………………………… 391

V

第一篇 鸿蒙开发基础

第 1 章　鸿蒙开发入门
第 2 章　搭建开发环境 DevEco Studio
第 3 章　鸿蒙开发语法

第 1 章　鸿蒙开发入门

学习鸿蒙系统应用开发逐渐成为移动开发领域一项热门的技能，相关岗位招聘日益增多。快速入门鸿蒙开发是新手和开发者关注的焦点。在开始学习前，了解鸿蒙系统的诞生目标及整体介绍，对掌握其发展方向至关重要。

1.1　挑战与星辰大海

随着计算芯片在各类电子设备中广泛应用，过去一二十年间，其数量呈现了指数级的增长，增势之迅猛，几乎可与恒河沙数相比肩。这激发了人们的无限想象：是否有可能将这些设备通过一个统一的网络连接起来，从而实现万物互联？正是在这种愿景的推动下，物联网（IoT）的概念应运而生。

物联网的构想有必要付诸实践吗？当然！能够实现吗？能，但也充满挑战。试想，若将全国数量如恒河沙粒般的智能设备实现互联互通，其未来的应用前景无疑是广阔的，而面临的挑战也同样严峻。展望未来，一片充满无限可能的星辰大海依稀可见。因此，华为选择了从最基础的环节做起，稳步前行。

当前，国内电子产品开发商之间竞争激烈，形成数据和技术壁垒，阻碍了数据流通与生态互联。这导致设备功能的整合与统一服务体验难以实现。在这种环境下，开发者承受着巨大压力，需不懈努力以应对挑战。不同操作系统的设备需要维护一套独立的代码版本，重复开发，此为其难之一。不同的操作系统需要不同的语言栈，不同的开发框架，遵守不同的编程范式，需要开发者多才多艺，此为其难之二。现在主流的命令式编程，细节多、变化快、维护成本高，此为其难之三。

鉴于上述种种挑战，业界迫切期待有一位英雄能应运而生，犹如骑着赤兔马、踏着七色彩云的传奇人物，手持方天画戟来解救他们。而对于这一角色，鸿蒙操作系统（HarmonyOS）正是承载着这样期望的英雄。

我们不能仅以安卓和 iOS 的视角来审视 HarmonyOS，它们并非同一个时代的产物，而是要用不一样的战略性的思维与眼光去看待互联网繁荣过后的经济发展新竞赛。HarmonyOS 要打造的场景，不是简单地让企业把原来的应用从安卓系统或 iOS 移植到一个新系统进行使用。

HarmonyOS 是一款面向未来、专为全场景智能互联设计的新一代操作系统。它采用统一的开发语言，使开发者能够无缝适应各种应用场景，从而显著降低开发难度和使用门槛。相较于安卓、iOS 等传统操作系统，HarmonyOS 最大的创新在于其分布式设计，该设计支持多设备间的智能互联与协同工作。

分布式操作系统将计算任务分配到多个节点上处理，从而提升效率和性能。与传统的集中式系统相比，它具有更好的可扩展性、更强的容错能力和更高的资源利用率。基于分布式原理设计的

HarmonyOS 具备高性能、高效率和流畅运行的特点，能够良好地支持物联网环境中用户所需的简便、连续、智能、统一及安全可靠的交互体验。

为应对物联网场景中设备种类繁多的挑战，HarmonyOS 创新性地构建了"1+8+N"的全场景智慧生态网。"1"代表智能手机，作为万物互联的核心入口；"8"则涵盖了 8 大核心智能设备：汽车、耳机、手环、音箱、平板、电视、眼镜和 PC；"N"则进一步扩展到了包括摄像头、扫地机器人在内的各类物联网生态设备。

HarmonyOS 让用户仅需一个操作系统即可享受"1+8+N"的全场景智慧生活，实现无缝连接，尽享万物互联带来的便捷体验，如图 1-1 所示。

图 1-1 "1+8+N"的全场景智慧生态网

全场景下的鸿蒙操作系统构建的生态具有如下 4 个特征。

（1）从单一设备延伸到多设备。
（2）从厚重应用模式到轻量化服务模式。
（3）从集中化分发到 AI 加持下的智慧分发。
（4）基于 AI 的纯软件变为软硬芯协同。

1.2　HarmonyOS 整体介绍

1. 概述

在科技飞速发展的今天，操作系统已不仅仅是硬件与软件之间的桥梁，它已成为生活中不可或缺的一部分。HarmonyOS 犹如一缕清风，它不仅现身于我们的手机之中，更多在多样化的应用场景中展现出其非凡的适应性和灵活性。

HarmonyOS 是一款面向未来设计的操作系统，适用于工作、健身、沟通交流以及娱乐等多种需求。该系统的独特之处在于其不限于单一设备，而是在多种设备上运行，从而实现无缝连接与协作。从用户视角、应用开发视角以及设备开发视角这 3 个不同的维度审视，更能体会到 HarmonyOS 的独特魅力。

（1）从用户视角来看，HarmonyOS 的过人之处在于它能将用户周边的设备都连接起来，形成类似超级设备的效果。无论是手机、手表还是车载系统，都能轻松地互相沟通和分享资源，让我们的生活更加便捷。

（2）从应用开发视角来看，HarmonyOS 让开发者的工作变得更简单。HarmonyOS 支持多种设备，开发者只需关注如何优化应用即可，无须担心适配各种设备的问题，从而可以更快地推出更多优秀的应用。

（3）从设备开发视角来看，HarmonyOS 同样具有吸引力。由于其模块化设计，可以根据设备的性能和需求进行定制，从而使设备制造商能够确保其产品在性能和功能上达到最优状态。

2. 定位

HarmonyOS 的技术定位可概括为一套基于同一系统能力、适配多种终端形态的分布式操作系统。这一定位不仅展现了鸿蒙系统在技术实现上的创新，也体现了华为对智能终端未来发展趋势的深刻洞察。

凭借其分布式特性与能力，HarmonyOS 为用户、应用开发者和设备制造商提供了极大的便利，预示着我们即将步入一个更加智能、流畅的生活时代。

设想这样一个场景：你的智能手表、车载系统乃至家中的微波炉，全都借助同一套操作系统实现流畅的互联互通。这并非幻想，而是 HarmonyOS 凭借其分布式技术实现的现实。这项技术如同设备之间的一种共通语，让它们能够相互理解、协同工作，共同构筑出一个真正的智能生态圈。

接下来，让我们探索两个具体的生活场景。

场景一：

林先生每天早上通过智能手表查看日程。当他向车库走去时，车载系统已经通过 HarmonyOS 与手表沟通，知道了目的地并提前规划路线。车载系统还能根据手机播放列表自动调整到林先生喜欢的电台，使早晨通勤更加顺畅、愉快。

场景二：

周女士下班时常因是否需要购买食材而犹豫。现在，她只需在购物应用中添加所需食材到购物车，HarmonyOS 就会在各个设备间同步这一信息。当她上车时，车载系统便会询问她是否需要购买食材，并根据实时交通情况为其推荐最佳的行驶路线。

---

3. 主要特性

站在新时代的起点上，随着"十四五"规划的稳步实施，我们步入了一个智能互联网的新时代。在这样的背景下，HarmonyOS 应运而生，它不仅顺应了移动生态的发展趋势，更以独树一帜的分布式技术，提出了三大具有前瞻性的理念：一次开发、多端部署；可分可合、自由流转；统一生态、原生智能。这为未来的数字生活描绘了一幅壮丽的蓝图。

通过林先生与周女士的案例，我们将一睹 HarmonyOS 三大技术特性的魅力。林先生，一位开发工程师；周女士，一位身兼家庭主妇与办公室文书双重角色的现代女性。在 HarmonyOS 构筑的世界里，他们的日常生活变得更加便捷、高效。

1）一次开发、多端部署

"一次开发、多端部署"的理念大幅提高了开发效率，意味着开发者只需编写一套代码，便能在多种设备上无缝部署应用。这不仅节省了资源，还加快了新应用上线的速度，满足了快速变化的市场需求。

林先生负责开发一款新的应用程序。利用 HarmonyOS "一次开发、多端部署"的理念，他仅需编写一套代码，就能在智能手机、平板，甚至电视上无缝运行。这项技术特性不仅节省了他的开发时间，还使得应用能迅速适应市场的变化，满足不同端侧用户的需求。

2）可分可合、自由流转

"可分可合、自由流转"的设计理念充分展现了其分布式架构的强大优势。用户在智能手机、平板、电视或车载系统上的操作和数据,都能实现自然、流畅的过渡,为用户提供了无缝连贯的跨设备使用体验,这正是构建智能生活环境的关键所在。

在开发阶段,开发者通过业务解耦将不同的业务拆分为多个模块。在部署阶段,开发者可以自由组合一个或多个模块,打包成一个APP包统一上架。在分发运行阶段,每个HAP都可以单独分发以满足用户的单一使用场景,也可以多个HAP组合分发以满足用户更加复杂的使用场景。

> 周女士经常需要在多个设备之间切换工作内容。借助HarmonyOS的"可分可合、自由流转"特性,她能将文档从办公室的电脑无缝转移到家里的华为平板电脑、华为手机或华为智慧屏上继续编辑,无须通过邮件或其他方式传输文件。这不仅提高了她的工作效率,也让她的工作更加灵活自如。

3)统一生态、原生智能

"统一生态、原生智能"的理念强调了在统一的HarmonyOS生态中,每个设备都能原生、智能化地互联互通。这种设计不仅为用户带来了便捷,也为设备制造商和应用开发者创造了巨大的发展空间,推动了整个产业的智能化升级。

> 在他们的小家庭中,每一个设备都通过HarmonyOS连接成了一个智能生态圈。例如,当林先生晚上加班时,他可以通过智能手表提醒周女士为他准备晚餐。同时,厨房的智能屏幕会根据他们的健康饮食习惯推荐营养菜单,并自动调节烤箱的温度和时间。这一切的智能化操作,都源于HarmonyOS强大的统一生态系统,让生活变得更加简单和美好。

第 2 章　搭建开发环境 DevEco Studio

在正式开启开发旅程前，我们需要先完成以下准备工作。
（1）成为开发者。
（2）创建应用。
（3）安装与配置 DevEco Studio IDE。

2.1　获取开发者身份

本节从基本的注册流程入手，指导开发者如何逐步成为华为开发者社区的认证成员。

1．访问官方网站

在浏览器中搜索华为开发者联盟（https://developer.huawei.com/consumer/cn/），单击右上角的用户头像，即可跳转至登录页面。

对于初次接触的开发者而言，首要的步骤是注册一个华为账号。

2．填写注册信息

在华为开发者联盟的注册过程中，提供了两种便捷的注册方式：手机号注册和邮件地址注册。无论选择哪种注册方式，您都需要使用有效的手机号码或一个能够正常接收邮件的邮箱地址。手机号注册和邮箱地址注册分别如图 2-1 与图 2-2 所示。

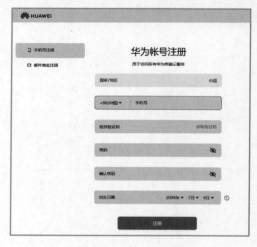

图 2-1　手机号注册

图 2-2　邮箱地址注册

2.2 安装与配置

下面开始安装最新版的 DevEco Studio（下载网址为 https://developer.huawei.com/consumer/cn/download/），步骤如下。

（1）进入如图 2-3 所示的 DevEco Studio 安装向导单击"下一步"按钮。在图 2-4 所示界面选择安装路径，然后单击"下一步"按钮。

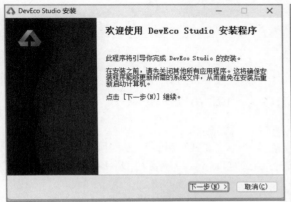 

图 2-3　打开安装程序　　　　　　　　　图 2-4　安装路径选择

（2）在图 2-5 的安装选项界面选中 DevEco Studio 和"添加″bin″文件夹到 PATH"复选框后，单击"下一步"按钮，如图 2-6 所示。在图 2-7 中单击"安装"按钮即可进入安装过程，如图 2-8 所示。

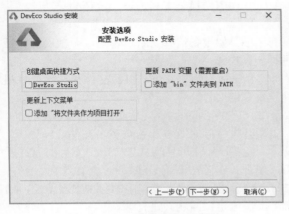 

图 2-5　IDE 系统配置选项窗口　　　　　　图 2-6　IDE 系统配置情况

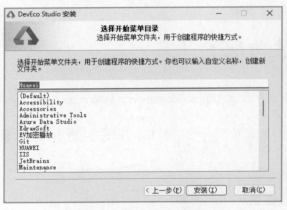

图 2-7 创建程序的快捷方式

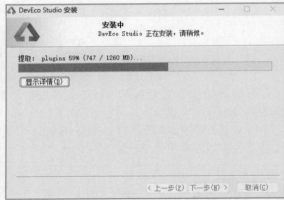

图 2-8 安装过程

2.3　DevEco Studio 界面常用布局

在 DevEco Studio 中，我们主要关注的布局包括菜单栏、调试工具栏、工程目录区、编码工作区、双向预览区以及日志输出与调试区。当我们进行调试时，需要将设备与 DevEco Studio 连接，或者启动模拟器。在调试工具栏中，会显示"No Devices"的字样。单击这个下拉列表，选择我们要调试的设备。接下来，单击小虫子图标旁边的小三角图标进行设备的调试。小三角图标表示设备将以非断点模式运行，即在测试软件时，不会触发 DevEco Studio 中的断点。而小虫子图标则表示在测试软件的过程中，当运行到我们设置的断点位置时，异常会被 DevEco Studio 捕获，从而进行调试分析。

DevEco Studio 工作区中各个区域的概要介绍如下，如图 2-9 所示。

（1）菜单栏：位于界面顶部，提供文件管理、编辑、视图切换、工具选项以及帮助等功能。通过菜单栏可以访问 DevEco Studio 的大部分功能和设置。

（2）调试工具栏：集成了调试相关的工具和控制选项，如设备选择、断点管理、调试启动和停止等。使用这些工具，开发者可以方便地对应用进行调试操作。

（3）工程目录区：显示当前打开项目的文件结构，包括所有代码文件、资源文件和其他项目相关文件。用户可以通过工程目录区快速定位和管理项目中的文件。

（4）编码工作区：这是编写和维护代码的主要区域，提供了代码编辑、语法高亮、代码补全等功能，支持多文件同时编辑，并可进行窗口分割，以便开发者同时查看和编辑多个文件。

（5）双向预览区：用于实时预览应用的 UI 设计，能够以所见即所得（WYSIWYG）的方式展示应用界面。这一区域通常与编码工作区配合使用，便于开发者在调整 UI 时即时查看效果。

（6）日志输出与调试区：显示应用编译过程的日志信息，以及调试过程中的各种输出信息，如日志、异常、堆栈跟踪等。通过这些信息，开发者可以快速定位问题并进行调试。

第 2 章 搭建开发环境 DevEco Studio

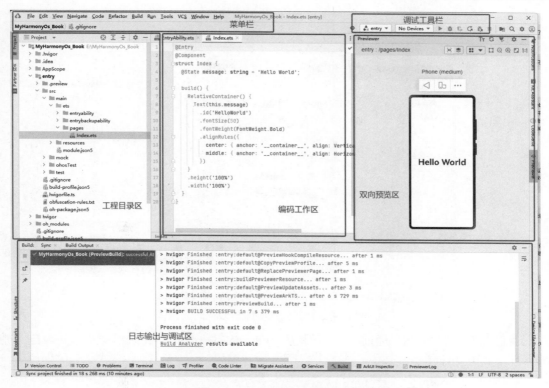

图 2-9 DevEco Studio 工作区

这些区域协同工作,为开发者提供了一个全面、便捷的开发环境,使开发、调试和维护应用变得更加高效。

2.4 工程创建和管理

我们在着手开发新的应用程序或服务之前,首要任务是创建一个新的项目。DevEco Studio 提供了一个详细的项目创建向导以简化这一流程。遵循该向导的步骤,便会自动生成一套基础的代码和资源框架,为开发者奠定开发基础,从而快速启动项目的开发工作。

在使用 DevEco Studio 进行开发时,建议开发者为每个开发窗口预留至少 2GB 的可用内存空间,以确保软件运行顺畅。

DevEco Studio 内置了一些工程模板,这些模板针对不同的设备类型和 API 版本进行了优化。在创建工程之前,请先查阅相关文档以了解不同模板的特性。

要创建 HarmonyOS 项目,可以通过以下两种方式之一打开项目创建向导,如果当前没有打开任何工程,可以在 DevEco Studio 的欢迎界面上选择 Create Project 来新建项目。创建项目方式一如图 2-10 所示。

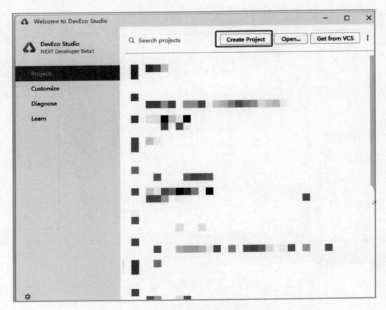

图 2-10 创建项目方式一

如果已有项目打开，可以通过单击菜单栏的"File→New→Create Project"来创建新项目。创建项目方式二如图 2-11 所示。

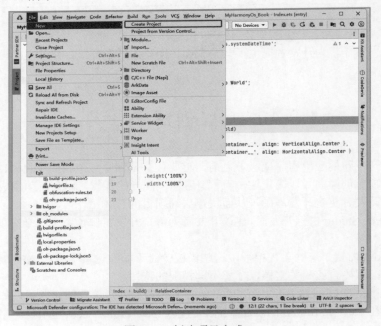

图 2-11 创建项目方式二

第 2 章 搭建开发环境 DevEco Studio

根据向导提示选择想要创建的是普通的应用程序（Application）或原子服务（Atomic Service），然后挑选合适的 Ability 模板，并单击 Next 按钮。选择能力模板界面如图 2-12 所示。

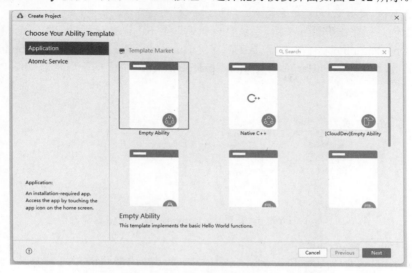

图 2-12 选择能力模板界面

注意：从 API 11 版本开始，DevEco Studio 支持开发 Atomic Service，但这种类型的服务还不支持本地（native）开发。

接下来，需要根据工程配置页面的指引填写项目的基本信息，如图 2-13 所示。

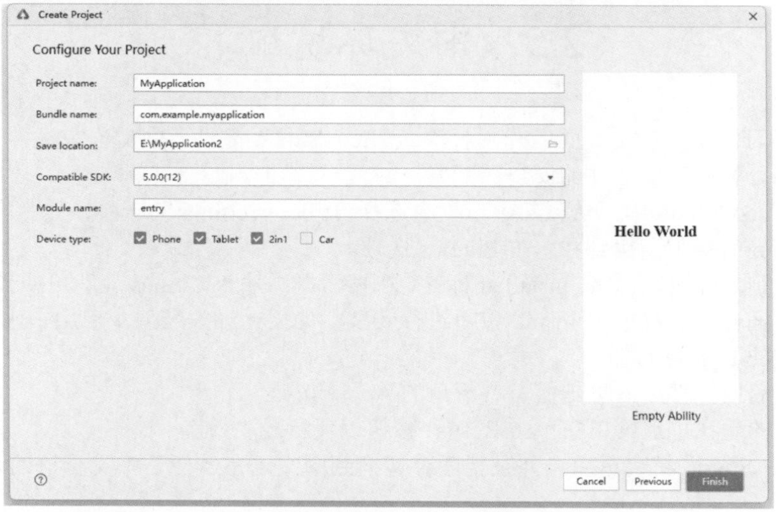

图 2-13 配置工程信息

Project name 表示工程名称，可以自定义，包含字母、数字和下画线。Bundle name 表示应用的唯一标识包名,有特定的格式要求,如 com.example.myapplication。Save location 表示工程文件的保存路径,不能含有中文字符。Compatible SDK 表示设置兼容的最低 API 版本。Module name 表示模块名称。Device type 表示支持的设备类型。

配置完以上信息后单击 Finish 按钮,系统会自动处理余下的创建过程,即生成代码和资源的示例。

如果创建 OpenHarmony 工程,则需要在已有的 HarmonyOS 工程基础上修改 build-profile.json5 文件中的如下几个字段。OpenHarmony 中 build-profile.json5 文件中的配置信息如图 2-14 所示。

```
"products": [
  {
    "name": "default",
    "signingConfig": "default",
    "compileSdkVersion": 12,        //指定OpenHarmony应用/服务编译时的版本
    "compatibleSdkVersion": 12,     //指定OpenHarmony应用/服务兼容的最低版本
    "runtimeOS": "OpenHarmony",
  }
],
```

图 2-14　OpenHarmony 中 build-profile.json5 文件中的配置信息

(1)添加 compileSdkVersion 字段。
(2)将 compatibleSdkVersion 和 compileSdkVersion 设置为 10、11 或 12 等整数。
(3)将 runtimeOS 的值从 HarmonyOS 更改为 OpenHarmony。

接着单击 Sync Now 进行同步,并在接下来出现的检查弹窗中单击 Yes 确认变更。这将更新你的工程配置以适配 OpenHarmony 的默认设备类型,并移除不兼容的设备类型。如果同步过程中没有错误,那么 OpenHarmony 工程就创建成功了。

2.5　中文环境配置

对于那些不习惯使用英文界面的开发者,DevEco Studio 提供了中文语言插件。开发者只需通过以下步骤,即可轻松完成插件的安装和配置。
(1)在 DevEco Studio 中,从顶部菜单栏中选择"File→Settings"选项。
(2)在左侧导航栏中,找到并单击 Plugins 选项。
(3)选择 Marketplace 标签或 Installed 标签,在搜索框中输入 Chinese,即可找到中文语言插件。如果未安装过该插件,可以单击 Install 按钮进行安装;如果已经安装但未启用,则选择 Chinese 选项,并单击下方的 Enable 按钮。
(4)安装或启用插件后,单击窗口右下角的 Apply 按钮。
(5)在弹出的确认重启窗口中单击 Restart 按钮以使更改生效。
(6)DevEco Studio 将会重启,并且界面会切换到中文语言,便于中文母语的开发者更加方便地使用。

通过以上步骤,开发者可以根据自己的语言偏好,将 DevEco Studio 的开发环境设置为中文,从而更舒适地进行开发工作。以上步骤对应的界面分别如图 2-15～图 2-17 所示。

第 2 章　搭建开发环境 DeVEco Studio

图 2-15　选择文件菜单

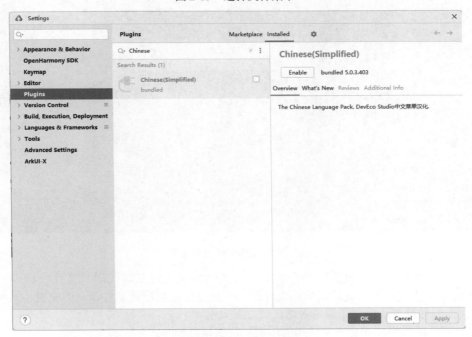

图 2-16　插件市场

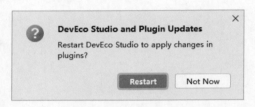

图 2-17　安装后提示重启

2.6　代码模板管理

在 DevEco Studio 中，开发者可以自定义文件和代码的模板，以便在创建新文件时自动使用这些预设的格式。设置模板的步骤如下。

（1）打开 DevEco Studio，从顶部菜单栏选择"File→Settings"，如图 2-18 所示。

（2）在设置窗口中，导航到 Editor，选中 File and Code Templates，如图 2-19 所示。

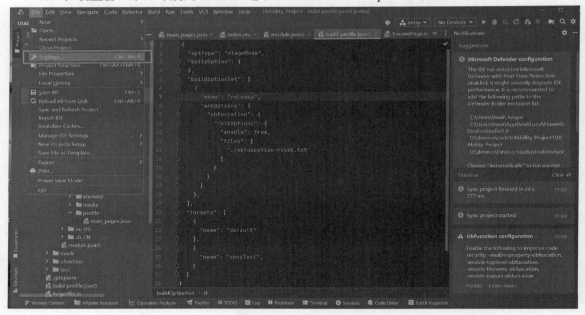

图 2-18　文件与代码模板设置步骤一

在这里，我们可以配置和管理工程的文件与代码模板。定义好代码和文件模板后，每当在 DevEco Studio 中创建相应语言的新代码文件时，它都会自动按照开发者预设的模板格式来生成。这样不仅使代码保持一致性，还能显著地提高开发效率。

图 2-20 展示的模板格式是笔者使用的示例，仅供读者参考。

第 2 章 搭建开发环境 DevEco Studio

图 2-19 文件与代码模板设置步骤二

```
1   // TAG 表示当前 UIAbility 表示，用语日志信息
2   const TAG:string = '[${FILE_NAME}]'
3   @Component
4     @Entry
5   /**
6    * author: ${USER}
7    * date: ${DATE} ${TIME}
8    */
9   export struct ${NAME}
10  {
11    currentFileName: string = '${NAME}' // ${NAME}: 当前项目的名词（不含后缀）
12    build(){
13      Column(){
14        Text(this.currentFileName)
15          .id('${FILE_NAME}') // ${FILE_NAME}: 当前项目的名词（含后缀）
16          .fontSize(50)
17          .fontWeight(FontWeight.Bold)
18          .alignRules({
19            center: { anchor: '__container__', align: VerticalAlign.Center },
20            middle: { anchor: '__container__', align: HorizontalAlign.Center }
21          })
22      }
23      .width('100%')
24      .height('100%')
25      .justifyContent(FlexAlign.Center)
26    }
27  }
```

图 2-20 ArkTS 模板格式参考

第 3 章 鸿蒙开发语法

ArkTS（方舟开发语言）是 HarmonyOS 的一种应用开发语言，专为构建高性能应用而设计。它在保持 TypeScript 基本语法风格的基础上，对 TypeScript 的动态类型特性施加更严格的约束，引入静态类型，特别适合中大型项目的开发。同时，ArkTS 匹配了 ArkUI 框架，扩展了声明式 UI、状态管理等相应的能力，让开发者可以用更简洁、自然的方式开发高性能应用。

在介绍 ArkTS 之前，我们有必要先了解 JavaScript 和 TypeScript 这两门语言以及这两门语言的对比，这有助于我们更好地理解 ArkTS 的设计思路与理念。

1. JavaScript

JavaScript（简称 JS）是一门广泛使用的动态编程语言，常用于 Web 和前端应用开发，它具有动态性、浏览器广泛支持、简洁灵活的特性。JS 的变量类型可以在运行时更改，它被所有现代浏览器所支持，其语法简单易学，且容易上手。因此，在 Web 和前端应用开发中，JS 的受众极广。JS 适用于需要快速开发以及有更大灵活需求的项目。

2. TypeScript

相比于 JavaScript，TypeScript（简称 TS）提供了静态类型检查，有助于提高代码的可读性和可维护性。TypeScript 拥有更好的面向对象编程风格，代码重构更安全、容易。

与 JavaScript 相比，TypeScript 更适合大型项目及需要高度团队协作的项目，其提供的类型检查和更优秀的代码组织能力可以提升开发效率和代码质量。

3. JavaScript 和 TypeScript 的对比

下面通过案例了解二者的对比。

【案例1】JavaScript 能直接将一个字符串类型的数据更改为一个数值型的数据，而 TypeScript 则会报类型异常。JavaScript 代码如下。

```
let name = "huawei"
name = 123
```

以上代码能编译通过，而下面的 TypeScript 代码则会报错，因为 TypeScript 会严格检查代码类型。

```
let name:string = "huawei"
name = 123
```

【案例2】JavaScript 语句不需要做类型检查，且不需要指定参数和返回类型的值，而 TypeScript 语句需要指定参数的类型。JavaScript 代码如下。

```
function sum(a, b){
    return a + b;
}
```

以上代码可以编译通过,但在 TypeScript 中则会报错。TypeScript 通过指定参数类型和返回值类型,使代码易于理解和维护,有助于开发者在开发中减少错误。TypeScript 代码如下。

```
function sum(a:number, b:number):number{
    return a + b;
}
```

【案例 3】JavaScript 简洁灵活,可快速实现交互效果。而 TypeScript 通过定义用户的数据结构,使数据更容易处理以及代码更容易维护。JavaScript 实现按钮单击事件的代码如下。

```
<button onclick="changeColor()">改变颜色</button>
<script>
    function changeColor(){
        document.body.style.backgroundColor = "red";
    }
</script>
```

TypeScript 定义接口数据结构,并定义方法处理数据,代码如下。

```
interface User{
    id:number;
    name:string;
}
class userService{
    saveUser(user:User){
        // 对数据进行操作
    }
}
```

3.1 ArkTS 语法介绍

本节将介绍 ArkTS 的基本语法、ArkTS 声明式开发范式和 ArkTS 中 UI 装饰器的使用,如 @State、@Entry、@Component 等。

3.1.1 开启 ArkTS 编程之旅

下面将探讨 ArkTS 的具体特性,并通过大量实例帮助读者更好地编写 HarmonyOS 应用程序。欢迎踏上这段 ArkTS 的奇妙旅程,它将改变你编写代码的方式以及处理常见编程问题的思路。

1. ArkTS 概述

(1) ArkTS 语法继承自 TypeScript,并在其基础上进行了优化。与 TypeScript 相比,ArkTS 拥有更强的类型约束,ArkTS 的继承关系如图 3-1 所示。

(2) ArkTS 提供了声明式 UI 范式,这也是当下移动开发的最新趋势之一。

(3) ArkTS 摒弃了影响运行时的性能的语法,如 Any。取而代之的是显式类型定义或类型推断。

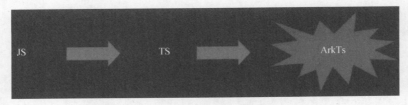

图 3-1　ArkTS 的继承关系

（4）针对 JS/TS 并发能力有限的问题，ArkTS 提供了更强的并发能力及相应的 API。

（5）ArkTS 兼容 TS/JS 生态，使现有三方库能方便使用。

2．示例

下面介绍一些有趣的 ArkTS 示例。其中，对于常见问题求解，ArkTS 可提供更加简洁、灵活的方法。本节的相关示例尽量保持简单且具有自解释功能，但会涉及本书中的后续内容，读者如不能理解其中内容实属正常现象。下面主要讨论 ArkTS 语言可实现的各种功能，读者暂时无须关注其中的细节内容。首先从变量的声明开始学习，代码如下。

```
function addTen(x: number): number {
  var ten = 10;
  return x + ten;
}
```

重构后的代码如下。

```
function addTen(x: number): number {
  let ten = 10;
  return x + ten;
}
```

注意：在 ArkTS 中，声明变量时不能使用关键字 var，而必须使用关键字 let。如果不遵守该约束，将会导致程序编译失败，如图 3-2 所示。

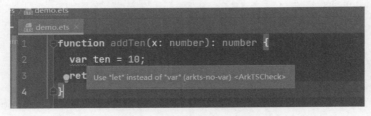

图 3-2　ArkTS 不能用 var 关键字

静态类型也是 ArkTS 最重要的特性之一。如果程序采用静态类型，即所有类型在编译时都是已知的。那么，开发者就能容易理解代码中使用了哪些数据结构。同时，由于所有类型在程序实际运行前都是已知的，编译器可以提前验证代码的正确性，从而减少运行时的类型检查，有助于提升性能。

我们再看一个案例，代码如下。

```
class Point {
  public x: number = 0
```

```
  public y: number = 0
  constructor(x: number, y: number) {
    this.x = x;
    this.y = y;
  }
}
// 无法从对象中删除某个属性,从而确保所有 Point 对象都具有属性 x
let p1 = new Point(1.0, 1.0);
(p1 as any);   // 在 TypeScript 中不会报错,但在 ArkTS 中会产生编译时错误
```

ArkTS 中会产生编译时错误如图 3-3 所示。

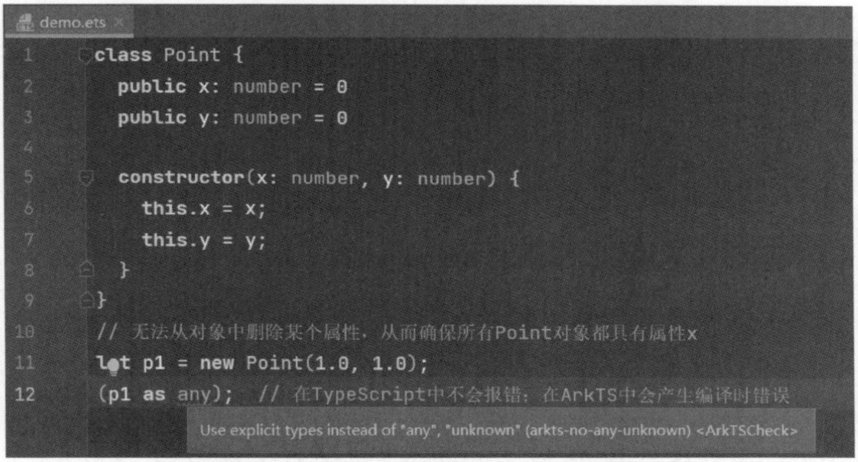

图 3-3 ArkTS 不能用 any、unknown 关键字

从图 3-3 可知,编译器提示我们,"使用具体的类型来代替 any,unknown",否则会产生编译时错误。

其实,any 类型在 TypeScript 中并不常见,只有约 1%的 TypeScript 代码库使用。一些代码检查工具(如 ESLint)也制定了一系列规则来禁止使用 any。虽然禁止 any 将导致代码重构,但重构量很小,且有助于整体性能的提升。基于上述考虑,ArkTS 中禁止使用 any 类型。

上述内容简明扼要地描述了 ArkTS 语法的某些特性,不能理解其中内容实属正常现象。下面将详细介绍 ArkTS 的底层原理。

3. 底层原理

ArkCompiler 会将 ArkTS/TS/JS 编译为方舟字节码,在运行时直接运行方舟字节码。ArkCompiler 使用多种混淆技术提供更高强度的代码混淆与保护,使 HarmonyOS 应用包中装载的是多重混淆后的字节码,有效地提高了应用代码的安全强度。ArkTS 底层原理如图 3-4 所示。

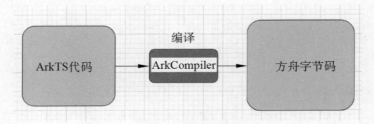

图 3-4 ArkTS 底层原理

3.1.2 ArkTS 声明式 UI

ArkUI（方舟 UI 框架）为应用的 UI 开发提供了完整的基础设施，包括简洁的 UI 语法、丰富的 UI 功能（组件、布局、动画以及交互事件），以及实时界面预览工具等，支持开发者进行可视化界面开发。

下面先介绍两个基本概念。

（1）UI：即用户界面。开发者可以将应用的用户界面设计为多个功能页面，每个页面进行单独的文件管理，并通过页面路由 API 完成页面间的调度管理，如跳转、回退等操作，以实现应用内的功能解耦。

（2）组件：UI 构建与显示的最小单位，如列表、网格、按钮、单选框、进度条、文本等。开发者通过多种组件的组合，可以构建出满足自身应用诉求的完整界面。

针对不同的应用场景及技术背景，方舟 UI 框架提供了两种开发范式，分别是基于 ArkTS 的声明式开发范式（简称"声明式开发范式"）和兼容 JS 的类 Web 开发范式（简称"类 Web 开发范式"）。

（1）声明式开发范式：采用基于 TypeScript 声明式 UI 语法扩展而来的 ArkTS 语言，从组件、动画和状态管理三个维度提供 UI 绘制能力。

（2）类 Web 开发范式：采用经典的 HML（Huawei Markup Language）、CSS、JavaScript 三段式开发方式，即使用 HML 标签文件搭建布局、使用 CSS 文件描述样式、使用 JavaScript 文件处理逻辑。该范式更符合 Web 前端开发者的使用习惯，便于快速将已有的 Web 应用改造成方舟 UI 框架应用。

注意：本节主要是基于声明式开发范式讲解 ArkUI。

1. 声明式 UI

在讲解声明式 UI 前，我们需要先了解命令式 UI 的概念。命令式 UI 关注的是 UI 的过程。index.html 的代码如下。

```
<div class="column">
  <text class="title">
    Hello ArkUI
  </text>
</div>
```

index.css 代码如下。

```
.column{
    flex-direction: column;
```

```
        justify-content: center;
}
.title{
        font-size: 38px;
        color: green;
}
```

命令式 UI 的操作代码如下。

```
view b = findViewById(title)
b.setOnClickListener(()=>{
  b.setColor(Color.RED)
})
```

上面的代码展示了命令式 UI 的开发过程，代码的功能是动态改变文本的颜色，使用 findViewById()等方法遍历树节点以找到对应的视图，并通过调用视图对象公开的 setter 方法更新视图的 UI 状态。

下面来看数据驱动的声明式 UI，代码如下。

```
@Entry
@Component
struct Index {
  @State message: string = 'Hello ArkUI';

  build() {
    Column(){
      Text(this.message)
        .fontSize(20)
        .fontColor(Color.Orange)
        .onClick((event)=>{
          this.message = 'Hello harmony'
        })
    }
  }
}
```

在上面的代码中，我们应关注应用界面在什么状态下呈现什么样式的内容，在变量 message 前面添加了装饰器@State，强调数据状态的定义。Text（this.message）这种声明式的数据绑定方式，在 onClick()方法中会触发状态数据更新，从而自动刷新页面。

数据驱动的声明式 UI 预览效果如图 3-5 所示。

上面的代码简单展示了使用 ArkUI 声明式 UI 语法创建一个 UI 界面，通过单击"Hello ArkUI"原有的文字会被替换为"Hello harmony"。

命令式 UI 的缺点如下。

（1）可维护性差：需要编写大量的代码逻辑来处理 UI 变化，这会使代码变得臃肿、复杂、难以维护。

（2）可复用性差：UI 的设计与逻辑耦合在一起，导致代码的复用难度增大。

（3）健壮性差：UI 元素之间的关联度高，每个细微的改动都可能导致一系列的连锁反应。

声明式 UI 的优点如下。

（1）简化开发：响应式数据绑定，开发者只需要维护状态与 UI 的映射关系（UI 逻辑分离，只需关注核心数据即可），无须关注具体的实现细节，大量的 UI 实现逻辑被转义到了框架中。

（2）可维护性强：通过函数式编程的方式构建和组合 UI 组件，使代码更加简洁、清晰、易懂且便于维护。

（3）可复用性强：将 UI 的设计和实现分离开来，提高了代码的可复用性。

2. ArkUI 语法

1）基本语法概述

声明式 UI 近年来已成为各大移动开发平台的新趋势。ArkTS 的声明式 UI 特性与其他平台相似，同样涵盖了 UI 描述和状态管理。

（1）UI 描述：提供各种装饰器、自定义组件和 UI 描述机制。

（2）状态管理：提供数据驱动 UI 的机制，状态数据可以在组件内、组件间、页面间、应用内以及跨设备传递。

ArkUI 语法介绍如图 3-6 所示。

图 3-5　数据驱动的声明式 UI 预览效果图

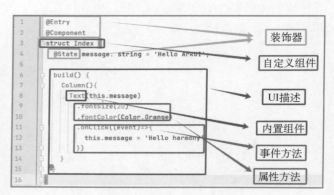

图 3-6　ArkUI 语法介绍

图 3-6 中的代码解释如下。

（1）装饰器：用于装饰类、结构、方法以及变量，并赋予其特殊的含义。如上述示例中的@Entry、@Component 和@State 都是装饰器。@Entry 表示该自定义组件为入口组件。@Component 表示自定义组件。@State 表示组件中的状态变量，状态变量变化会触发 UI 刷新。

（2）UI 描述：以声明式的方式来描述 UI 的结构，如 build()方法中的代码块。

（3）自定义组件：可复用的 UI 单元，可组合其他组件，如上述被@Component 装饰的 struct page。

（4）内置组件：ArkUI 框架中默认内置的基础和容器组件，可以直接被开发者调用，例如示例中的 Column、Text。

（5）属性方法：组件可以通过链式调用配置多项属性，如 fontSize()、fonColor()等。

（6）事件方法：组件可以通过链式调用设置多个事件的响应逻辑，如跟随在 Text 后面的 onClick()。

此外，ArkTS 扩展了多种语法范式，使开发更加便捷。

（1）@Builder/@BuilderParam：特殊的封装 UI 描述的方法，细粒度的封装和复用 UI 描述。

（2）@Extend/@Styles：扩展内置组件和封装属性样式，开发者可以灵活地组合内置组件。

(3) stateStyles：多态样式，开发者可以依据组件内部状态的不同，设置不同样式。

2) 自定义组件

在 ArkUI 中，UI 显示的内容均为组件，由框架直接提供的称为系统组件，由开发者定义的称为自定义组件。在进行 UI 界面开发时，通常不是简单地将系统组件进行组合使用，而是需要考虑代码可复用性、业务逻辑与 UI 分离，后续版本演进等因素。因此，将 UI 和部分业务逻辑封装成自定义组件是不可或缺的能力。

自定义组件具有以下特点。

(1) 可组合：支持开发者组合使用系统组件及其属性和方法。

(2) 可重用：自定义组件可以被其他组件重用，并作为不同的实例在不同的父组件或容器中使用。

(3) 数据驱动 UI 更新：通过状态变量的改变来驱动 UI 的刷新。

3) 自定义组件的基本用法

下面通过以下示例介绍自定义组件的基本用法。

```
@Component
export default struct HelloComponent {
  @State message: string = 'Hello, World!';

  build() {
    // HelloComponent 自定义组件组合系统组件 Row 和 Text
    Row() {
      Text(this.message)
        .onClick(() => {
          // 状态变量 message 的改变驱动 UI 刷新，UI 从 "Hello, World!" 刷新为 "Hello, ArkUI!"
          this.message = 'Hello, ArkUI!';
        })
    }
  }
}
```

如果需要在其他页面引用该自定义组件 HelloComponent，需要使用 export 关键字导出该组件，并在使用的页面 import 该自定义组件。自定义组件可以在其他自定义组件中的 build()函数中多次创建，以实现自定义组件的重用。示例代码如下。

```
import HelloComponent from './HelloComponent'

class HelloComponentParam {
  message: string = ""
}

@Entry
@Component
struct ParentComponent {
  param: HelloComponentParam = {
    message: 'Hello, World!'
  }

  build() {
    Column() {
      Text('ArkUI message')
```

```
        HelloComponent(this.param);
        Text('ArkUI message2')
        HelloComponent(this.param);
      }
    }
  }
```

从上面的代码中可以看出以下内容。

（1）自定义组件基于 struct 实现，struct +自定义组件名+ {...}的组合构成自定义组件，不能有继承关系，自定义组件名、类名、函数名不能和系统组件名相同。对于 struct 的实例化，可以省略 new。

（2）我们使用 export default 关键字把自定义组件导出，使用 import 关键字将自定义组件导入 ParentComponent 组件中。

（3）@Component 装饰器仅能装饰 struct 关键字声明的数据结构。struct 被@Component 装饰后具备组件化的能力，需要实现 build 方法描述 UI。一个 struct 只能被一个@Component 装饰。@Component 可以接受一个可选的布尔类型 freezeWhenInactive 参数，这个参数表示是否开启组件冻结。

（4）build()函数用于定义自定义组件的声明式 UI 描述，自定义组件必须定义 build()函数。

（5）@Entry 装饰的自定义组件将作为 UI 页面的入口。在单个 UI 页面中，最多可以使用@Entry 装饰一个自定义组件。

4）自定义组件的参数规定

从上文的示例中我们了解到，开发者可以在 build()函数中创建自定义组件，在创建自定义组件的过程中可以根据装饰器的规则来初始化自定义组件的参数。示例代码如下。

```
@Component
struct MyComponent {
  private countDownFrom: number = 0;
  private color: Color = Color.Blue;

  build() {
  }
}

@Entry
@Component
struct ParentComponent {
  private someColor: Color = Color.Pink;

  build() {
    Column() {
      // 创建 MyComponent 实例，并将创建 MyComponent 成员变量 countDownFrom 初始化为 10，将成员变量 color 初始化为 this.someColor
      MyComponent({ countDownFrom: 10, color: this.someColor })
    }
  }
}
```

下面的示例代码为将父组件中的函数传递给子组件，并在子组件中调用。

```
@Entry
```

```
@Component
struct Parent {
  @State cnt: number = 0
  submit: () => void = () => {
    this.cnt++;
  }

  build() {
    Column() {
      Text(`${this.cnt}`)
      Son({ submitArrow: this.submit })
    }
  }
}

@Component
struct Son {
  submitArrow?: () => void

  build() {
    Row() {
      Button('add')
        .width(80)
        .onClick(() => {
          if (this.submitArrow) {
            this.submitArrow()
          }
        })
    }
    .justifyContent(FlexAlign.SpaceBetween)
    .height(56)
  }
}
```

从上面的示例代码可以看到，自定义组件除了必须实现 build() 函数外，还可以实现其他成员函数以及成员变量，成员函数、成员变量要求是私有的，因此不建议将其声明为静态的。自定义组件的成员变量本地初始化有些是可选的，有些是必选的。关于是否需要本地初始化、是否需要从父组件通过参数传递初始化子组件的成员变量，将在后面的状态管理中进一步介绍。

5）自定义组件的通用样式

自定义组件通过"."链式调用的形式设置通用样式，代码如下。

```
@Component
struct MyComponent2 {
  build() {
    Button(`Hello World`)
  }
}

@Entry
@Component
struct MyComponent {
  build() {
```

```
    Row() {
      MyComponent2()
        .width(200)
        .height(300)
        .backgroundColor(Color.Red)
    }
  }
}
```

在上面的代码中，ArkUI 给自定义组件设置样式时，相当于为 MyComponent2 套了一个不可见的容器组件，这些样式是设置在容器组件上的，而非直接设置给 MyComponent2 的 Button 组件。通过渲染结果我们可以很清楚地看到，背景颜色红色并没有直接生效在 Button 上，而是生效在 Button 所处的开发者不可见的容器组件上。

需要注意的是，所有声明在 build() 函数的语句统称为 UI 描述，UI 描述需要遵循以下规则。

（1）@Entry 装饰的自定义组件，其 build() 函数下的根节点唯一且必要，且必须为容器组件，其中，ForEach 禁止作为根节点。

```
@Entry
@Component
struct ToDoListPage {
  build(){
    //根节点唯一且必要，且必须为容器组件
    Column(){
      ToDoItem()
    }
  }
}
```

（2）@Component 装饰的自定义组件，其 build() 函数下的根节点唯一且必要，可以为非容器组件。其中，ForEach 禁止作为根节点。

```
@Component
struct ToDoItem {
    build() {
        //根节点唯一且必要，可为非容器组件
        Image('test.jpg')
    }
}
```

（3）不允许声明本地变量。

```
build() {
  // 反例：不允许声明本地变量
  let a: number = 1;
}
```

（4）不允许在 UI 描述中直接使用 console.info，但允许在方法或者函数中使用。

```
build() {
  // 反例：不允许直接使用 console.info
  console.info('print debug log');
}
```

（5）不允许创建本地作用域。

```
build() {
  // 反例：不允许创建本地作用域
  {
    ...
  }
}
```

（6）不允许调用没有使用@Builder装饰的方法，允许系统组件的参数是TS方法的返回值。

```
@Component
struct ParentComponent {
  doSomeCalculations() {
  }

  calcTextValue(): string {
    return 'Hello World';
  }

  @Builder doSomeRender() {
    Text(`Hello World`)
  }

  build() {
    Column() {
      // 反例：不能调用没有使用@Builder装饰的方法
      this.doSomeCalculations();
      // 正例：可以调用
      this.doSomeRender();
      // 正例：参数可以是调用TS方法的返回值
      Text(this.calcTextValue())
    }
  }
}
```

（7）不允许使用switch语法，如果需要使用条件判断，请使用if。

```
build() {
  Column() {
    // 反例：不允许使用switch语法
    switch (expression) {
      case 1:
        Text('...')
        break;
      case 2:
        Image('...')
        break;
      default:
        Text('...')
        break;
    }
    // 正例：使用if
    if(expression == 1) {
      Text('...')
```

```
    } else if(expression == 2) {
      Image('...')
    } else {
      Text('...')
    }
  }
}
```

(8)不允许使用表达式。

```
build() {
  Column() {
    // 反例:不允许使用表达式
    (this.aVar > 10) ? Text('...') : Image('...')
  }
}
```

(9)不允许直接改变状态变量。

```
@Component
struct CompA {
  @State col1: Color = Color.Yellow;
  @State col2: Color = Color.Green;
  @State count: number = 1;
  build() {
    Column() {
      // 应避免直接在 Text 组件内改变 count 的值
      Text(`${this.count++}`)
        .width(50)
        .height(50)
        .fontColor(this.col1)
        .onClick(() => {
          this.col2 = Color.Red;
        })
      Button("change col1").onClick(() =>{
        this.col1 = Color.Pink;
      })
    }
    .backgroundColor(this.col2)
  }
}
```

3. 状态驱动 UI 更新

在前文的描述中,我们构建的页面多为静态界面。如果我们希望构建一个动态的、有交互的界面,就需要引入"状态"的概念。

在声明式 UI 编程框架中,UI 是程序状态的运行结果,用户构建了一个 UI 模型,其中,应用的运行时状态是参数。当参数改变时,UI 作为返回结果,也将进行对应的改变。这些运行时的状态变化所带来的 UI 重新渲染,在 ArkUI 中统称为状态管理机制。

自定义组件拥有变量,变量必须被装饰器装饰后才可以成为状态变量,状态变量的改变会引起 UI 的渲染刷新。如果不使用状态变量,UI 只能在初始化时渲染,后续将不会再刷新。

1）状态管理

在讲解状态管理前，先来看 State 和 View（UI）之间的关系，如图 3-7 所示。

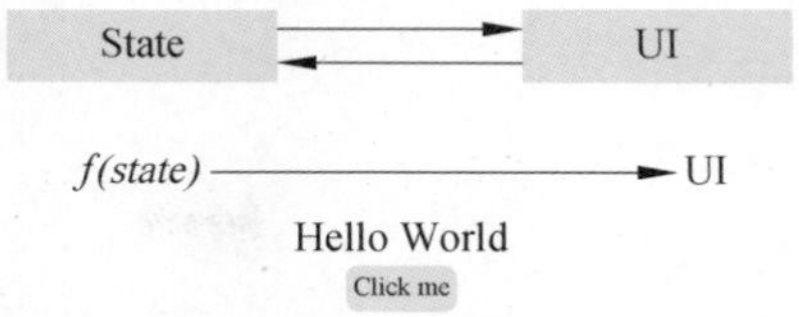

图 3-7 的解释如下。

（1）View（UI）：UI 渲染，一般指自定义组件的 build()方法和@Builder 装饰的方法内的 UI 描述。

（2）State：状态，一般指驱动 UI 更新的数据。用户通过触发组件的事件方法，改变状态数据。状态数据的改变，会引起 UI 的重新渲染。

图 3-7 State（状态）和 View（UI）之间的关系

2）状态管理基本原理

首先，需要知道什么样的数据会被框架识别为状态和只有使用装饰器装饰后的数据，才会被框架识别为状态。其次，我们也要知道装饰器使用的原则，根据其作用范围进行选择。例如：

（1）同组件树父子组件共享（@State、@Prop、@Link）。

（2）同组件树跨组件共享（@Provide、@Consume）。

（3）跨组件树共享（Localstorage、AppStorage）。

状态管理装饰器的使用原则如图 3-8 所示。

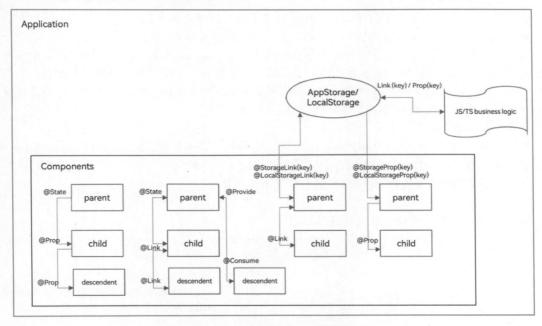

图 3-8 状态管理装饰器使用原则

3）状态管理的场景

状态传递（共享）主要分为以下场景。

（1）父子组件间的共享。

父子组件间的共享，如图 3-9 所示。

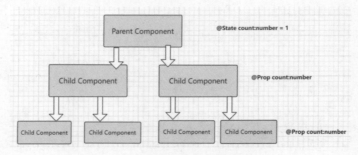

图 3-9　父子组件间的共享

从图 3-9 可以看出，使用了@State 装饰器和装饰变量 count，一旦变量拥有了状态属性，就可以触发其直接绑定 UI 组件的刷新。当状态改变时，UI 会发生对应的渲染改变。在状态变量相关装饰器中，@State 是最基础的、使变量拥有状态属性的装饰器，它也是大部分状态变量的数据源。与声明式范式中的其他被装饰变量一样，@State 装饰的变量是私有的，只能从组件内部访问，在声明时必须指定其类型进行本地初始化，也可以选择使用命名参数机制从父组件完成初始化。

@State 装饰的变量具有以下特点。
- @State 装饰的变量与子组件中的@Prop 装饰变量之间建立单向数据同步。
- @State 装饰的变量生命周期与其所属自定义组件的生命周期相同。

@Prop 装饰的变量可以和父组件建立单向的同步关系。@Prop 装饰的变量是可变的，但是变化不会同步回其父组件，即@Prop 变量支持在本地修改，但修改后的变化不会同步回父组件。当数据源更改时，@Prop 装饰的变量都会更新，并且会覆盖本地的所有更改。因此，数值的同步是从父组件到子组件（所属组件），子组件数值的变化不会同步到父组件。

在使用@Prop 装饰器会有以下限制条件。
- @Prop 装饰变量时会进行深拷贝，在拷贝的过程中除了基本类型 Map、Set、Date、Array 外，其余都会丢失类型。深拷贝占用的内存空间过大，可能引起性能问题。
- @Prop 装饰器不能在@Entry 装饰的自定义组件中使用。

（2）组件树内跨组件的共享。

图 3-10 演示了在组件树内跨组件共享数据。

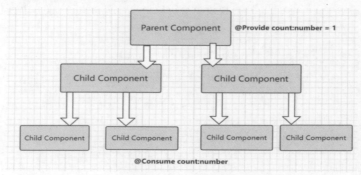

图 3-10　组件树内跨组件共享数据

由于中间组件并不需要使用 count 这个变量，通过使用@Provide/@Consume 装饰器，建立跨层级的双向数据同步应用于状态数据在多个层级之间传递的场景。被@Provide/@Consume 装饰的状态变量有以下特性。

● @Provide 装饰的状态变量自动对其所有后代组件可用，即该变量被提供给它的后代组件。由此可见，@Provide 的方便之处在于开发者不需要多次在组件之间传递变量。

● 后代通过使用@Consume 去获取@Provide 提供的变量，建立在@Provide 和@Consume 之间的双向数据同步。与@State/@Link 不同的是，@Provide/@Consume 可以在多层级的父子组件之间传递。

● @Provide 和@Consume 可以通过相同的变量名或相同的变量别名绑定。建议类型相同，否则可能会发生类型隐式转换，从而导致应用行为异常。

下面的代码分别展示了通过相同的变量名绑定和通过相同的变量别名绑定。

```
// 通过相同的变量名绑定
@Provide a: number = 0;
@Consume a: number;

// 通过相同的变量别名绑定
@Provide('a') b: number = 0;
@Consume('a') c: number;
```

@Provide 和@Consume 通过相同的变量名或相同的变量别名绑定时，@Provide 装饰的变量与@Consume 装饰的变量是一对多的关系。不允许在同一个自定义组件内，包括其子组件中声明多个同名或同别名的@Provide 装饰的变量，@Provide 的属性名或别名需要唯一且确定，如果声明多个同名或同别名的@Provide 装饰的变量，则可能会发生运行时报错。

（3）跨组件树的共享。

图 3-11 所示为跨组件树的共享原理,在用户信息共享以及全局的主题配置场景中经常会使用到跨组件树的共享。

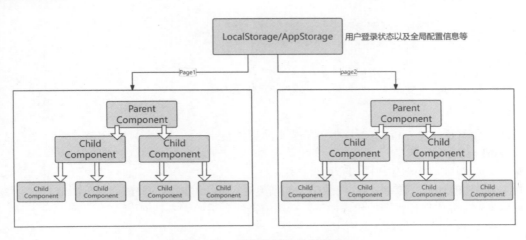

图 3-11 跨组件树的共享原理

4. 渲染控制语法

ArkUI 通过自定义组件的 build() 函数和 @Builder 装饰器中的声明式 UI 描述语句来构建相应的 UI。在声明式描述语句中，开发者除了使用系统组件外，还可以使用渲染控制语句来辅助 UI 的构建，这些渲染控制语句包括控制组件是否显示的条件渲染语句、基于数组数据快速生成组件的循环渲染语句、针对大数据量场景的数据懒加载语句，以及针对混合模式开发的组件渲染语句。

1）if/else（条件渲染）
- 控制元素的切换显示。
- 仅当指令的表达式返回真值时，才会加载分支内容块。

条件渲染的示例代码如下，条件渲染的效果如图 3-12 所示。

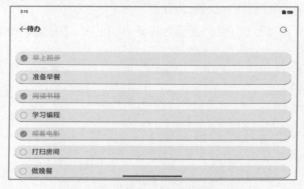

图 3-12　条件渲染的效果

代码如下。

```
Row() {
  if (this.isComplete) {
    this.labelIcon($r('app.media.ic_ok'));
  } else {
    this.labelIcon($r('app.media.ic_default'));
  }

  Text(this.content)
    .fontSize($r('app.float.item_font_size'))
    .fontWeight(CommonConstants.FONT_WEIGHT)
    .opacity(this.isComplete ? 0.5 : 1)
}
```

上面的代码通过判断 this.isComplete 的值来渲染界面。

2）ForEach（循环渲染）
- 遍历数组项，并创建相同的布局组件块。
- 在组件加载时，将数组内容内数据全部创建对应的组件内容，并渲染到页面上。

使用 ForEach 实现轮播图的代码如下，循环渲染的效果如图 3-13 所示。

```
const swiperImage: Resource[] = [
  $r('app.media.ic_home_appliances_special'),
```

```
    $r('app.media.ic_coupons'),
    $r('app.media.ic_internal_purchase_price')
];
Swiper() {
  ForEach(swiperImage, (item: Resource) => {
    Image(item)
      .width('100%')
    ...
  }, (item: Resource) => JSON.stringify(item))
}
```

3）LazyForEach（数据懒加载）
- 当在滚动容器中使用了 LazyForEach 时，框架会根据滚动容器可视区域按需创建组件，当组件滑出可视区域时，框架会进行组件销毁回收以降低内存占用，提高首次加载的速度。
- 不可滚动容器使用 LazyForEach 时，会被自动降级为 ForEach，全量创建内容。
- 使用的数据源需要继承 IDatasource 接口。

代码如下，如图 3-14 所示。

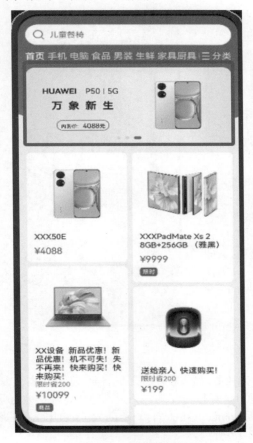

图 3-13　循环渲染效果

图 3-14　数据懒加载效果

```
WaterFlow() {
  LazyForEach(this.datasource, (item: ProductBean) => {
    FlowItem() {
      FlowItemComponent({ item: item })
    }
  }, (item: ProductBean) => JSON.stringify(item))
}
```

如上代码所示，LazyForEach 从提供的数据源中按需迭代数据，并在每次迭代过程中创建相应的组件 FlowItemComponent。当在滚动容器中使用了 LazyForEach，框架会根据滚动容器可视区域按需创建组件，当组件滑出可视区域时，框架会进行组件销毁回收以降低内存占用。

3.2 鸿蒙应用程序框架 UIAbility 的介绍与使用

UIAbility 是 HarmonyOS 中一种包含 UI 界面的应用组件，主要用于与用户进行交互。它是系统调度的基本单元，为应用提供绘制界面的窗口。一个 UIAbility 组件中可以通过多个页面来实现一个功能模块。

每一个 UIAbility 组件实例都对应一个最近任务列表中的任务。因此，对于开发者而言，可以根据具体的场景选择单个或多个 UIAbility。

3.2.1 UIAbility 的概念

通过图 3-15，我们可以更好地理解 UIAbility 的概念。

在 DevEco Studio 中创建的 UIAbility，其 UIAbility 实例默认会加载 Index 页面，可以根据需要将 Index 页面的路径替换为需要的页面路径。所有创建的页面都需要在 main_pages.json 中进行配置，通过 DevEco Studio 创建的页面会自动配置。因此，想要更改 UIAbility 加载的页面，只需在 main_pages.json 文件中修改即可。若在 "entry→src→main→ets → pages" 目录下添加 page 页面文件，则需要在 main_pages.json 文件中添加对应的页面路径。这样，UIAbility 才会加载该新添加的页面文件。

UIAbility 的页面配置如图 3-16 所示。

图 3-15 UIAbility 效果图

在 HarmonyOS 中，页面路由是指在应用程序中实现不同页面之间的跳转和数据传递。HarmonyOS 提供了 Router 模块，通过不同的 URL 地址，可以方便地进行页面路由，轻松地访问不同的页面。Router 模块提供了两种跳转模式，分别是 router.pushUrl()和 router.replaceUrl()，在路由跳转时还可以传递相应的数据。UIAbility 跳转如图 3-17 所示。

第 3 章 鸿蒙开发语法

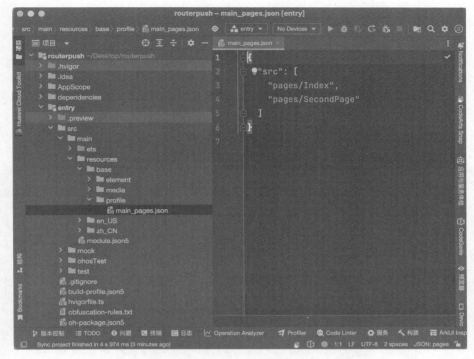

图 3-16 UIAbility 的页面配置

图 3-17 UIAbility 跳转

3.2.2 UIAbility 的生命周期

UIAbility 的生命周期是一个很重要的概念，UIAbility 的生命周期主要包括 Create、Foreground、Background、Destroy 4 个状态。在不同状态之间转换时，系统会调用相应的生命周期回调函数。在不同的生命周期函数内可以做相应周期内的操作，合理地管理 UIAbility 的生命周期可以提高应用的性能和用户体验。

管理 UIAbility 生命周期的代码位于 EntryAbility.ets 文件中，UIAbility 的生命周期管理文件如图 3-18 所示。

图 3-18　UIAbility 的生命周期管理文件

UIAbility 主要的生命周期流程如图 3-19 所示。

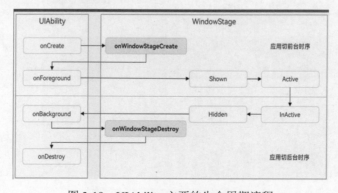

图 3-19　UIAbility 主要的生命周期流程

1. Create

一个应用在加载过程中，UIAbility 的实例会触发 onCreate()函数回调。用户可以在该回调中进行应用初始化操作，如变量定义、资源加载等，以用于后续的 UI 界面展示。UIAbility 的 Create 生命周期如图 3-20 所示。

```
export default class EntryAbility extends UIAbility {
  onCreate(want: Want, launchParam: AbilityConstant.LaunchParam): void {
    // 页面初始化
    hilog.info(0x0000, 'testTag', '%{public}s', 'Ability onCreate');
  }
```

图 3-20　UIAbility 的 Create 生命周期

UIAbility 实例创建完成后，在进入 Foreground 之前，系统会创建一个 WindowStage。WindowStage 创建完成后会进入 onWindowStageCreate()函数回调，用户可以在该回调中设置 UI 加载、WindowStage 的事件订阅，WindowStage 生命周期如图 3-21 所示。

```
main_pages.json ×   Index.ets ×   EntryAbility.ets ×
Project sync failed. Basic functionality (e.g. editing, debugging) will not work properly.   Try Again   Show Log in Explorer
  onWindowStageCreate(windowStage: window.WindowStage): void {
    // Main window is created, set main page for this ability
    hilog.info(0x0000, 'testTag', '%{public}s', 'Ability onWindowStageCreate');
    // 设置WindowStage的事件订阅（获焦/失焦、可见/不可见）
    try {
      windowStage.on('windowStageEvent', (data) => {
        let stageEventType: window.WindowStageEventType = data;
        switch (stageEventType) {
          case window.WindowStageEventType.SHOWN:
            Logger.error('windowStage foreground. 切到前台');
            break;
          case window.WindowStageEventType.ACTIVE:
            Logger.error('windowStage active.获焦状态');
            break;
          case window.WindowStageEventType.INACTIVE:
            Logger.error('windowStage inactive.失焦状态');
            break;
          case window.WindowStageEventType.HIDDEN:
            Logger.error('windowStage background. 切到后台');
            break;
          default:
            break;
        }
      });
    } catch (exception) {
      Logger.error('Failed to enable the listener for window stage event changes. Cause:' +
    }
    windowStage.loadContent('pages/Index', (err) => {
      if (err.code) {
```

图 3-21　UIAbility 的 WindowStage 生命周期

2. Foreground

表示在 UIAbility 实例进入前台，用户可以与应用进行交互。对应于 onForeground()函数回调，在 UIAbility 的 UI 可见之前，如 UIAbility 切换至前台时触发。用户可以在 onForeground()函数回调中申请系统需要的资源，或者重新申请在 onBackground()函数中释放的资源。应用在使用过程中需要使用用户定位时，假设应用已获得用户的定位权限授权。在 UI 显示之前，可以在 onForeground()函数回调中开启定位功能，从而获取当前的位置信息，Foreground 生命周期如图 3-22 所示。

```
onForeground(): void {
    // Ability has brought to foreground 申请系统需要的资源，或者重新申请在onBackground()中释放的资源
    hilog.info(0x0000, 'testTag', '%{public}s', 'Ability onForeground');
}
```

图 3-22　UIAbility 的 Foreground 生命周期

3. Background

表示 UIAbility 实例进入后台后，用户不可与应用进行交互。当应用从 Foreground 切换到 Background 时，系统会调用 onBackground()函数回调，用户可以在该回调中释放耗时资源或执行其他后台操作，如状态保存等。用户可以在 onBackground()函数回调中停止定位功能，以节省系统的资源消耗。UIAbility 的 Background 生命周期如图 3-23 所示。

```
onBackground(): void {
    // Ability has back to background 释放UI不可见时无用的资源，或者在此回调中执行较为耗时的操作、例如状
    hilog.info(0x0000, 'testTag', '%{public}s', 'Ability onBackground');
}
```

图 3-23　UIAbility 的 Background 生命周期

4. Destroy

在 UIAbility 实例销毁前，会先进入 onWindowStageDestroy()函数回调，在 onWindowStageDestroy()函数回调中，用户可以进行 UI 界面资源释放等操作。UIAbility 的 WindowStageDestroy 生命周期如图 3-24 所示。

```
onWindowStageDestroy(): void {
    // Main window is destroyed, release UI related resources
    hilog.info(0x0000, 'testTag', '%{public}s', 'Ability onWindowStageDestroy');
}
```

图 3-24　UIAbility 的 WindowStageDestroy 生命周期

Destroy 状态在 UIAbility 实例销毁时触发，用户可以在 onDestroy()函数回调中进行系统资源的释放、数据的保存等操作。调用 terminateSelf()方法可以停止当前的 UIAbility 实例，从而完成 UIAbility 实例的销毁。用户也可以使用最近任务列表关闭该 UIAbility 实例，完成 UIAbility 实例的销毁。UIAbility 的 Destroy 生命周期如图 3-25 所示。

```
onDestroy(): void {
    // 系统资源的释放、数据的保存等
    hilog.info(0x0000, 'testTag', '%{public}s', 'Ability onDestroy');
}
```

图 3-25　UIAbility 的 Destroy 生命周期

3.2.3　UIAbility 基本用法

UIAbility 基本用法为指定 UIAbility 的启动页面和获取 UIAbility 的上下文 UIAbilityContext。UIAbility 在 EntryAbility.ets 文件中使用如下代码进行指定启动页面，若该页面未指定，则默认加载页面为空白屏，如图 3-26 所示。

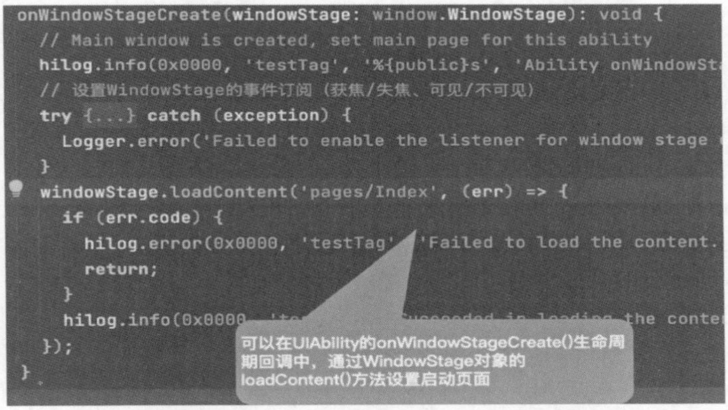

```
onWindowStageCreate(windowStage: window.WindowStage): void {
    // Main window is created, set main page for this ability
    hilog.info(0x0000, 'testTag', '%{public}s', 'Ability onWindowSt
    // 设置WindowStage的事件订阅（获焦/失焦、可见/不可见）
    try {...} catch (exception) {
        Logger.error('Failed to enable the listener for window stage
    }
    windowStage.loadContent('pages/Index', (err) => {
        if (err.code) {
            hilog.error(0x0000, 'testTag', 'Failed to load the content.
            return;
        }
        hilog.info(0x0000, ...
    });
}
```

（可以在UIAbility的onWindowStageCreate()生命周期回调中，通过WindowStage对象的loadContent()方法设置启动页面）

图 3-26　UIAbility 设置启动页

UIAbility 类拥有自身的上下文信息，该信息为 UIAbilityContext 类的实例。通过 UIAbilityContext 可以获取 UIAbility 的相关配置信息，如包代码路径、Bundle 名称、Ability 名称和应用程序需要的环境状态等属性信息，以及可以获取操作 UIAbility 实例的方法（如 startAbility()、connectService ExtensionAbility()、terminateSelf()等）。

如果需要在页面中获得当前 Ability 的 Context，可调用 getContext 接口获取当前页面关联的 UIAbilityContext 或 ExtensionContext。

UIAbility 在 EntryAbility.ets 文件中添加如下代码获取上下文信息，如图 3-27 所示。

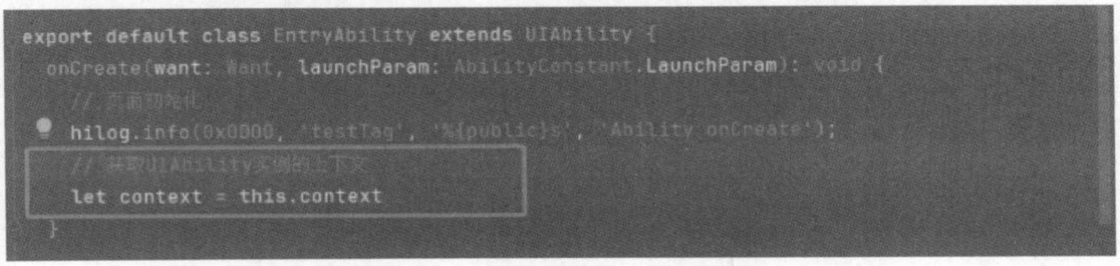

```
export default class EntryAbility extends UIAbility {
    onCreate(want: Want, launchParam: AbilityConstant.LaunchParam): void {
        // 页面初始化
        hilog.info(0x0000, 'testTag', '%{public}s', 'Ability onCreate');
        // 获取UIAbility实例的上下文
        let context = this.context
    }
}
```

图 3-27　UIAbility 获取上下文信息

在页面获取 UIAbility 实例上下文信息的代码如图 3-28 所示。

```
@Entry
@Component
struct Index {
  @State message: string = CommonConstants.INDEX_MESSAGE;
  private context = getContext(this) as common.UIAbilityContext

  startAbilityTest(){
    let want: Want = {

    }
    this.context.startAbility(want)
  }
```

在页面中获取上下文信息

图 3-28　UIAbility 在页面中获取上下文信息的代码

UIAbility 组件与 UI 的数据同步方式如下。

用户可以使用 EventHub 进行数据通信。在基类 Context 中提供了 EventHub 对象，可以通过发布订阅方式来实现事件的传递。在事件传递前，订阅者先进行订阅。在发布者发布事件时，订阅者可接收到该订阅事件并对其进行处理。

ArkUI 提供了 AppStorage 和 LocalStorage 两种应用级别的状态管理方案，使用 AppStorage/LocalStorage 进行应用级别和 UIAbility 级别的数据同步。

EventHub 能够进行订阅、取消订阅和触发事件等数据通信。基类 Context 提供了 EventHub 对象，可用于在 UIAbility 组件实例内调用。EventHub 的 eventHub.on() 方法用于注册一个自定义事件，其调用方式如图 3-29 所示。

```
export default class EntryAbility extends UIAbility {
  onCreate(want: Want, launchParam: AbilityConstant.LaunchParam): void {
    // 页面初始化
    hilog.info(0x0000, 'testTag', '%{public}s', 'Ability onCreate');

    //获取UIAbility实例的上下文
    let context = this.context
    //获取eventHub
    let eh = context.eventHub
    //1.注册一个事件"event1"，绑定一个监听函数，处理逻辑
    eh.on('event1', this.eventFunc)
    //2.直接使用箭头函数处理
    eh.on('event1', (data: string) => {
      //处理逻辑
    })
  }

  //event1对应的监听函数
  eventFunc(arg1: Context, arg2: Context) {
    hilog.info(0x0000, 'eventHubTag', `监听到event1的事件参数：${arg1}, ${arg2}`)
  }
}
```

图 3-29　UIAbility 注册自定义事件

用户在页面中通过 eventHub.emit()方法触发 eventHub.on()注册的事件，在触发事件时可传入参数信息。在 UIAbility 的监听函数中可以得到对应的触发事件的结果，如图 3-30 所示。

```
private context = getContext(this) as common.UIAbilityContext

emitEvent1() {
  this.context.eventHub.emit('event1') //不带参数
  this.context.eventHub.emit('event1', 2024) //带参数：1个
  this.context.eventHub.emit('event1', 999, '这是UIAbility的课') //带参数：2个
}

Text(this.message)
  .onClick(() => {
    this.emitEvent1()
  })
```

图 3-30　UIAbility 的监听函数获取触发事件的结果

自定义事件使用完成后，可调用 eventHub.off()方法取消订阅，如 this.context.eventHub.off('事件名')。

设备内的功能模块间跳转时，会涉及启动特定的 UIAbility，该 UIAbility 可以是应用内的其他 UIAbility，或是其他应用的 UIAbility。

当一个应用内包含多个 UIAbility 时，可能会存在从应用入口 UIAbility 内启动另一个 UIAbility 的情况。例如，支付应用中就会有从入口 UIAbility 启动收付款 UIAbility 的场景。EntryAbility 通过调用 startAbility()函数启动其他 UIAbility，其中，want 为入口参数，want 参数包含以下内容。

（1）bundleName：待启动应用的 Bundle 名。
（2）abilityName：待启动的 Ability 名。
（3）moduleName：待启动的 UIAbility 属于不同的 module 时添加。
（4）parameters：自定义参数。

在 entry 中新建一个 Ability：FuncAbility。在 EntryAbility 中的 want 参数以及调用 startAbility()方法的定义如图 3-31 所示。

在 FuncAbility 的生命周期回调函数 onCreate()中，当接收到 EntryAbility 传递过来的 want 参数时，FuncAbility 被拉起唤醒时，可通过 want 参数获取拉起方 UIAbility 的 PID、Bundle Name 等信息，代码如图 3-32 所示。

```
startAbilityTest(){
  let want: Want = {
    deviceId: '', //空代表本设备
    bundleName: 'com.xxx.uiabilityproject',
    // moduleName: 'entry', //非必须
    abilityName: 'FuncAbility',
    parameters: { //自定义参数
      info : '来自EntryAbility的信息'
    }
  }
  this.context.startAbility(want)
}

Button($r(Next)) //原来是跳转用的按钮
  .onClick(() => {
    this.startAbilityTest()
  })
```

图 3-31　新建一个自定义 UIAbility

```
import ...

export default class FuncAbility extends UIAbility {
  onCreate(want: Want, launchParam: AbilityConstant.LaunchParam): void {
    hilog.info(0x0000, 'testTag', '%{public}s', 'Ability onCreate');
    let info = want.parameters?.info
    hilog.info(0x0000, 'wantTag', '%{public}s', `来自其他Ability的启动参数: ${info}`);
  }
}
```

图 3-32　自定义 UIAbility 获取 EntryAbility 传递的 want 参数

在 FuncAbility 业务完成之后，可在 FuncAbility 内通过调用 terminateSelfWithResult()方法停止当前 UIAbility 实例并返回结果信息。如有需要，可调用 ApplicationContext 的 killAllProcesses()方法关闭应用所有的 UIAbility 实例。

在 EntryAbility 中，startAbilityForResult()方法可以启动 FuncAbility，异步回调的 data 可接收 FuncAbility 停止自身后返回给 EntryAbility 的回调参数信息，如图 3-33 所示。

如图 3-34 所示，在 FuncAbility 停止自身时，调用 terminateSelfWithResult()方法，通过入参 abilityResult 给 EntryAbility 传递返回信息。由于每次通信可能是关于各种不同的业务，为判断某项业务是否成功完成，可以用 resultCode 标识某项业务，只要 resultCode 保持一致，即可传递关于该项业务的信息。

```
//启动一个Ability并等待结果
this.context.startAbilityForResult(want).then((result) => {
  console.log("返回结果：" + JSON.stringify(result ?? '信息为空！'))

  if (result.resultCode == 1001) { //如果与自定义返回值相同
    let info = result.want?.parameters?.info ?? '信息为空！'
    console.log("返回正常，信息是：" + JSON.stringify(info))

    promptAction.showToast({
      message: "返回信息：" + JSON.stringify(info),
      duration: 5000
    })
  }
})
```

图 3-33　EntryAbility 获取停止的自定义 UIAbility 的回调参数信息

图 3-34　自定义 UIAbility 停止时调用的

总而言之，每个应用程序由一个或多个 UIAbility 组成，UIAbility 不仅是 HarmonyOS 中应用的基本单位，也是非常重要的应用组件。它不仅可以与用户进行交互，还具有生命周期和权限管理。此外，UIAbility 应用框架还具有数据传递功能，方便在不同页面的切换，极大地丰富了 UI 的操作方式。

3.3 网络数据访问

在本节，我们主要关注网络数据访问的概念和鸿蒙应用发送 HTTP 请求的网络访问方式。

3.3.1 基本概念

随着互联网时代的发展，越来越多的软件将自己的一些功能通过网络服务的方式进行提供，如用户认证、授权、数据获取、即时通信等。通过网络服务的方式，开发者可以为用户提供更全面的服务体验：用户能及时获取最新信息，与他人进行即时沟通，享受智能化的服务等。这一变革使得 APP 可以更好地满足用户的各种需求。

在这一软件服务化的背景下，为了使 APP 能够实现与外部服务的连接并提供更好的开发体验，鸿蒙应用提供了专门的网络模块（Network Kit）。通过网络模块，开发者可以方便地发起网络请求与服务端交互，进而显著提升 APP 的交互体验、内容灵活性和功能性。

Network Kit 提供的能力分为数据传输能力和网络管理能力。在本节中，我们只关注数据传输能力。数据传输能力主要支持的网络访问类型如表 3-1 所示。

表 3-1 数据传输能力主要支持的网络访问类型

访问类型	说明
HTTP 数据请求	通过 HTTP 发起一个数据请求
WebSocket 数据请求	使用 WebSocket 建立服务器与客户端的双向连接
Socket 连接	通过 Socket 进行数据传输

3.3.2 HTTP 网络数据请求开发入门

开发步骤如下。

1. 打开网络访问请求权限

鸿蒙应用在访问网络资源前，首先需要开启应用的网络请求访问权限。如果不开启，则无法进行网络请求。网络访问请求权限的配置信息位于程序所属模块下的 src/main/module.json5 文件中（本例使用的是默认的 entry 模块。如果需要在其他模块中进行网络请求，请修改对应模块下的 module.json5 文件），权限配置文件路径如图 3-35 所示。

打开 module.json5 文件后，请在 module 配置对象中的 requestPermissions 数组（如果没有，请自行增加该属性）

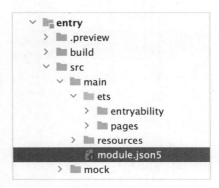

图 3-35 权限配置文件路径

中增加一个新对象，该对象具有一个名为 name 的属性，其值为 ohos.permission.INTERNET，示例代码如下。

```
{
  "module": {
    "requestPermissions": [
      {
        "name": "ohos.permission.INTERNET"
      }
    ],
    // 其他配置的权限...
  }
}
```

完成配置后，即可在当前模块的页面中正常使用网络访问请求功能。

2. HTTP 请求开发

普通的 HTTP 请求是应用中最常使用的请求方式，下面我们来看几个示例。

【示例 1】简单 HTTP 请求

代码如下。

```
import { http } from '@kit.NetworkKit';

@Entry
@Component
struct Index{
  @State message: string = 'response from server';

  sendRequest():void {
    // 创建 HTTP 请求对象
    let httpRequest = http.createHttp()
    // 通过 HTTP 对象的 request 方法发送请求
    httpRequest.request( // 代码 1
    // 请求 URL
      'http://localhost:3000/',
      // 为请求设置回调函数
      (err, data) => {
        if (!err) {
          if (data.responseCode === http.ResponseCode.OK) {
            this.message = data.result as string;
          }
        }
        // 请求完成后，销毁 httpRequest 对象
        httpRequest.destroy()
      }
    )
  }

  build() {
    Column() {
      Text(this.message).fontSize(60)
      Button('send request').onClick((event: ClickEvent) => {
        this.sendRequest();
```

```
      })
    }
    .justifyContent(FlexAlign.SpaceAround)
    .height('100%')
    .width('100%')
  }
}
```

在上面的代码中，我们首先从@kit.NetworkKit 包中导入了 HTTP 对象；然后通过 HTTP 对象的 createHttp 方法创建一个 httpRequest 对象，该对象用于维护一个 HTTP 请求，其内部包括发起请求、中断请求、订阅/取消订阅 HTTP Response Header 事件的功能；最后调用 httpRequest 对象的 request 接口即可发送一个 HTTP 请求。本例中的请求没有发送参数给接口。

本例中接口的逻辑是：当 3000 端口接收到 GET 请求时，直接返回"Hello World"。

> **关于 HttpRequest 对象：**
> （1）该对象用于维护一个 HTTP 请求，HTTP 请求相关的方法都是由它来提供的。每个 HttpRequest 对象只对应一个 HTTP 请求。因此，如果需要同时发起多个 HTTP 请求，则需要为每个 HTTP 请求创建对应的 HttpRequest 对象。
> （2）当一个 HTTP 请求所有工作完成后，需要调用 destroy 方法主动销毁 HttpRequest 对象，以释放资源。

在代码 1）中，我们向 request 方法中传入两个参数。第一个参数是 URL，即请求的目标地址。本示例会基于默认配置向"http://localhost:3000"发送一个 GET 请求（GET 请求的详细说明将在后续介绍。此处，读者只需要知道 GET 请求是一种最简单的 HTTP 请求即可）；第二个参数是回调函数。当请求返回或失败时都会执行这个函数。在回调函数中，我们首先通过判断第一个入参 err（错误信息对象）不存在来确定没有报错，然后再通过第二个入参 data 的 responseCode 属性（响应码）判断请求成功后，将接口返回的数据（Hello World）设置到 Text 元素上。上述程序的运行结果如图 3-36 所示。

> **搭建接口服务：**
> 本章中学习的 HTTP 请求过程需要一个客户端和一个服务端。其中，客户端是鸿蒙应用本身，但是还需要一个服务端为我们的请求返回数据才能完成整个请求流程。读者可以根据自己的需要自行搭建一个 HTTP 接口服务，或者在网络上找到一个能处理请求（有返回值）访问的接口。
> 在本章中，我们在本地为所有的示例都搭建和配置了对应的接口服务，每个接口服务的工作逻辑会在对应的示例中说明。
> 这里有以下两点需要注意。
> （1）无论是自行搭建的接口还是使用网络上的接口，它们都需要能处理示例中对应的 HTTP 请求方法，例如，本例中的接口需要能处理 GET 请求。

图 3-36　简单 HTTP 请求的运行结果

（2）本例中使用的请求 URL 是 "http://localhost:3000"，即本地计算机上的 3000 端口。读者使用鸿蒙应用模拟器对该程序进行测试时，由于接口服务是部署在本地主机上而不是部署在模拟器中，则 URL 地址中的 host 部分将不再是 localhost。读者需要根据自己的设备网络情况来设置 URL。一般来说这个 URL 会是本地主机的内网地址（模拟器和本地主机运行在一个内网中）。

HTTP 请求方法是用来告诉服务器执行特定操作的标识符。任何一个 HTTP 请求都需要指定一个请求方法，服务器会根据请求的方法类型执行不同的处理逻辑。常用的 HTTP 请求方法如表 3-2 所示。

表 3-2　常用的 HTTP 请求方法

方法类型	功能
GET	请求服务器发送某个资源内容
POST	请求会向指定资源提交数据，请求服务器进行处理
PUT	请求会向指定资源位置上传新内容
DELETE	请求服务器删除请求 URL 上的资源

其中，GET 和 POST 方法是最常用的两种 HTTP 请求方法。GET 方法进行请求时会将请求参数显式地拼接在 URL 中，如 http://localhost:3000/login?uname=abc&pwd=123，而 POST 方法则会将请求参数（或提交的数据文件）包装在报文中。

由于 POST 方法具备对请求参数长度限制小（提交数据量大）、请求内容不会显示在 URL 中等优点。在实践中，POST 方法常常也会被拿来代替 GET 方法用于获取数据的请求。在后续的示例中也会根据请求分别使用 GET 方法和 POST 方法，请读者留意。

HTTP 响应码包含在 HTTP 返回的报文中，用来标识服务器对客户端请求的响应结果状态。例如，我们编写的鸿蒙程序作为请求方，需要根据响应码来判断服务接口对请求的处理情况，再根据处理情况（成功或者失败）执行不同的业务逻辑。HTTP 响应码由三位数字组成，常用的 HTTP 响应码如表 3-3 所示。

表 3-3　常用的 HTTP 响应码

名称	响应码	含义
OK	200	请求成功
CREATED	201	已创建新的资源
FOUND	302	重定向
UNAUTHORIZED	401	未授权
NOT_FOUND	404	未找到指定资源
INTERNAL SERVER ERROR	500	服务器内部错误

HTTP 响应码根据首字母的不同可以被分为 5 类，在每一类响应码中，根据后面数字的不同表达该类型状态下的不同含义：1xx（信息），表示接收到消息，继续处理；2xx（成功），表示请求成功被接收、理解、接受；3xx（重定向），表示需要请求发进一步操作以完成请求；4xx（客户端错

误),表示请求包含语法错误或无法完成请求;5xx(服务端错误),表示服务器无法完成请求。

在实际开发中,成功请求的状态码往往是 200。在鸿蒙中我们使用一个枚举变量 http.ResponseCode.OK 来对应它,这个变量的值为 200。

【示例 2】使用 promise 处理请求返回

request 方法还支持通过 promise 的形式来处理请求返回,代码如下。

```
import { http } from '@kit.NetworkKit';

@Entry
@Component
struct Index{
  @State message: string = 'response from server';

  sendRequest():void {
    let httpRequest = http.createHttp()
    // 1) request 返回 promise 对象
    let promise = httpRequest.request('http://192.168.0.4:3000/')
    // 异步操作成功时通过 then 方法处理返回
    promise.then((data) => {
      if (data.responseCode === http.ResponseCode.OK) {
        this.message = data.result as string;
      }
    // 异步操作出错时通过 catch 方法处理异常
    }).catch((err:object) => {
      console.log('error in http request:'+JSON.stringify(err))
    // 无论是成功还是失败,最后进行最终处理,并释放资源
    }).finally(() => {
      httpRequest.destroy()
    })
  }

  build() {
    Column() {
      Text(this.message).fontSize(60)
      Button('send request').onClick((event: ClickEvent) => {
        this.sendRequest();
      })
    }
    .justifyContent(FlexAlign.SpaceAround)
    .height('100%')
    .width('100%')
  }
}
```

在上面的代码中,程序的页面布局和工作逻辑和【示例 1】是相同的。两个示例代码的区别是,【示例 2】中没有向 request 中传入回调函数,而是在 1) 处获取了 request 方法的返回值。该方法的返回值是一个 promise 对象。后面的代码使用 promise 对象来编写处理请求返回的相关逻辑。

获取到 promise 对象后,首先,调用 then 方法并传入了一个回调函数。当请求(异步操作)成功返回时,会执行 then 方法中的回调函数。请求的返回值也会作为参数传递给回调函数。然后通过链式调用的方式继续编写 catch 方法,向该方法传入一个回调函数进行错误处理。和【示例 1】相

比，这种写法可以更好地将进行异常处理的代码从业务逻辑中抽离。最后，继续链式调用 finally 方法，该方法中的回调函数请求成功与否，都会在异步操作的最后执行。一般在其中编写一些清理工作，如资源回收、记录日志。至此，请求已经完成，所以在 finally 代码块中销毁了 httpRequest 对象。

 promise 技术：

promise 对象是用于异步编程的一种技术，它代表一个异步操作。开发者可以通过它的相关 API 定义这个异步操作成功、最终完成或失败时的工作逻辑。通过 promise 编程语法，可以优雅地处理复杂异步操作，避免"回调地狱"。

【示例 3】 自定义请求配置并发送 POST 请求

在前面的两个示例中，我们发送的 HTTP 请求都是使用 request 方法的默认配置，即向给定的 URL 发送 GET 请求。但实际上 HTTP 请求有丰富的参数可以进行配置。下面通过修改配置项的方式实现发送一个 POST 请求到服务器，代码如下。

```
import { http } from '@kit.NetworkKit';

@Entry
@Component
struct Index{
  @State message: string = 'response from server';

  sendRequest():void {
    let httpRequest = http.createHttp()
    let promise = httpRequest.request(
      'http://localhost:3000/',
      {
        // 设置请求方式为 POST，默认为 GET 方法
        method: http.RequestMethod.POST,
        // 设置 header 字段，声明 POST 上传的数据格式为 JSON
        header: {
          'Content-Type': 'application/json'
        },
        // 使用 POST 方法时，将需要上传的数据配置在这个对象中。此对象将作为
        // request body 发送到服务端
        extraData: {
          "data": "你好，我是鸿蒙。",
          "data2": "I'm harmony OS",
        },
        connectTimeout: 60000,
        readTimeout: 60000,
        // 指定返回数据的类型
        expectDataType: http.HttpDataType.STRING,
        // 默认为 true
        usingCache: true,
        priority: 1,
        // 协议类型的默认值由系统自动指定
        usingProtocol: http.HttpProtocol.HTTP1_1,
```

```
      }
    )
    promise.then((data) => {
      if (data.responseCode === http.ResponseCode.OK) {
        this.message = data.result as string;
      }
    }).catch((err:object) => {
      console.log('error in http request:'+JSON.stringify(err))
    }).finally(() => {
      httpRequest.destroy()
    })
  }

  build() {
    Column() {
      Text(this.message).fontSize(60)
      Button('send request').onClick((event: ClickEvent) => {
        this.sendRequest();
      })
    }
    .justifyContent(FlexAlign.SpaceAround)
    .height('100%')
    .width('100%')
  }
}
```

在这个例子中,我们向 request 方法中传入了一个自定义对象。通过在这个对象中增加特定字段和值,可以实现覆盖默认配置的效果。配置对象中可以配置的属性很多,本例中只列出了一部分。表 3-4 中所列是这些字段的说明(如果读者想进一步了解 HTTP 请求可以配置的字段,请查阅鸿蒙的 API 文档)。

表 3-4 request 方法的配置项

字 段	用 法
method	设置请求方法:GET、POST、PUT 等
header	设置 HTTP 请求头。一般用来声明报文数据格式便于服务器解析,或者设置特殊标识供服务端识别
extraData	POST 上传的 JSON 格式数据
connectTimeout	与服务器建立连接的超时时间
readTimeout	等待请求返回的超时时间
expectDataType	指定返回的数据类型
usingCache	是否使用缓存,默认为 true
priority	优先级,取值为 1~1000,默认为 1
usingProtocol	是否使用协议,协议类型默认由系统指定

基于配置对象的规则,首先将 method 属性设置为 POST;然后在 header 属性中设置上传的数据类型为 "application/ json";最后在 extraData 属性中设置要上传的数据,数据以键-值对的形式进行配置。这样就实现了发送 POST 请求的功能。注意,本例中上传的是数据而不是文件。

本例中的服务接口的工作逻辑是：接收客户端发送的 POST 请求后，从请求数据的 data 属性中取出值 str，拼接成字符串 "Receive message:" + str 后返回。程序的运行结果如图 3-37 所示。

【示例 4】GET 方法传参

在【示例 3】中，我们通过更改请求配置的方式实现了通过 POST 方法发送数据到服务端。但是在一些业务场景中，服务接口可能会要求应用端通过 GET 的方式进行请求，同时需要传输请求参数给接口。例如获取指定 id 的新闻数据、获取指定用户的基本信息。那么，如何通过 GET 方法发送数据呢？请看下面的示例，代码如下：

图 3-37　发送 POST 请求的运行结果

```
import { http } from '@kit.NetworkKit';

@Entry
@Component
struct Index{
  @State message: string = 'message here';
  @State uid: string = '123456'
  @State username: string = 'OS'

  sendRequest(uid: string, uname: string):void {
    let httpRequest = http.createHttp()

    let params = `uid=${uid}&uname=${uname}`
httpRequest.request(
      // 拼接后为 http://localhost:3000/?uid=123456&uname=OS
      `http://localhost:3000/?${params}`,
      (err, data) => {
        if (data.responseCode === http.ResponseCode.OK) {
          this.message = data.result as string;
        }
        httpRequest.destroy()
      }
    )
  }

  build() {
    Column() {
      Text(this.message).fontSize(60)
      Button('send request').onClick((event: ClickEvent) => {
        this.sendRequest(this.uid, this.username);
      })
    }
    .justifyContent(FlexAlign.SpaceAround)
    .height('100%')
    .width('100%')
  }
}
```

不同于 POST 请求在发送数据时通过 JSON 对象的形式将要发送的数据配置给 HttpRequest，GET 请求发送数据时需要以"查询串"的形式将数据拼接在 URL 后。在上面的代码中，我们首先声明了 uid 和 username 两个 state 数据，用来模拟实际业务中可能要发送给后端的数据；然后将这两个数据传入 sendReuqest()方法，并在该方法中将要发送的数据拼接成字符串"uid=123456& username=OS"的形式；最后将这个参数字符串拼接到 URL 后，通过"?"符号拼接。拼接完成后，应用在发送 GET 请求时就可以将数据作为 URL 的一部分一起发送到服务接口。服务接口只需对 URL 进行解析即可获取到数据。

在本示例中，服务端会在接收到请求后将 uid 和 uname 解析出来，然后将数据拼接成字符串"id is: ${uid}, name is ${uname}"并返回。程序的运行结果如图 3-38 所示。

图 3-38　GET 请求传参的运行结果

查询字符串是 Web 中的一种 URL 范式，其拼接的基本规则如下。

首先，将数据以 key-value 的形式表示。对于每一个数据，将其拼接成 key=value 形式的字符串，如"uid=123456"；然后，将所有的 key=value 字符串通过"&"拼接成一个完整字符串，如"uid=123456&uname=OS&uage=25"；接下来将"?"加到字符串前面，形成字符串"?uid=123456&uname=OS&uage=25"，这个字符串被称为 URL 查询串。最后拼接完成的 URL 形如 http://hostname:port/apiUrl?param1=val1&param2=val2&param3=val3。

在 URL 规范中，"?"前面的内容指网络资源的地址（或者说接口的 API 路径），"?"后面的内容即指要传递给服务器的额外信息。

> **URL 查询串拼接的特殊情况：**
> 在上面的说明中可以看到，数据的值会直接被转换为字符串拼接在 URL 中。但在实际开发中，往往会有一些特殊的值是不能被拼接在字符串中的，如空格、数组数据等。对于空格，URL 中不允许有空格，因此一般会通过编码将空格替换为"%20"或"+"。对于数组，则需要将数据进行序列化。常用的方法有两种：① 以逗号分隔，如"?numbers=1,2,3,4"；② 使用重复参数，如"?numbers=1&numbers=2&numbers=3"。对特殊情况进行处理时，应用端和服务端要保持统一的逻辑。这样，服务端才能正确地解析出数据。
>
> 可见，当要传输一些相对复杂的信息时（如复杂 JSON 对象），GET 请求这种拼接字符串的形式在适用性上就比较局限了。在实际开发中，更多会使用 POST 请求来发送复杂数据，或使用带有请求功能的第三方库来帮助我们序列化复杂数据。

当 HTTP 请求返回后，可以从回调函数或者 promise 中获取到请求的响应体（HTTP response body）。服务接口的返回数据就包含在函数体中。除返回体外，还可以从响应的报文头（HTTP header）中获取到一些信息。

在实际开发中，往往会将一些通用类和配置类的信息放在 header 中。表 3-5 中给出了一些使用

header 中数据的场景说明。

表 3-5 request 方法配置项

场景	说明
用户信息	应用端从 header 中获取用户的认证信息或者相关的用户数据，来进行用户身份验证
语言偏好	通过 Accept-Language 字段，应用端可以获取用户的语言偏好，并自动选择适合用户语言的界面或内容
版本控制	通过 header 中的版本信息，应用端可以针对不同版本的接口请求进行处理，确保兼容不同版本的返回数据

在 HTTP 请求中获取响应头的方法如下。

```
import { http } from '@kit.NetworkKit';

// user_auth 为本例自定义的请求头属性，需要为其设置一个对应的类型接口。这样，在访问该属性时语法检查就不会报错了
interface HttpHeader {
  user_auth?: string
}

@Entry
@Component
struct Index{
  @State message: string = 'message here';

  sendRequest():void {
    let httpRequest = http.createHttp()

    // 监听获取到返回头的事件
    httpRequest.on('headersReceive', (header:HttpHeader)=>{
      console.info('header: ' + JSON.stringify(header))
      this.message = header.user_auth || ''
    })

    httpRequest.request(
      `http://192.168.1.3:3000/`,
      (err, data) => {
        // 这里可以有处理返回数据的逻辑
        // 取消监听
        httpRequest.off('headersReceive')
        httpRequest.destroy()
      }
    )
  }

  build() {
    Column() {
      Text(this.message).fontSize(60)
      Button('send request').onClick((event: ClickEvent) => {
        this.sendRequest()
      })
```

```
      }
      .justifyContent(FlexAlign.SpaceAround)
      .height('100%')
      .width('100%')
  }
}
```

获取 header 中数据的方法很简单，只要在创建好 httpRequest 请求对象后，通过该对象的 API 监听 headersReceive 事件即可。此事件的回调函数接收一个参数 header，通过该参数就可以获取到请求头中的字段。在本例中，服务端接收到请求后，会在报文头中添加一个 user_auth 字段并赋值为 123abc（这里模拟的是服务器在请求头中放置用户身份信息或者权限的字段，应用端接收请求返回时可以通过这些字段校验当前用户的权限或者登录状态是否正常），然后直接返回请求。示例应用接收到返回的请求后，会先触发 headersReceive 事件，通过回调从 header 中取出 user_auth 的值并显示在页面中。

在当前 HTTP 请求完成后，注意要取消对应的 headers Receive 事件，程序的运行效果如图 3-39 所示。

图 3-39　获取请求头

3. HTTP 流式请求开发

HTTP 流式请求是指"进行 HTTP 通信时，响应数据以流的形式逐步传输给客户端"。在前面的几个示例中，程序使用的都是一般 HTTP 请求，其数据都是一次性传输完成的。这种方式在绝大部分场景下都是适用的。因为应用端和服务端的大部分网络交互都是简单数据交互，其传输的数据量一般不大，且基本是纯文本的结构化数据。但在其些场景中，应用端可能需要从后端获取大量的数据（如文件下载、视频数据传输）。如果使用普通 HTTP 请求，可能会导致响应时间过长，甚至出现请求超时的情况。此时，使用流式 HTTP 请求就可以较好地应对这类场景了。

流式 HTTP 请求可以使客户端在服务器端还在处理数据时就开始逐步接收数据，从而提高系统的数据传输和处理能力，进而提高响应性能、降低等待时间和网络延迟、减少资源占用等。

以下是一个简单的文件下载示例。通过此示例，读者将掌握在鸿蒙应用中如何运用流式 HTTP 进行操作的步骤。

```
import { http } from '@kit.NetworkKit';

@Entry
@Component
struct Index {
  @State message: string = 'Download Page';

  sendRequest():void {
    let httpRequest = http.createHttp();
    let receivedData = new ArrayBuffer(0);
    // 1）设置接收到数据事件的监听，每次接收到数据块时都会触发
```

```
      httpRequest.on('dataReceive', (data: ArrayBuffer) => {
        const combinedBuffer =
  new ArrayBuffer(receivedData.byteLength + data.byteLength);
        const combinedArray = new Uint8Array(combinedBuffer);
        // 将新接收到的数据添加到已接收的数据后面
        combinedArray.set(new Uint8Array(receivedData));
        combinedArray.set(new Uint8Array(data), receivedData.byteLength);
        receivedData = combinedArray.buffer as ArrayBuffer;
        console.info('Received data length: ' + receivedData.byteLength);
  });

      class ProgressInfo {
        receiveSize: number = 0;
        totalSize: number = 0;
  }

      // 2）设置接收进度事件的监听。获取到已接收数据量和总数据量信息
      httpRequest.on('dataReceiveProgress', (data: ProgressInfo) => {
        this.message = `Progress: ${data.receiveSize}/${data.totalSize}`
        console.info("Data receive progress: receiveSize:" + data.receiveSize + ",
   totalSize:" + data.totalSize);
  });

      // 3）设置接收结束事件的监听
      httpRequest.on('dataEnd', () => {
        this.message = 'Download End'
        console.info('Data receive end');
      });

      // 4）调用流式请求的 API
      httpRequest.requestInStream(
        'localhost:3000/download2',
      ).then((data:number) => {
        console.info("download data OK!");
        console.info('ResponseCode :' + JSON.stringify(data));
  }).finally(() => {
        // 5）注销相关监听
        httpRequest.off('dataReceive');
        httpRequest.off('dataReceiveProgress');
        httpRequest.off('dataEnd');
        httpRequest.destroy()
      })
    }

    build() {
      Column() {
        Text(this.message).fontSize(60)
        Button('send request').onClick((event: ClickEvent) => {
          this.sendRequest();
        })
      }
      .justifyContent(FlexAlign.SpaceAround)
      .height('100%')
```

```
    .width('100%')
  }
}
```

在上面的代码中,我们可以看到,实现流式 HTTP 请求的核心步骤由 3 个传输事件的监听和处理函数组成。在创建完 httpRequest 对象后,我们依次在代码 1)、2)、3)处为请求对象添加传输事件监听和回调函数,具体介绍如下。

首先,在代码 1)处,我们添加了 dataReceive 事件监听。在 HTTP 流式请求中,数据不是一次全部收到的,而是会根据下载速度逐个数据块地进行接收。每次接收到数据块时,都会触发 dataReceive 事件。在该事件的回调中,我们将接收到的数据块(入参 data,ArrayBuffer 类型)拼接在已接收到的数据块后面。这样,当全部数据块接收完成后,就可以得到一个完整的数据了。

然后,在代码 2)处,为请求添加 dataReceiveProgress 事件监听。这个事件和 dataReceive 一样,每次收到数据块时都会触发。同时,该事件会返回传输进度相关的信息。在它的回调函数接收到的对象中有两个属性:receiveSize 和 totalSize,分别对应已接收的数据量和总数据量。通过这两个数据,我们可以实现一些动态展示数据传输进度的效果。在本示例中,我们在传输过程中将"已接收数据量 / 总数量"的值显示在页面中,实现对接收数据量变化的直观展示。

在代码 3)处设置了对 dataEnd 事件的监听。该事件会在全部数据接收完成后触发。在这里的逻辑比较简单,即更新一下页面文字内容,提示下载完成。

配置相关事件后,在代码 4)处调用 requestInStream 方法发起流式请求。这个方法的使用方式与普通请求方法基本一致。在本示例中,我们发起了一个 GET 请求(使用 POST 也可以,读者可以根据业务需求选择)。

最后,当请求执行完成后,在代码 5)处取消所有事件监听,并销毁 httpRequest 对象以释放资源。

本例中的服务接口逻辑也比较简单,即提供一个 GET 请求接口,该接口返回一个文件供请求方下载。首先页面启动时展示"Download Page"文字;然后单击下载按钮后,展示文字会动态显示已下载的数据进度;下载完成后,则展示"Download End"文字。示例运行效果如图 3-40 所示。

> **ArrayBuffer 数据拼接:**
> 在上面示例中,代码 1)处的事件回调中的逻辑是,一个典型使用 TypedArray 对 ArrayBuffer 进行拼接的过程。ArrayBuffer 本身没有提供拼接的接口,因此我们可以使用 TypedArray 来协助处理数据。
> 代码中的 Unit8Array 是 TypedArray 的一个子类,它以无符号 8 位整数数据的形式来处理 ArrayBuffer 中的数据。该类提供了一个 set 方法供开发者设置数据使用。
> 下面给出该逻辑的关键代码,并通过注释进行说明。

图 3-40 流式 HTTP 请求运行效果

```
// 首先声明 ArrayBuffer 类型的 receivedData 外部变量来保存接收数据
```

```
let receivedData = new ArrayBuffer(0);
// 通过已接收数据和新接收数据的长度之和创建一个长度合适的 ArrayBuffer
// 长度合适：长度正好等于已有数据和新数据拼接后的长度
const combinedBuffer = new ArrayBuffer(receivedData.byteLength + data.byteLength);
// 通过长度合适的 ArrayBuffer 创建一个相同长度的 TypedArray
    const combinedArray = new Uint8Array(combinedBuffer);
    // 将已收到的数据保存到 TypedArray 中，从索引零位开始
combinedArray.set(new Uint8Array(receivedData));
// 将新收到的数据保存到 TypedArray 中，从索引（已收到的数据的长度）位开始
// 这样，新数据正好拼接在前面数据的后面
    combinedArray.set(new Uint8Array(data), receivedData.byteLength);
// 通过 buffer 参数，从 typedArray 中取出 ArrayBuffer 类型的数据
// 更新已接收的数据值为拼接好的数据
receivedData = combinedArray.buffer as ArrayBuffer;
```

3.3.3 实战案例

下面是围绕信息列表数据加载场景中使用 HTTP 请求的示例，希望可以帮助读者更好地理解在业务中使用 HTTP 请求的方式。

在移动应用开发中，列表式的数据展示页面是最为常见的业务场景之一。例如商品列表、新闻列表、任务列表等，列表这种形式可以在移动端屏幕上将数据清晰地呈现给用户。由于像商品、新闻这类数据往往都需要实时更新，因此不能使用本地的数据，而是需要通过网络请求实时地从服务器上获取新的数据。下面请看一个商品列表页面的示例，如图 3-41 所示。

图 3-41　商品列表页面示例

图 3-41 展示了商品列表程序的界面。图 3-41 左侧第一个界面为商品列表首页。在打开首页后，

页面会自动发送 HTTP 请求到服务端获取商品列表数据。然后，从获取到的列表中，将商品信息依次显示在页面中。可以看到，每一个商品信息都是放在一个独立的卡片模块中，它们的格式是相同的。当用户单击任意一个商品的描述文字后（也可以设置为单击整个卡片），页面会跳转到对应商品图的详情页（分别对应图 3-41 右侧的两个页面）。进入商品详情页后，同样通过 HTTP 请求获取对应商品的详情信息，并显示在页面中。

商品列表加载示例项目的目录结构如图 3-42 所示。

如图 3-42 所示，在 pages 目录中有两个页面文件：Index.ets（对应商品列表页，负责展示商品列表的逻辑）和 Detail.ets（对应详情页，负责展示商品的详细信息）。components 目录中的 GoodItem.ets 是一个自定义的商品列表项目组件，供商品列表页渲染每一个商品项目时使用。Types 目录中的 GoodsTypes.ets 文件中定义了商品数据相关的各种类型（在本例中只声明了一个商品信息的接口类型），通过将类型声明在公共文件中，可以方便其他组件使用。

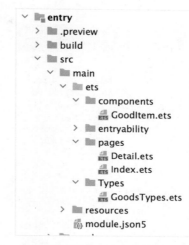

下面，我们先来看 GoodItem.ets 和 GoodsTypes.ets 这两个文件中的代码。这两个文件较为简单，并将在其他组件中被引用。在深入主要业务逻辑之前，我们需要先了解这两个文件的内容，其中一个提供了公共类型定义，另一个则提供了公共组件。

图 3-42　商品列表加载示例项目的目录结构

GoodsTypes.ets 文件中的代码如下。

```
// GoodsTypes.ets
/**
 * 声明商品信息的数据接口，确定商品数据能提供的属性
 * @goodName: 商品名称
 * @goodPrice: 商品价格
 * @imgUrl: 商品图片链接
 * @id: 商品 id
 * @description: 商品描述
 */

export interface GoodInfo {
  goodName: string
  goodPrice: string
  imgUrl: string
  id: string
  description: string
}
```

GoodItem.ets 文件中的代码如下。

```
// GoodItem.ets

import { router } from '@kit.ArkUI'
import { GoodInfo } from '../Types/GoodsTypes'
```

```
@Component
export default struct GoodItem {
  @Prop goodInfo: GoodInfo

  build() {
    Row(){
      Column(){
        Image(this.goodInfo.imgUrl)
          .objectFit(ImageFit.Contain)
      }
      .width('28%')
      .height('100%')
      Column(){
        Text(this.goodInfo.goodName)
          .fontWeight('bold')
          .fontSize('60px')
        Text(this.goodInfo.goodPrice)
          .margin({bottom:'20px'})
          .fontColor('red')
        Text(this.goodInfo.description)
          // 1)
          .onClick(() => {
            router.pushUrl({
              url: `pages/Detail`,
              params: {
                id: this.goodInfo.id
              }
            })
          })
          .maxLines(3)
          .textOverflow({overflow: TextOverflow.Ellipsis})

      }
      .alignItems(HorizontalAlign.Start)
      .width('68%')
      .padding({top:'10px'})
    }
    .justifyContent(FlexAlign.SpaceBetween)
    .alignItems(VerticalAlign.Top)
    .width('90%')
    .height('400px')
    .padding('20px')
    .margin({top:10})
    .shadow({radius:20, offsetY:8, offsetX:5, color:'gray'})
    .borderRadius(10)
  }
}
```

上面的代码创建了一个 GoodItem 组件，GoodItem 组件的布局和样式如图 3-43 所示。

在最开始的页面设计中可以看出，在商品列表中，每个商品项目都是类似图 3-43 的一个独立的区域。每个区域内部的布局和工作逻辑一致。因此，将这个区域的结构内容和逻辑提取出来封

图 3-43 GoodItem 组件效果图

装成一个公共组件是一个很好的选择。GoodItem 组件通过@prop 的 goodInfo 属性从父组件接收商品的信息，根据商品信息绘制页面内容。其次，请读者注意代码 1）处单击描述文字时的响应事件：当单击描述文字时，会调用 router 组件跳转到 Detail 页面。在跳转的同时会向 Detail 页面传送一个 id 参数。id 的值为用户单击的商品项目所对应的商品 id。

商品列表页面 Index.ets 的逻辑如下。当应用启动时，首先打开的是商品列表页面。

```
// Index.ets
import GoodsItem from '../components/GoodItem'
import { GoodInfo } from '../Types/GoodsTypes';
import { http } from '@kit.NetworkKit';

@Entry
@Component
struct Index {
  @State goodsList: GoodInfo[]|null = null
  @State loading: boolean = false

  // 2）生命周期函数，每次页面组件显示时触发
  onPageShow(): void {
    this.dataRequest()
  }

  // 1）请求函数
  dataRequest(): void {
    let httpRequest = http.createHttp()
    this.loading = true
    httpRequest.request(
      'localhost:3000/goodsList',
    ).then((res) => {
      // 更新商品列表数据，触发重新渲染
      this.goodsList = JSON.parse(res.result as string).goodsList
    }).catch((err:Error) => {
      console.error('request error: '+ JSON.stringify(err))
    }).finally(() => {
      this.loading = false
      httpRequest.destroy()
    })
  }

  build() {
    Column(){
      List(){
        // 3）循环渲染
        ForEach(this.goodsList, (item:GoodInfo) => {
          GoodsItem({goodInfo: item})
        })
      }
      .height('100%')
      .alignListItem(ListItemAlign.Center)
    }
    .height('100%')
    .width('100%')
```

```
  }
}
```

在商品列表的代码 1) 处声明了方法 dataRequest，其中封装了发送 HTTP 请求获取列表数据的相关逻辑。本例中使用的 HTTP 请求使用的是 GET 方法，无须传参，通过访问接口 hostname/goodsList 即可直接获得商品列表数据（在实际开发中，可能会携带一些用户信息相关的数据给服务端进行类似个性化推荐类型的处理）。

在代码 2) 处，我们使用了一个组件生命周期函数 onPageShow。每当页面显示时都会触发该事件，即第一次进入列表页，或从其他的页面跳转到列表时，都会触发这个生命周期函数并执行逻辑重新请求商品列表数据。

在代码 3) 处，通过 ForEach 语句对 GoodsList 数组进行遍历，并为每一个遍历到的数据元素创建了一个对应的 GoodsItem 组件。在创建 GoodsItem 组件的同时，将对应的商品信息传入该组件。这样，在 GoodsItem 中就可以通过 prop 类属性（本例中是 goodInfo）接收到商品信息了。可以看出，在使用了 GoodsItem 组件后，商品列表页面的的布局代码变得非常简洁。

```
// Detail.ets
import { router } from '@kit.ArkUI';
import { GoodInfo } from '../Types/GoodsTypes';
import { http } from '@kit.NetworkKit';

interface DetailRouterParams {
  id: string
}

@Entry
@Component
struct Detail {
  @State goodId: string = '';
  @State goodInfo: GoodInfo|null = null;
  @State loading: boolean = false

  // 1)
  onPageShow(): void {
    // 获取商品 id
this.goodId = (router.getParams() as DetailRouterParams).id
    // 请求商品数据
    this.getDetail(this.goodId)
  }

  // 2)
  getDetail(id:string): void {
    let httpRequest = http.createHttp()
    this.loading = true
httpRequest.request(
      // get 请求拼接查询串
      `localhost:3000/goodDetail?id=${id}`,
).then((res) => {
    // 更新商品详情数据，触发重新渲染
    this.goodInfo = JSON.parse(res.result as string).detail
  }).catch((err:Error) => {
```

```
      console.error('request error: '+ JSON.stringify(err))
    }).finally(() => {
      this.loading = false
      httpRequest.destroy()
    })
}

build() {
  Column() {
    Image(this.goodInfo?.imgUrl)
      .height(300)
    Text(this.goodInfo?.goodName)
      .fontSize(30)
      .fontWeight(FontWeight.Bold)
      .margin({bottom:5})
    Row(){
      Text('价格: ')
        .fontSize(22)
      Text(this.goodInfo?.goodPrice)
        .fontSize(22)
    }
    .margin({bottom:20})
    Text(this.goodInfo?.description)
      .fontSize(16)
      .textIndent(32)
      .textAlign(TextAlign.JUSTIFY)
  }
  .height('100%')
  .width('100%')
  .alignItems(HorizontalAlign.Center)
  .padding(20)
}
```

在 Detail 页面中，代码 1）处同样使用了 onPageShow 生命周期函数，并编写了如下逻辑。

首先，每当进入 Detail 页面时，通过 router.getParams()方法获取路由中的当前商品 id（还记得这个路由参数是哪里传过来的吗？如果不记得，可以返回查看 GoodsItem 组件的单击事件。在该事件中进行页面跳转的同时，还向 router 传入了组件当前商品数据的 id）。然后，调用 getDetail 方法并将获取到的商品 id 传入。

在代码 2）处的 getDetail 方法中，封装了请求商品详情数据的 HTTP 请求逻辑。这里的请求同样使用 GET 方法，并将商品 id 作为查询参数拼接到了 URL 中，这样就可以通过 id 告诉服务器是要获取哪一个商品的信息了。最后，在 Promise 处理函数中用服务接口返回的数据去更新详情数据 this.goodInfo，从而触发页面更新渲染，实现详情页面的刷新。

3.4 应用数据本地保存

应用数据本地保存也称为数据持久化，数据持久化表示将瞬间状态的数据保存到设备中，即使设备关机，这些数据也不会丢失。当应用下次访问设备中的数据时，会通过转换机制读取设备中的数据并将其转换成瞬间状态的数据。

本节介绍使用本地数据库来存储大量数据的方案：SQLite。SQLite 是一个轻量级关系数据库，占用资源很少，约几百 KB，无须服务器支撑，是一个零配置、事务性的 SQL 数据库引擎。

相对于首选项 Preferences，SQLite 更适合存储大量复杂的关系型数据，而首选项则适合保存一些简单的键-值对数据。例如，即时通信应用的聊天会话信息的本地存储，使用首选项存储明显是不合适的，因为其数据量极大，数据关系结构也很复杂。在这方面，SQLite 则可以很轻松地存储操作这些数据。那么，SQLite 在鸿蒙中是如何使用的，下面将逐一讲解。

3.4.1 创建数据库

@kit.ArkData 方舟数据管理模块为开发者提供了数据存储、数据管理和数据同步的能力，而 SQLite 的服务则在这个模块中，专门提供了一个 relationalStore 来辅助创建数据库。我们以一个用户信息为例，创建一个名称为 user.db 的数据库。首先，创建 DBUtils 类来管理数据库的行为操作，代码如下。

```
import { relationalStore } from '@kit.ArkData'
import AppUtils from './AppUtils'
export default class DBUtils {
  private static rdbStore?: relationalStore.RdbStore

  private constructor() {
  }

  static init(callback: Function = (state: boolean, msg?: string) => {
  }) {
    const context = AppUtils.getContext()
    // 数据库配置
    const STORE_CONFIG: relationalStore.StoreConfig = {
      name: 'user.db',        // 数据库名称
      securityLevel: relationalStore.SecurityLevel.S1, // 数据库安全级别
      encrypt: false,         // 可选参数，指定数据库是否加密，默认为不加密
    } as relationalStore.StoreConfig

    // 数据库文件的默认存储路径，可通过 customDir 修改路径
    console.log(`${TAG} db dir: `, context.databaseDir)

    // 1. 获取 RdbStore 实例，用于操作数据库
    relationalStore.getRdbStore(context, STORE_CONFIG).then((r) => {
      DBUtils.rdbStore = r
      console.log(TAG, 'db create success')
      callback(true)
    }).catch((err: Error) => {
      console.error(`${TAG} db create error: `, err.message)
      callback(false, err.message)
    })

  }
```

}
```

上述代码是在配置和初始化数据库相关的配置,主要步骤如下。

(1)创建一个 STORE_CONFIG 对象,包含数据库配置的信息,如数据库名称、安全级别和加密状态。name 是数据库文件名称,值是 user.db,安全级别是 relationalStore.SecurityLevel.S1,表示数据库的安全级别为低级别。当数据泄露时会产生较低影响,是不加密的状态。

(2)通过 relationalStore 获取 RdbStore 实例,这是操作数据库的接口,通过调用 relationalStore.getRdbStore 函数并传入上下文和配置对象来实现。在创建数据库成功后,会执行 then 代码块,接着将 RdbStore 实例赋值给 DBUtils.rdbStore,这样使得这个实例可以被 DBUtils 类的其他方法使用。

(3)在外部触发调用 DBUitls 的 init()方法即可完成数据库的创建。当在控制台打印出 db create success 日志时,表示数据库文件创建成功。

数据库的安全级别如表 3-6 所示。

表 3-6 数据库的安全级别

| 属  性 | 值 | 概  述 |
|---|---|---|
| S1 | 1 | 表示数据库的安全级别为低级别,当数据泄露时会产生较低影响。例如,包含壁纸等系统数据的数据库 |
| S2 | 2 | 表示数据库的安全级别为中级别,当数据泄露时会产生较大影响。例如,包含录音、视频等用户生成数据或通话记录等信息的数据库 |
| S3 | 3 | 表示数据库的安全级别为高级别,当数据泄露时会产生重大影响。例如,包含用户运动、健康、位置等信息的数据库 |
| S4 | 4 | 表示数据库的安全级别为关键级别,当数据泄露时会产生严重影响。例如,包含认证凭据、财务数据等信息的数据库 |

AppUtils 是一个简单的工具类,用于存储全局 context 实例,代码如下。

```
import { common } from '@kit.AbilityKit'
export default class AppUtils {
  private constructor() {
  }
  private static context: common.UIAbilityContext
  static init(context: common.UIAbilityContext) {
    AppUtils.context = context
  }

  static getContext(): common.UIAbilityContext {
    if (!AppUtils.context) {
      throw new Error('在 EntryAbility 类的 onCreate()方法中调用 init()方法完成初始化')
    }
    return AppUtils.context
  }
}
```

通常会在 EntryAbility 的 onCreate()方法中初始化,代码如下。

```
export default class EntryAbility extends UIAbility {
onCreate(want: Want, launchParam: AbilityConstant.LaunchParam): void {
    AppUtils.init(this.context)
}
```
```

如果我们需要查看数据库文件在设备中的位置,可以通过上下文(context)获取数据库文件的存储路径,代码如下。

```
// 数据库文件的默认存储路径,可通过 customDir 修改路径
const context = AppUtils.getContext()
console.log(`${TAG} db dir: `, context.databaseDir)
```

应用创建的数据库与其上下文有关,即使使用同样的数据库名称,但不同的应用上下文会产生多个数据库,例如,每个 UIAbility 都有各自的上下文。在控制台我们可以看到打印数据库文件的默认存储路径,我们使用 console.log 来展示数据库目录的路径,控制台打印的输出如下。

```
DBUtils db dir:  /data/storage/el2/database/entry
```

从上面的控制台日志可知,数据库文件的默认沙箱路径是/data/storage/el2/database/entry,对应的路径是/data/app/el2/database/entry。可以在 DevEco Studio 编译器中的 Device File Browser 工具栏中查看数据库文件,数据库文件的本地路径如图 3-44 所示。

图 3-44　数据库文件的本地路径

如果希望移动数据库文件到其他地方使用查看,则需要同时移动这些以-wal 和-shm 结尾的临时文件。在创建数据库文件后,此时就要创建数据表来描述数据。这里以创建一张 USER 表为例,在 USER 表中包含 id、name、age、sex、height 和 weight 属性。然后,通过 RdbStore 实例的 executeSql() 方法执行创建数据表的 SQL 语句,代码如下。

```
static createTable() {
    // 创建 USER 表的 SQL 语句
    const CREATE_TABLE_USER =
      'CREATE TABLE IF NOT EXISTS USER(ID INTEGER PRIMARY KEY AUTOINCREMENT, name TEXT NOT NULL, age INTEGER NOT NULL, sex INTEGER NOT NULL, height REAL, weight REAL)'

    // 2. 创建表
    DBUtils.rdbStore?.executeSql(CREATE_TABLE_USER).then(() => {
      console.log(TAG, 'create table done')
    }).catch((err: BusinessError) => {
      console.error(TAG, err.message)
    })
  }
```

还记得 DBUtils.rdbStore 对象实例是如何获取的吗?它是在创建数据库文件时,通过 relationalStore.getRdbStore()来获取的。这里把 RdbStore 实例赋值给 DBUtils 类的 rdbStore 属性。如果数据表创建出现异常,则会执行 catch 代码块,数据库表创建成功,则执行 then 代码块。

在完成创建数据表 USER 后，如何可视化查看其内容呢？除了将 user.db 数据库文件导出并通过 SQLite Studio 查看外，我们还可以借助于 IDE 的 Database Navigator 插件。目前，在 DevEco Studio 的 Setting→Plugins 中无法搜索到该插件，但在其他 IDE（如 Android Studio、Intellij IDEA）中可以正常搜索并安装。既然在线无法安装，我们可以去 JetBrains 插件应用市场手动下载后，进行离线安装。

打开网址 https://plugins.jetbrains.com/idea 搜索并下载 JetBrains 插件，如图 3-45 所示。

图 3-45 JetBrains 插件应用市场下载

下载后的插件是一个压缩包，但无须解压。在 DevEco Studio→Settings→Plugins 安装离线包，选择 Install plugin from Disk 选项，并选择刚下载的压缩包进行安装。注意，完成安装后需重启 DevEco Studio 才会生效，如图 3-46 所示。

图 3-46 DevEco Studio 安装本地插件

插件安装成功后，DevEco Studio 的左侧边栏会出现一个 DB Browser 工具。接着返回 Device File Browser 工具栏，打开数据库的 user.db、user.db-shm 和 user.db-wal 3 个文件，右击→Save As，将它从移动设备导出到计算机的任意位置。在 DB Browser 中选择 SQLite，插件预览图如图 3-47 所示。

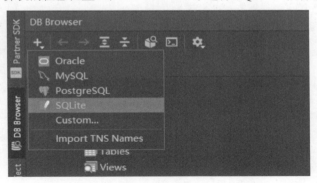

图 3-47 插件预览

最后，在弹出窗中选择刚导出的 user.db 数据库文件，单击 OK 即可完成配置。连接数据库如图 3-48 所示。

图 3-48　连接数据库

完成配置后，在 IDE 左侧的 DB Browser 工具栏即可浏览 USER 表中的信息，如图 3-49 所示。

3.4.2　添加数据

对数据库的操作主要涉及 CRUD 操作，具体介绍如下。
- C（create）代表添加。
- R（retrieve）代表查询。
- U（update）代表更新。
- D（delete）代表删除。

每个操作都有对应的 SQL 语句。添加数据时使用 INSERT，查询数据时使用 SELECT，更新数据时使用 UPDATE，删除数据时使用 DELETE。

使用 RdbStore 的 insert()方法添加参数，第一个参数是表名，第二个参数是要插入表中的数据。这些数据的类型都是 ValuesBucket，当插入数据库时，需要将每一列设置为此类型的实例对象。插入成功，则返回的是数据在表中的行数；插入失败，则返回-1，代码如下。

图 3-49　USER 表中的信息

```
static insert() {
  let item: relationalStore.ValuesBucket = {
    name: 'lili',
    age: 18,
    sex: 0,
    height: 160,
    weight: 45,
  };
```

```
    let item2: relationalStore.ValuesBucket = {
      name: 'hzw',
      age: 28,
      sex: 1,
      height: 180,
      weight: 60,
    };
    // 插入数据
    DBUtils.rdbStore?.insert(DBUtils.tableName, item).then((r) => {
      console.log(TAG, 'insert success: ', r);
      DBUtils.rdbStore?.commit()
    }).catch((e: Error) => {
      console.log(TAG, 'insert err: ', e.message);
    });

    DBUtils.rdbStore?.insert(DBUtils.tableName, item2).then((r) => {
      console.log(TAG, 'insert success: ', r);
      DBUtils.rdbStore?.commit()
    }).catch((e: Error) => {
      console.log(TAG, 'insert err: ', e.message);
    });
}
```

在上面的代码中添加了两条数据。首先创建 ValuesBucket 对象，对表中的每一列赋值。可以发现，我们并没有为 id 赋值，这是因为在创建 USER 表时我们将 id 设置为了自增。然后通过 DBUtils.rdbStore 对象的 insert 方法，用来将数据 item 插入名为 DBUtils.tableName 的表中，DBUtils.rdbStore 对象是前面已提及的，是 rdbStore 的实例，而 DBUtils.tableName 的值是 USER。

接下来测试添加数据的 insert()方法，给布局添加插入数据的按钮，代码如下：

```
@Entry
@Component
struct Index {
  build() {
    Column() {
      Scroll() {
        Flex({ direction: FlexDirection.Row, wrap: FlexWrap.Wrap, justifyContent: FlexAlign.SpaceEvenly }) {
          Button('创建数据库')
            .btnStyle(OperateType.CREATE_DB)
          Button('创建User 表')
            .btnStyle(OperateType.CREATE_TABLE)
          Button('插入数据')
            .btnStyle(OperateType.INSERT)
        }
        .width('100%')
        .height('30%')
      }

    }
    .height('100%')
    .width('100%')
  }
}
```

```
@Extend(Button)
function btnStyle(type: number, call?: (r: string) => void) {
  .margin({ top: '12vp' })
  .onClick(() => {
    switch (type) {
      case OperateType.CREATE_DB:
        DBUtils.init()
        break
      case OperateType.CREATE_TABLE:
        DBUtils.createTable()
        break
      case OperateType.INSERT:
        // 添加数据
        DBUtils.insert()
        break
    }
  })
}

class OperateType {
  static readonly CREATE_DB: number = 0
  static readonly CREATE_TABLE: number = 1
  static readonly INSERT: number = 2
  static readonly DELETE: number = 3
  static readonly UPDATE: number = 4
  static readonly QUERY: number = 5
}
```

代码运行后的效果如图 3-50 所示。

单击图 3-50 中的"插入数据"按钮，会调用 DBUtils.insert()方法，将两条数据添加到 USER 表中。在 insert()异步方法中的 then 代码块中会返回数据在表中的行数，表示数据添加成功。另外，我们也可以通过 DB Browser 查看，将

图 3-50　代码运行后的效果

user.db、user.db-shm 和 user.db-wal 三个数据库文件重新导出到指定目录。由于之前已连接数据库，重新导出覆盖后，单击 USER 表便会自动刷新重载，数据库表可视化如图 3-51 所示。

图 3-51　数据库表可视化

从图 3-51 可知，我们已成功添加了两条数据到 USER 表中。

3.4.3　查询数据

在添加数据案例中，我们是通过 DB Browser 工具查看数据的。在实际开发中，通常会通过 SQL

语句来查询数据。在鸿蒙中，RdbStore 实例提供了相关的 query()查询数据的方法，代码如下。

```
static query() {
  // 创建 RdbPredicates 实例
  let predicates = new relationalStore.RdbPredicates(DBUtils.tableName);
  //equalTo 方法的第一个参数是列名，第二个参数是列值
  // 查询 name=lili 的数据
  predicates.equalTo("name", "lili")
  DBUtils.rdbStore?.query(predicates).then((r) => {
    let items: Array<relationalStore.ValuesBucket> = []
    // 遍历查询结果
    while (r.goToNextRow()) {
      // 获取当前行的数据
      const row = r.getRow()
      items.push(row)
    }
    console.log(TAG, 'query success: ', JSON.stringify(items, null, 2));
    // 关闭查询结果集
    r.close()

  }).catch((e: Error) => {
    console.log(TAG, 'query err: ', e.message);
  })

  // 执行 SQL 语句 查询 USER 表的所有数据
  DBUtils.rdbStore?.querySql(`SELECT * FROM ${DBUtils.tableName}`).then((r) => {
    let items: Array<relationalStore.ValuesBucket> = []
    // 遍历查询结果
    while (r.goToNextRow()) {
      // 获取当前行的数据
      const row = r.getRow()
      items.push(row)
    }
    console.log(TAG, 'querySql success: ', JSON.stringify(items, null, 2));
    // 关闭查询结果集
    r.close()
  }).catch((e: Error) => {
    console.log(TAG, 'querySql err: ', e.message);
  })

}
```

在上述代码中，用 query()和 querySql()两个不同的方法来查询数据。query()方法需要接收 RdbPredicates 实例，在 RdbPredicates 的构造函数中设置表名为 USER，通过 predicates 对象来设置查询的条件。equalTo()方法的第一个参数是列名，第二个参数是列值，查询 name 是 lili 值的数据。在 then 代码块中通过 ResultSet 遍历查询每行的数据，查询完毕后，ResultSet 会调用 close()方法释放所有资源。querySql()方法的参数是 SQL 语句，上面是查询所有的数据，then 代码块的逻辑与 query()方法的 then 类似。

接下来，在布局中添加一个"查询数据"的按钮，单击按钮时通过 DBUtils 调用静态方法 query()，代码如下。

```
Button('查询数据')
    .btnStyle(OperateType.QUERY)
```

```
@Extend(Button)
function btnStyle(type: number, call?: (r: string) => void) {
  .margin({ top: '12vp' })
  .onClick(() => {
    switch (type) {
      case OperateType.CREATE_DB:
        DBUtils.init()
        break
      case OperateType.CREATE_TABLE:
        DBUtils.createTable()
        break
      case OperateType.INSERT:
        DBUtils.insert()
        break
      case OperateType.QUERY:
        // 查询数据
        DBUtils.query()
        break
    }
  })
}
```

代码的运行效果如图 3-52 所示。

单击"查询数据"按钮时便会执行查询，控制台输出的查询结果如图 3-53 所示。

上面的例子只是一个简单的案例，在实际开发中需要自己去慢慢摸索。查询是一个相对复杂的操作，equalTo()只是 RdbPredicates 中一个方法。其他常用查询方法如图 3-54 所示。

图 3-52 查询数据 ui

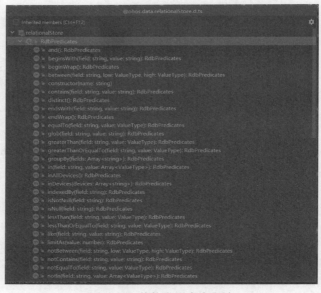

图 3-53 查询结果　　　　　　　　图 3-54 其他常用查询方法

3.4.4　更新数据

在学习完添加和查询数据后，更新和删除的数据变更就可以通过查询方式来观察，而不需要将数据库文件导出这样烦琐的操作了。RdbStore 提供了 update()方法来更新数据，代码如下。

```
static update() {
  // 设置更新的列值，这里设置 age 列的值为 25
  let valueBucket: relationalStore.ValuesBucket = {age: 25}
  // 创建 RdbPredicates 实例
  let predicates = new relationalStore.RdbPredicates(DBUtils.tableName);
  // 设置查询的条件，name 列的值为 lili 的数据
  predicates.equalTo("name", "lili")
  // 执行更新操作
  DBUtils.rdbStore?.update(valueBucket, predicates).then((r: number) => {
    DBUtils.rdbStore?.commit()
    // 打印更新的行数
    console.log(TAG, 'update success: ', r)
  }).catch((e: Error) => {
    console.log(TAG, 'update err: ', e.message)
  })
}
```

上述代码将 lili 的 age 值由原来的 18 改为 25。接下来在布局中添加一个名为“更新数据”的按钮，单击按钮时将通过 DBUtils 调用静态 update()方法，代码如下。

```
Button('更新数据')
.btnStyle(OperateType.UPDATE)

@Extend(Button)
function btnStyle(type: number, call?: (r: string) => void) {
  .margin({ top: '12vp' })
  .onClick(() => {
    switch (type) {
      case OperateType.UPDATE:
        DBUtils.update()
        break

    }
  })
}
```

运行上面的程序后，界面上会有一个“更新数据”按钮。单击“更新数据”按钮后，将会更新对应的数据。单击查询更新后的数据，在控制台会输出更新后的结果，如图 3-55 所示。

从图 3-55 的结果可知，在执行 update()更新操作后，更新值已生效，age 值由原来的 18 变为 25。

```
DBUtils update success:  1
DBUtils query success:  [
  {
    "ID": 1,
    "age": 25,
    "height": 160,
    "name": "lili",
    "sex": 0,
    "weight": 45
  }
]
```

图 3-55　查询数据的结果

3.4.5 删除数据

RdbStore 提供了 delete()方法来删除数据,该方法只接收一个参数 RdbPredicates,代码如下。

```
static delete() {
  // 创建 RdbPredicates 实例,用于设置查询条件 ,指定查询的表名
  let predicates = new relationalStore.RdbPredicates(DBUtils.tableName);
  // 设置删除的条件, name 值为 hzw 的数据
  predicates.equalTo("name", "hzw")
  DBUtils.rdbStore?.delete(predicates).then((r: number) => {
    DBUtils.rdbStore?.commit()
    // 打印删除的行数
    console.log(TAG, 'delete success: ', r)
  }).catch((e: Error) => {
    console.log(TAG, 'delete err: ', e.message)
  })
}
```

上述代码用于删除 name 值为 hzw 的数据。接下来在布局中添加一个名为"删除数据"的按钮,单击按钮时将通过 DBUtils 调用静态 delete()方法,代码如下。

```
Button('删除数据').btnStyle(OperateType.DELETE)
@Extend(Button)
function btnStyle(type: number, call?: (r: string) => void) {
  .margin({ top: '12vp' })
  .onClick(() => {
    switch (type) {
      case OperateType.DELETE:
        DBUtils.delete()
        break
    }
  })
}
```

运行上面的程序后,界面上会显示一个名为"删除数据"的按钮。单击"删除数据"按钮后,将会删除对应的数据。当单击查询删除后的数据时,在控制台会输出删除后的结果,如图 3-56 所示。

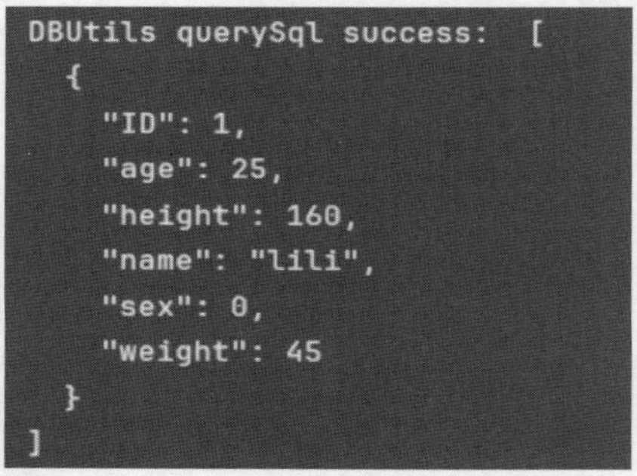

```
DBUtils querySql success:  [
  {
    "ID": 1,
    "age": 25,
    "height": 160,
    "name": "lili",
    "sex": 0,
    "weight": 45
  }
]
```

图 3-56 删除数据的结果

从图 3-56 可知,在执行 delete()方法执行删除操作后,name 为 hzw 的这条数据记录已经被删除

了，不再存在于 USER 表中。

3.4.6 升级数据库

什么情况下需要升级数据库呢？例如我们的应用 1.0 版本已成功上线，产品在规划 2.0 版本时，用户信息新增了一个 staffId 字段，接着在 3.0 版本时又删除一个 weight 字段。此时，数据库就需要升级，以确保在应用版本升级的过程中本地数据库的数据不会丢失。

在初始化数据库配置的 getRdbStore() 方法的 then 代码块中进行数据库版本升级。当数据库创建时，数据库的默认版本是 0，此时，通常会创建需要的表，同时将数据库版本设置为 1，相当于从 0 升级到 1，代码如下。

```
// 数据库的版本号是 0 时，创建数据表语句的 SQL 语句
const CREATE_TABLE_USER =
  'CREATE TABLE IF NOT EXISTS USER(ID INTEGER PRIMARY KEY AUTOINCREMENT, name TEXT NOT NULL, age INTEGER NOT NULL, sex INTEGER NOT NULL, height REAL, weight REAL)'

relationalStore.getRdbStore(context, STORE_CONFIG).then((store: relationalStore.RdbStore) => {
    DBUtils.rdbStore = store
    console.log(TAG, 'db ver: ',store.version)
    // 升级数据库
    // 当数据库创建时，数据库的默认版本号为 0
    if (store.version == 0) {
        store.executeSql(CREATE_TABLE_USER)
        // 将版本号设置为 1 相当于版本号从 0 升级到 1
        store.version = 1
    }

}).catch((err: Error) => {
    console.error(`${TAG} db create error: `, err.message)
})
```

此时，随着应用版本迭代升级，我们需要在 USER 表新增一个 staffId 字段。在创建 USER 表的 SQL 语句中则需要增加一个 staffId 字段，代码如下。

```
// 新增 staffId 字段，创建数据表语句的 SQL 语句
const CREATE_TABLE_USER_1 =
  'CREATE TABLE IF NOT EXISTS USER(ID INTEGER PRIMARY KEY AUTOINCREMENT, name TEXT NOT NULL, age INTEGER NOT NULL, sex INTEGER NOT NULL, height REAL, weight REAL, staffId INTEGER)'

relationalStore.getRdbStore(context, STORE_CONFIG).then((store: relationalStore.RdbStore) => {
    DBUtils.rdbStore = store
    console.log(TAG, 'db ver: ',store.version)
    // 升级数据库

    const oldVersion = store.version
    // 当数据库创建时，数据库的默认版本号为 0
    if (store.version == 0) {
```

```
      store.executeSql(CREATE_TABLE_USER_1)
      // 设置数据库的最高版本号为 2，这里始终设置成最高版本号
      store.version = 2
    }

    // 如果需要将数据库的版本号从 1 升级到 2，则需要新增 staffId 字段
    if (store.version == 1) {
      store.executeSql('alter table USER add column staffId integer')
      // 数据库的版本号升级为 2
      store.version = 2
    }

}).catch((err: Error) => {
  console.error(`${TAG} db create error: `, err.message)
})
```

如果是新用户初次安装应用，数据库的默认版本号是 0，会调用 executeSql()方法按照最新的 SQL 语句(CREATE_TABLE_USER_1)创建 USER 表，同时将数据库版本号设置成最高版本 2。这样，就不会执行后面的 if 升级逻辑了。如果这个用户的数据库的版本号是 1，则会通过 executeSql()方法执行 alter table USER add column staffId integer 这个 SQL 语句新增 staffId 字段，同时将数据库的版本号升级为 2。

当数据库的版本号由 1 升级为 2 时，我们查询数据时会发现数据表中已经有了 staffId 字段，查询结果如下。

```
DBUtils query success: [{
    "ID": 1,
    "age": 18,
    "height": 160,
    "name": "lili",
    "sex": 0,
    "staffId": null,
    "weight": null
}]
```

接着需求发生了变更，USER 表中不需要 weight 字段了。开发者此时需要从表中删除这个字段。开发人员则需要修改创建 USER 表的 SQL 语句。这样，数据库又要进行升级，由版本号 2 升级为 3，代码如下。

```
// 删除 weight 字段，创建数据表的 SQL 语句
const CREATE_TABLE_USER_2 =
  'CREATE TABLE IF NOT EXISTS USER(ID INTEGER PRIMARY KEY AUTOINCREMENT, name TEXT NOT NULL, age INTEGER NOT NULL, sex INTEGER NOT NULL, height REAL, staffId INTEGER)'

relationalStore.getRdbStore(context, STORE_CONFIG).then((store: relationalStore.RdbStore) => {
    DBUtils.rdbStore = store
    console.log(TAG, 'db ver: ',store.version)
    // 升级数据库
```

```
    const oldVersion = store.version
    // 当数据库创建时，数据库的默认版本号为 0
    if (store.version == 0) {
        store.executeSql(CREATE_TABLE_USER_2)
        // 这里始终设置为最高版本号 3
        store.version = 3
    }

    // 如果数据库的版本号从 1 升级为 2，则需要新增 staffId 字段
    if (store.version == 1) {
      store.executeSql('alter table USER add column staffId integer')
      store.version = 2
    }

    // 如果数据库的版本号从 2 升级为 3，则需要删除 weight 字段
    if (store.version == 2) {
      store.executeSql('alter table USER drop column weight')
      store.version = 3
    }

}).catch((err: Error) => {
    console.error(`${TAG} db create error: `, err.message)
})
```

这里的升级逻辑与升级到版本号 2 的逻辑是类似的，此处不再赘述。当版本号升级为 3 时，我们查询数据时则会发现，weight 字段已经不存在了，控制台的输出结果如下。

```
DBUtils query success: [{
    "ID": 1,
    "age": 18,
    "height": 160,
    "name": "lili",
    "sex": 0,
    "staffId": null,
}]
```

使用这种 if 方式来维护数据库的升级的好处是，不管版本怎样更新，都可以保证数据库的表结构是最新的，而且表中的数据完全不会丢失。

3.4.7 使用事务

SQLite 数据库支持事务。事务是指一系列操作的集合，即操作要么全部成功，要么全部失败，是原子性操作。例如我们常用的转账功能，A 账户向 B 账户转账可以分为两个步骤，从 A 账户扣钱，然后再往 B 账户打入等量的金额，这两个动作是独立的操作，可能存在一个操作成功，另一个操作失败的情况。例如 A 账户扣钱成功了，而 B 账户却没有收到钱，出现这种情况是很危险的。如何确保两个独立操作要么全部失败，要么全部成功，当某个操作失败时，就回滚到初始状态，此时事务就派上用场了。

在鸿蒙中如何使用事务呢？rdbStore 提供了 beginTransaction()和 rollBack()方法来保证事务，确

保操作时的原子性。下面以一个简单案例为例进行说明,代码如下。

```
static async transaction(isError: boolean = true){
    // 开启事务
    DBUtils.rdbStore?.beginTransaction()
    try {
      // 删除hzw的数据
      let predicates = new relationalStore.RdbPredicates(DBUtils.tableName);
      predicates.equalTo("name", "hzw")
      let rowNum = await DBUtils.rdbStore?.delete(predicates)
      DBUtils.rdbStore?.commit()
      console.log(TAG, 'delete success: ', rowNum)
      if (isError) {
          // 制造一个异常,让事务失败
        throw new Error('error')
      }
      let xml: relationalStore.ValuesBucket = {
        name: 'xml',
        age: 28,
        sex: 0,
        height: 165,
      };
      const num = await DBUtils.rdbStore?.insert(DBUtils.tableName, xml)
      DBUtils.rdbStore?.commit()
      console.log(TAG, 'insert success: ', num)
    } catch (e) {
      // 回滚
      console.log(TAG, '回滚');
      DBUtils.rdbStore?.rollBack()
    }
}
```

上述代码的原子性逻辑是,首先删除名为 hzw 的数据,然后添加名为 xml 的数据。在执行 SQL 语句前,通过 beginTransaction()方法开启事务。接着执行删除名为 hzw 数据的 SQL 语句,此时删除操作已经完成。如果 isError 为 true,则会人为制造一个异常来中断整个流程,导致事务失败,此时添加数据的操作尚未执行。由于我们在 catch 代码块中调用了 rollBack()方法来回滚到事务开始的状态,因此,名为 hzw 的数据实际上并不会被删除。

第二篇　鸿蒙开发进阶

第4章　Navigation
第5章　Stage 模型详解
第6章　动画组件
第7章　Web 组件
第8章　媒体
第9章　文件
第10章　Native 适配开发
第11章　使用第三方库
第12章　高效开发实践

第 4 章 Navigation

Navigation 是路由容器组件，管理着页面的导航与切换，通常会将其作为首页的根容器。Navigation 组件是页面架构设计的基石，也是项目模块化设计的重要组成部分，它主要包含导航页（NavBar）和子页（NavDestination）。导航页包含内容区、标题栏、菜单栏和工具栏，而子页主要包含内容区、标题栏和菜单栏。Navigation 组成如图 4-1 所示。

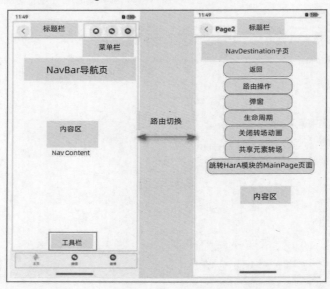

图 4-1　Navigation 组成

导航页与子页之间可以通过路由进行切换。Navigation 组件是鸿蒙应用页面架构设计的首选，完全可以替代 Router。与 Router 相比，Navigation 的优势如下。

● 从 UI 组件树层级上看，Router 管理的 Page 是在页面栈节点 stage 下，而 Navigation 作为容器组件可以挂载到单个 Page 页面节点上。

● Navigation 提供了具体的栈管理类，开发者可以自由灵活地管理页面栈。

● Navigation 是一个组件，因此可以基于组件属性动画和共享元素动画，为页面切换设置更丰富和灵活的动效。

● 由于 Navigation 组件的内容区是完全由开发者控制的，因此，自定义弹窗显示的方式会更方便，与普通子页基本采用一样的方式。

Router 与 Navigation 组件在 UI 层级的结构如图 4-2 所示。

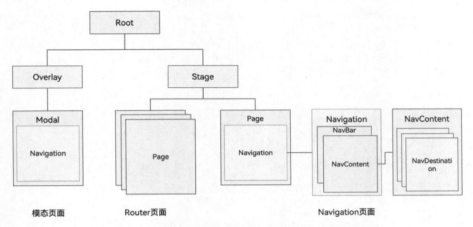

图 4-2　Router 与 Navigation 组件在 UI 级的结构

从图 4-2 可知，Navigation 导航组件依附在 router 页面中，Navigation 组件包含 NavBar（导航页）和 NavContent（内容区）两个区域，在 NavContent 中包含了众多 NavDestination。后面讨论的路由操作、生命周期、转场动画等内容都是针对 NavDestination 子页组件而言的。

4.1　基本用法

本节主要讲解 NavBar、NavDestination 组件和路由操作。

1. NavBar

NavBar 主要由内容区、标题栏、菜单栏、工具栏等构成。接下来新建一个 NavPage 页面作为导航页，代码如下。

```
@Component
@Entry
export struct NavPage {
  @State toolbars: Array<ToolbarItem> = []
  @State currentIndex: number = 0

  changeState() {
    for (let i = 0; i < this.toolbars.length; i++) {
      let item = this.toolbars[i]
      if (i === this.currentIndex) {
        item.status = ToolbarItemStatus.ACTIVE
      }else {
        item.status = ToolbarItemStatus.NORMAL
      }
    }
  }

  aboutToAppear(): void {
```

```
    const homeItem: ToolbarItem = {
      value: "主页",
      icon: $r("app.media.ic_home"),
      activeIcon: $r('app.media.ic_home_active'),
      status: ToolbarItemStatus.NORMAL,
      action: () => {
        this.currentIndex = 0
        this.changeState()
        Logger.d('主页 item')
      }
    }
    const wxItem: ToolbarItem = {
      value: "微信",
      icon: $r("app.media.ic_wechat"),
      activeIcon: $r('app.media.ic_wechat_active'),
      status: ToolbarItemStatus.NORMAL,
      action: () => {
        this.currentIndex = 1
        this.changeState()
      }
    }
    const weiboItem: ToolbarItem = {
      value: "微博",
      icon: $r("app.media.ic_weibo"),
      activeIcon: $r('app.media.ic_weibo_active'),
      status: ToolbarItemStatus.NORMAL,
      action: () => {
        this.currentIndex = 2
        this.changeState()
      }
    }
    this.toolbars.push(homeItem)
    this.toolbars.push(wxItem)
    this.toolbars.push(weiboItem)
    this.changeState()
  }

  build() {
    Column() {
      // 注释1：初始化 Navigation 组件
      Navigation() {
        // 注释2：内容区
        Column() {
          Text('nav context')
        }
        .justifyContent(FlexAlign.Center)
        .alignItems(HorizontalAlign.Center)
        .width('100%')
        .height('100%')
      }
      .width('100%')
      .height('100%')
      // 注释3
```

```
        // 设置标题与模式
        .title("标题")
        .titleMode(NavigationTitleMode.Mini)
        // 设置页面显示模式,Stack 是单页面模式
        .mode(NavigationMode.Stack)
        // 设置菜单栏在顶部的右上角
        .menus([
          {
            value: '', icon: 'resources/base/media/ic_home.png', action: () => {
              // 单击触发
              Logger.d("首页菜单")
            }
          },
          { value: '', icon: 'resources/base/media/ic_wechat.png' },
          { value: '', icon: 'resources/base/media/ic_weibo.png' }])
        // 设置工具栏在底部
        .toolbarConfiguration(this.toolbars)
        .tabIndex(this.currentIndex)


    }
    .width('100%')
    .height('100%')

  }
}
```

运行后的效果如图 4-3 所示。

从图 4-3 可以看到,顶部是标题栏,其右侧是菜单栏,左侧是返回按钮与标题;中间区域是内容区;底部是工具栏,单击工具栏的 item 项会发生状态改变。

上述代码中的注释 1 表示初始化 Navigation 组件,注释 2 处是导航页的内容区,由开发者自定义样式布局,注释 3 处依次是设置导航页的标题、显示模式、菜单栏、工具栏。下面对常用配置 API 做简单介绍。

● title():设置标题,参数可以是纯文本字符串类型,也可以通过 CustomBuilder 自定义标题的布局,还可以通过 NavigationTitle Options 选项设置标题文字的颜色、背景等样式。

● titleMode():设置标题模式,参数是一个 NavigationTitleMode 枚举类型,其有 3 个值,分别是 Free、Full、Mini。NavigationTitleMode 的 3 种枚举值如图 4-4 所示。

● Free:强调型标题栏,用于一级页面需要突出标题的场景。

● Full:与 Free 效果类似,常用于突出标题的场景。

● Mini:普通型标题栏,用于一级页面不需要突出标题的场景。

■ mode():设置显示页面模式,参数也是一个 NavigationTitleMode 枚举类型,其有 3 个值,分别是 Stack、Split 和 Auto。

图 4-3　导航页

- Stack：单页面显示模式，一般用于小屏设备，如手机。
- Split：分栏显示模式，这种模式一般用于大屏或折叠屏上。
- Auto：自适应模式，是默认模式。当页面宽度大于或等于一定阈值（600vp）时，Navigation 组件会自动切换到分栏模式，反之则为单栏模式。

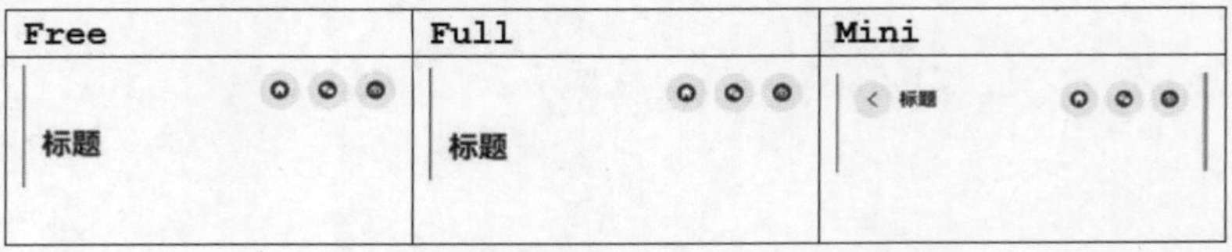

图 4-4　NavigationTitleMode 的 3 种枚举值

■ menus()：在单栏模式下位于标题栏右上角处，支持 Array<NavigationMenuItem> 和 CustomBuilder 两种参数类型。使用 Array<NavigationMenuItem> 类型时，竖屏最多支持显示 3 个图标，横屏最多支持显示 5 个图标，多余的图标会被放入自动生成的更多图标；建议将 icon 图标资源放入 resources 目录下，当单击菜单按钮时，会回调 action() 方法。

■ toolbarConfiguration()：设置工具栏，位于页面的底部，支持 Array<ToolbarItem> 和 CustomBuilder 类型。上述示例使用的是 Array<ToolbarItem> 类型，通常会结合 tabIndex() 方法使用，其目的是单击工具栏的 item 项时，使图标发生状态改变，从而在不同状态下显示不同的图标。

单击工具栏的 item 项时，其图标与文字会高亮，其他的 item 项会被置灰，这是一个互斥的逻辑。定义了一个状态变量 currentIndex，记录当前单击的位置，在 action() 方法中会被赋值，每个状态发生了改变都会同步到 Navigation 的 tabIndex() 方法中，同时调用 changeState() 方法来改变 ToolbarItem 的 state 值，以实现选中高亮的效果，代码如下。

```
@State toolbars: Array<ToolbarItem> = []
@State currentIndex: number = 0

changeState() {
   for (let i = 0; i < this.toolbars.length; i++) {
     let item = this.toolbars[i]
     if (i === this.currentIndex) {
       item.status = ToolbarItemStatus.ACTIVE
     }else {
       item.status = ToolbarItemStatus.NORMAL
     }
   }
}
```

至此，我们已经完成了一个简单的导航页。在实际开发中，读者可以根据自身需求自定义导航页。

2. NavDestination

系统提供了 NavDestination 组件来表示 Navigation 的子页面，用于承载显示子页面的属性以及生命周期。子页面中有标题栏、菜单栏、页面显示模式等。其中，标题栏、菜单栏与导航页类似，因此不再赘述。子页面的显示模式可分为两种，分别是 STANDARD（标准类型）和 DIALOG（弹窗类型）。

● STANDARD，是默认的显示类型，当 mode() 方法的参数值是 NavDestinationMode.STANDARD 时，整个页面的生命周期会随着页面栈的位置变化而变化。

● DIALOG，当 mode() 方法的参数值是 NavDestinationMode.DIALOG 时，整个页面默认是透明的，背景色布局等样式可由开发者根据需求自定义。弹窗类型子页面的显示与销毁不会影响到其页面栈下层的子页面生命周期的变化。

1）标准类型子页面

新建一个 page2 页面，并创建一个标准类型的 Navigation 子页面，代码如下。

```
@Component
export struct Page2 {
  @Consume('pageStack') pageStack: NavPathStack
  name: string = ''

  build() {
    NavDestination() {
      // 内容区
      Column() {
        Text(this.name)
          .fontSize('25fp')
          .margin('20vp')
      }
      .width('100%')
      .height('100%')
    }
    .width('100%')
    .height('100%')
    //标准类型子页面
    .mode(NavDestinationMode.STANDARD)
    .title(this.name)

  }
}
```

注意：子页面类不需要用 @Entry 装饰器修饰。

在上述代码中，通过 NavDestination 组件创建一个子页面，然后将 NavDestinationMode.STANDARD 作为参数传入 mode() 方法中，这样就完成一个标准类型子页面的创建。如何打开子页面，则依托 NavPathStack 页面栈类来实现。在上面代码中，使用 @Consume 修饰了状态变量 pageStack，因此，在导航页必然会有一个 @Provide 修饰的状态变量 pageStack。接下来我们新建一个 NavPage 类来作为 Navigation 组件根容器（导航页），代码如下。

```
@Entry
@Component
struct NavPage {
  @State message: string = 'Hello World';
  // 创建一个页面栈对象并传入Navigation
  @Provide('pageStack') pageStack: NavPathStack = new NavPathStack()

  // 所有的子页面都需要在这里注册
```

```
  @Builder
  pageMap(name: string, param: Object) {
    if (name === 'Page1') {
      // 通过构造函数方式将参数传入组件内
      Page1({ name: name })
    } else if (name === 'Page2') {
      Page2({ name: name })
    } else if (name === 'Page3') {
      Page3({ title: param.toString() })
    }else if (name === 'DialogPage'){
      // 弹窗类型
      DialogPage()
    }
  }

  build() {
    Navigation(this.pageStack) {
      Column() {
        Button('Page2').onClick((event: ClickEvent) => {
         // 打开子页面,name 是子页面名称,param 是携带的参数
          this.pageStack.pushPath({ name: 'Page2', param: { name: 'hzw', age: 30 } as Person })
        })
        .margin({ top: '10vp' })
      }
    }
    .title('Main')
    .mode(NavigationMode.Stack)
    .titleMode(NavigationTitleMode.Mini)
    .navDestination(this.pageMap)
    .height('100%')
    .width('100%')
  }
}
```

NavPathStack 管理路由页的信息,用于控制页面栈中的目标页,如入栈(push)、出栈(pop)、栈清除(clear)等。顾名思义,导航页具有管理子页面的能力,但前提条件是子页面必须完成注册。

上述代码在 NavPage 页面中创建了一个 NavPathStack 对象,并赋值给 pageStack 状态变量,用 @Provide 修饰,是为了让子页面可以通过@Consume 来获取导航页的 pageStack 实例。接着将其 pageStack 对象作为参数传入 Navigation 组件的构造函数中。这样,NavPathStack 对象与 Navigation 组件就完成了绑定,然后在导航页内定义一个 pageMap()方法,用@Builder 装饰器修饰的目的是用于注册所有的子页面。该方法有两个参数,一个是子页面名称 name 参数,另一个是 param 参数用于传递携带的数据,最后将 pageMap()方法的引用作为参数传入 Navigation 组件的 navDestination() 方法中。

在单击按钮实现跳转到子页面中,代码如下:

```
Button('Page2').onClick((event: ClickEvent) => {
    // 打开子页面,name 是子页面名称,param 是携带的参数
    this.pageStack.pushPath({ name: 'Page2', param: { name: 'hzw', age: 30 } as Person })
```

```
  })
    .margin({ top: '10vp' })
```

通过 NavPathStack 对象的 pushPath()方法跳转到子页面，此外，还有其他方法也可实现跳转，如图 4-5 所示。

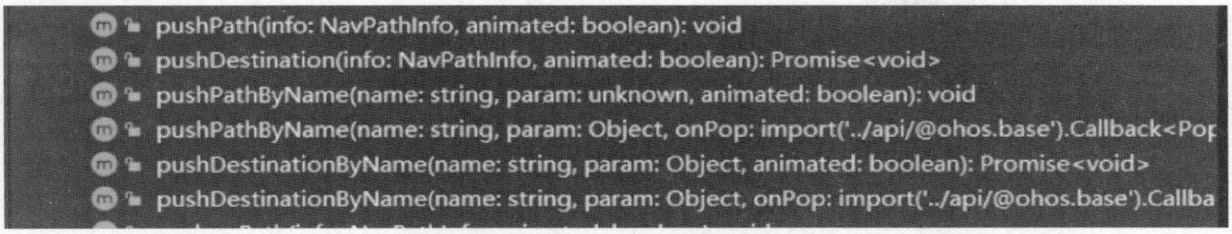

```
pushPath(info: NavPathInfo, animated: boolean): void
pushDestination(info: NavPathInfo, animated: boolean): Promise<void>
pushPathByName(name: string, param: unknown, animated: boolean): void
pushPathByName(name: string, param: Object, onPop: import('../api/@ohos.base').Callback<Pop
pushDestinationByName(name: string, param: Object, animated: boolean): Promise<void>
pushDestinationByName(name: string, param: Object, onPop: import('../api/@ohos.base').Callba
```

图 4-5　NavPathStack API

2）弹窗类型子页面

首先，新建一个 DialogPage 页面，使用 NavDestination 创建一个子页，并为 mode()方法设置 NavDestinationMode.DIALOG 参数，此时该页面是弹窗类型。代码如下。

```
@Component
export struct DialogPage {
  @State message: string = 'Hello World';
  @Consume('pageStack') pageStack: NavPathStack

  build() {
    NavDestination() {
      Stack() {

        Column() {
          Text(this.message)
            .fontSize('25fp')
            .margin('20vp')

          Button('关闭')
            .width('200vp')
            .margin({ top: '10vp' })
            .onClick(() => {
              this.pageStack.pop()
            })
        }
        .justifyContent(FlexAlign.Center)
        .backgroundColor(Color.White)
        .borderRadius(10)
        .height('30%')
        .width('80%')
      }.width('100%')
      .height('100%')

    }
    .backgroundColor('rgba(0,0,0,0.5)')
    .hideTitleBar(true)
```

```
    // 将页面设置为弹窗类型
    // Dialog 类型的页面默认无转场动画
    .mode(NavDestinationMode.DIALOG)
  }
}
```

然后，在 NavPage 导航页中的 pageMap() 方法内注册 DialogPage 弹窗子页，代码如下。

```
// 所有的子页面都需要在这里注册
@Builder
pageMap(name: string, param: Object) {
  if (name === 'DialogPage'){
    // 弹窗类型
    DialogPage()
  }
}
```

最后，在导航页或任意子页中，通过单击或其他方式用 NavPathStack 的 pushPathByName() 或其他 pushXX() 方法打开弹窗页面。弹窗类型默认是没有转场动画的，如果需要动画，需由开发者自行实现。

```
Button('弹窗')
    .width('200vp')
    .margin({ top: '10vp' })
    .onClick(() => {
      this.pageStack.pushPathByName('DialogPage', null)
    })
```

运行后的效果图如图 4-6 所示。

3. 路由操作

路由操作主要包括管理页面在栈中的进出栈、参数传递与获取、路由拦截等逻辑，这些操作都是由 NavPathStack 完成的。页面跳转或替换操作称为页面进栈，返回上一页或删除操作可以称为页面出栈。其中，替换操作也会产生页面出栈，只不过不是本身页面出栈，而是被替换页面出栈。路由拦截常用于在跳转时进行 hook，针对某些逻辑做特殊处理，例如某些页面需要登录才可以进入，此时就可以在拦截器中统一处理，判断当前用户是否登录，若没有登录，就中断拦截当前跳转逻辑，然后重定向到登录页面。

页面跳转 API 都是以 push 命名开头的，如图 4-7 所示。

图 4-6 弹窗类型子页面

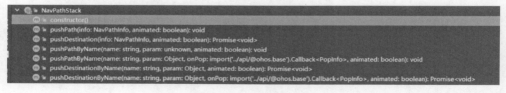

图 4-7 页面跳转 API

在上述页面跳转 API 中，name 参数是必选的，表示子页的名称。在子页注册表 routerMap 方法中，会根据 name 属性值进行子页注册。其他参数都是可选的，用户可以根据需求而定。如果跳转需要携带参数，此时可以使用 param 参数。示例如下。

```
this.pageStack.pushPath({ name: "Page1", param: "Page1 Param" })

this.pageStack.pushPathByName("Page1", "Page1 Param")

// 当页面组件不存在时，无法跳转，而 pushPath 和 pushPathByName 则会跳转到默认页面
 this.pageStack.pushDestination({ name: 'Page1' }).catch((e: BusinessError) => {
                    Logger.error(e)
                })
```

注意：如果 name 名称的子页没有在路由表中注册，通过 push 会跳转到一个页面。如果使用 pushDestination()方法进行跳转，则不会跳转，可以通过 catch 异常处理查看错误信息。

push 跳转如图 4-8 所示。

可以看到，A、B、C 页面都是子页面，从 A 页面跳转到 B 页面，然后从 B 页面跳转到 C 页面，B、C 页面会依次进入页面栈中，栈内信息是 A-B-C。

路由替换 API 是以 replace 命名开头的。替换操作只有两个 API，与跳转 API 使用类似，需要指定替换子页 name 名称，可以携带参数。示例如下。

```
this.pageStack.replacePath({ name: "A", param: "Param from A" })
this.pageStack.replacePathByName("A", "Param from A")
```

替换操作如图 4-9 所示。

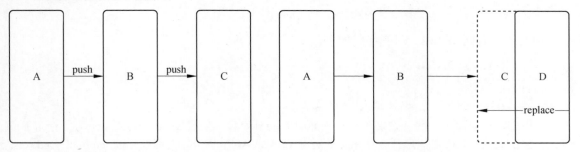

图 4-8　push 跳转　　　　　　　　图 4-9　替换操作

可以看到，C 页面进行替换操作时，将栈顶 C 页面替换成 D 页面，此时 C 页面会出栈，D 页面入栈，栈中信息由原来的 A-B-C 变为 A-B-D。

返回操作 API 包含返回一页（pop）和清除所有（clear）两种 API，示例代码如下。

```
// 返回到上一页
//    this.pageStack.pop()
// 返回到 A 页面
//    this.pageStack.popToName("A")
// 返回到索引为 0 的页面
//    this.pageStack.popToIndex(0)
// 返回到根首页（清除栈中所有页面）
  this.pageStack.clear()
```

返回操作如图 4-10 所示。

C 页面通过 pop()方法逐步返回，C、B、A 页面会依次从页面栈中出栈，直至返回路由根容器页（导航页）。如果需要返回到指定子页，可以通过 popToName()或 popToIndex()方法，两种方法的区别是，前者可指定页面的 name 名称，后者则指定页面在栈中的位置，例如需要从 C 页面直接返回 A 页面，可以使用 popToName()方法设置 A 页面的 name 名称，或者用 popToIndex()方法指定 A 页面在栈中的下标位置，C、B 页面就会弹出栈。clear()方法可以清除当前路由根容器中所有子页面，然后返回到根容器页（导航页）。

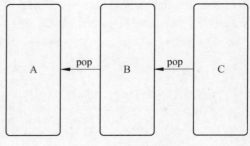

图 4-10　返回操作

如果需要携带数据返回上一页，可以在 pop()方法中传入参数。例如，从 C 页面返回 B 页面，在 B 页面 push 时设置返回 onPop 监听，当 pop()方法携带返回数据时就会回调该监听，代码如下。

```
// push
this.pageStack.pushPath({
  name: 'Page3', param: '路由操作', onPop: (data: PopInfo) => {
    // pop 返回信息监听
    Logger.debug(data)
  }
})

// pop
 this.pageStack.pop('page3 的返回值 onDisAppear')
```

路由删除有两个 API，示例代码如下。

```
// 删除栈中 name 为 C 的页面
this.pageStack.removeByName("C")
// 删除指定索引的页面
// this.pageStack.removeByIndexes([0,1])
```

路由删除相对简单一些，如果在 C 页面删除 B 页面，可以通过 removeByName()方法指定 B 页面让其弹出页面栈，栈中信息则会从原来的 A-B-C 变成 A-C；另外，也可以通过 removeByIndexes()方法指定目标页的位置批量从栈中删除。

在页面跳转或替换时，有时候需要携带参数，如何在目标页获取这些参数呢？NavPathStack 提供了以下方法获取参数。

● getAllPathName()：获取页面栈所有子页的参数。
● getParamByIndex()：获取指定 index 页面的参数。
● getParamByName()：获取指定 name 页面的参数，返回的是一个数组，因为同一个 name 名称可以启动多次。
● getIndexByName()：获取栈中 name 名称的所有位置信息。

在 C 页面可以通过 getParamByName()获取本页面的参数，还可以获取 A 和 B 页面等其他页面的参数，前提是必须在 C 页面的栈底下。

路由拦截是比较常用的功能，在页面导航框架设计中，会用拦截器来设计一些页面重定向能力，最常见的是登录和埋点功能。NavPathStack 提供了 setInterception()方法，用于设置 Navigation 页面跳转拦截回调，该方法需要传入一个 NavigationInterception 对象，该对象包含 3 个回调函数，具体介绍如下。

- willShow：在路由跳转前会被调用，因此可以在这个方法中进行页面拦截重定向。
- didShow：在页面重定向跳转后被调用。
- modeChange：在导航模式更改时调用，即 Navigation 单双栏显示状态发生变更时触发该回调。

拦截重定向的示例代码如下。

```
this.pageStack.setInterception({
  willShow: (from: NavDestinationContext | NavBar, to: NavDestinationContext | NavBar,
    operation: NavigationOperation, animated: boolean) => {
    // 将跳转到 Page1 的路由重定向到 Page2
    let target: NavDestinationContext = to as NavDestinationContext;
    if (target.pathInfo.name === 'Page1') {
      target.pathStack.pop();
      target.pathStack.pushPathByName('Page2', null);
    }
  }
})
```

在 willShow()回调方法中，通过判断子页名称进行拦截，如果跳转页面是 Page1 页面时，此时将当前页关闭并返回上一页，同时跳转至 Page2 页面。

4.2　子页的生命周期

掌握生命周期对开发者而言是非常重要的，当深入理解 NavDestination 子页的生命周期后，开发者可以写出更加优雅、合理的程序，并且知道如何合理地管理应用资源。

1. 页面状态

Navigation 组件依附于 router 页面，而 Navigation 组件又是 NavDestination 子页的根容器，因此 NavDestination 子页组件的生命周期与 router 页面组件是有关联的。在 NavDestination 组件初始化之前，首先会执行 router 页面组件的 aboutToAppear()方法。在 router 页面组件销毁之前，会优先销毁 NavDestination 组件，然后再执行 router 页面的 aboutToDisappear()方法。除此之外，每个组件都有两个通用的生命周期方法，分别是 OnAppear()和 OnDisappear()。

子页的生命周期方法在 NavDestination 组件上，其生命周期可分为如下几个状态。

- 显示状态：当页面位于页面栈的栈顶时，用户可以在页面完成触摸交互。
- 隐藏状态：当页面完全不可见时，这时就进入隐藏状态，页面可能位于栈顶或不在栈顶，当通过 push 跳转至新页面时，页面此时就不在栈顶。如果用户将应用切换到后台，此时页面依然在栈顶。无论是哪种方式，页面的各种状态数据依然是被保存的，没有被系统回收。在内存极低的情况下，系统会考虑回收这部分资源。
- 销毁状态：当一个页面从页面栈中移除后，页面就变成了销毁状态。系统会优先回收这部分资源，从而确保手机的内存能够运行其他程序。

2. 页面生命周期

页面生命周期方法如下。

- aboutToAppear：是自定义组件的生命周期方法，不是 NavDestination 的，在 NavDestination 创建之前会被调用，即在 build() 方法之前被执行，通常用于初始化状态数据。
- onWillAppear：NavDestination 组件对象已实例化，但在没有挂载依附到组件树前被调用。此时，用户不可以交互，可用于初始化状态数据。
- onAppear：通用生命周期方法，每个组件都有该方法。该方法在 NavDestination 组件挂载到组件树时被调用，此时还未完成布局。
- onWillShow：在 NavDestination 组件布局显示之前调用，此时页面不可见。
- onShown：在 NavDestination 组件布局显示后调用，此时页面是可见的，可以与用户进行交互，页面位于栈顶并且处于运行状态。
- onWillHide：在 NavDestination 组件触发隐藏之前调用，如 push 跳转标准子页，但应用切换到后台时不会触发。另外，页面进入销毁状态也会被调用。
- onHidden：在 NavDestination 组件触发隐藏后调用，如 push 跳转标准子页或者切换到后台，此时会进行隐藏状态，另外，页面进入销毁状态也会被调用。
- onWillDisappear：在 NavDestination 组件即将销毁之前被调用，之后页面进入销毁状态。
- onDisappear：通用生命周期方法，也是每个组件都有的方法，NavDestination 组件从组件树上卸载并销毁。
- aboutToDisappear：自定义组件在析构销毁之前调用，不允许在该方法中改变状态变量。

页面生命周期如图 4-11 所示。

3. 观察生命周期的变化

下面将通过一个实例观察 NavDestination 子页的生命周期变化。

首先，新建一个页面组件 Page1，在页面内布局两个按钮并分别设置单击事件。第一个按钮用来启动 Dialog 类型的子页，第二个按钮用来启动标准类型的子页。然后，在 Page1 子页的生命周期方法中设置一个日志输出。这样，我们就可以通过观察日志的方式来更直观地理解 NavDestination 子页的生命周期，代码如下。

```
import { Logger, ObjectOrNull } from 'library'

@Component
export struct Page1 {
  name: string = 'Page1'
  @Consume('pageStack') pageStack: NavPathStack
  aboutToAppear(): void {
    Logger.d('aboutToAppear')
  }

  aboutToDisappear(): void {
    Logger.d('aboutToDisappear')
  }

  build() {
```

```
      NavDestination() {
        Column() {
          Button('Dialog')
            .margin({top:20})
            .onClick(() => {
              this.pageStack.pushPathByName('DialogPage','DialogPage')
            })

          Button('Page4')
            .margin({top:20})
            .onClick(() => {
              this.pageStack.pushPathByName('Page4','Page4')
            })
        }

      }
      .width('100%')
      .height('100%')
      .mode(NavDestinationMode.STANDARD)
      .hideTitleBar(false)
      .title(this.name)
      .onWillAppear(() => {

        Logger.d('onWillAppear')
      })
      .onAppear(() => {
        Logger.d('onAppear')
      })
      .onWillShow(() => {
        Logger.d('onWillShow')
      })
      .onShown(() => [
        Logger.d('onShown')
      ])
      .onWillHide(() => {
        Logger.d('onWillHide')
      })
      .onHidden(() => {
        Logger.d('onHidden')
      })
      .onWillDisappear(() => {
        Logger.d('onWillDisappear')
      })
      .onDisAppear(() => {
        Logger.d('onDisAppear')
      })

  }
}
```

运行后的效果如图 4-12 所示。

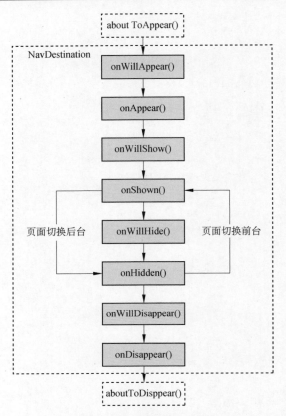

图 4-11　页面生命周期 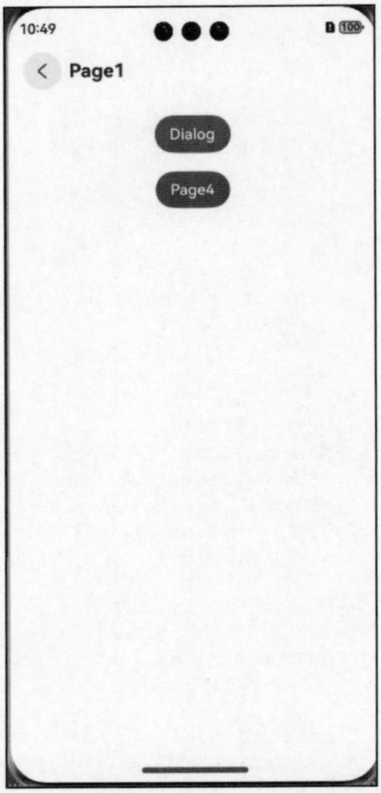　　　　　图 4-12　运行效果图

其中，Dialog 和 Page4 子页的代码此处略，读者可以参考 4.1 节中 NavDestination 子页部分的实现。当我们进入 Page1 页面时，此时我们观察 log 日志的输出，如图 4-13 所示。

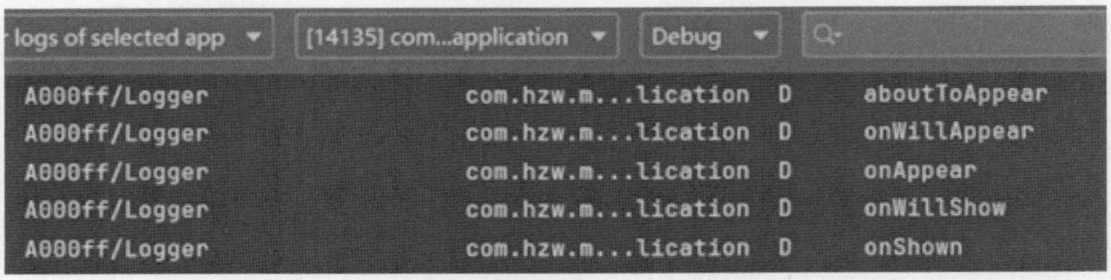

图 4-13　生命周期变化-1

日志会依次打印"aboutToAppear → onWillAppear → onAppear → onWillShow → onShown"，页面此时已处于显示并可见状态，此时 Page1 位于栈顶。接下来单击 Dialog 按钮会显示一个弹窗，如图 4-14 所示。

可以发现，Page1 页面的生命周期没有发生变化，控制台没有日志输出。接下来单击另一个按钮 Page4，此时会进入一个标准类型的子页，如图 4-15 所示。

第 4 章　Navigation

　　图 4-14　打开 Dialog 类型的子页　　　　　　图 4-15　打开标准类型的子页

此时观察控制台的打印信息，如图 4-16 所示。

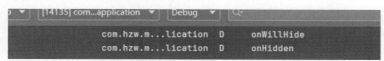

图 4-16　生命周期变化-2

可以看到 onWillHide()方法和 onHidden()方法依次执行，此时 Page1 子页进入了隐藏状态，当我们从 Page4 返回到 Page1 页面时，此时控制台的打印信息如图 4-17 所示。

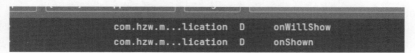

图 4-17　生命周期变化-3

onWillShow()方法和 onShown()方法依次执行，此时 Page1 页面由隐藏状态变成显示状态。

当我们将 Page1 页面切换到后台，控制台的打印信息如图 4-18 所示。

图 4-18　生命周期变化-4

只有 onHidden()方法被执行了，再由后台切换到前台时，onShown()方法才会被执行，这里就不截图了，读者可自行尝试。最后我们按返回键退出 Page1 页面进入销毁状态，观察控制台的打印信息，如图 4-19 所示。

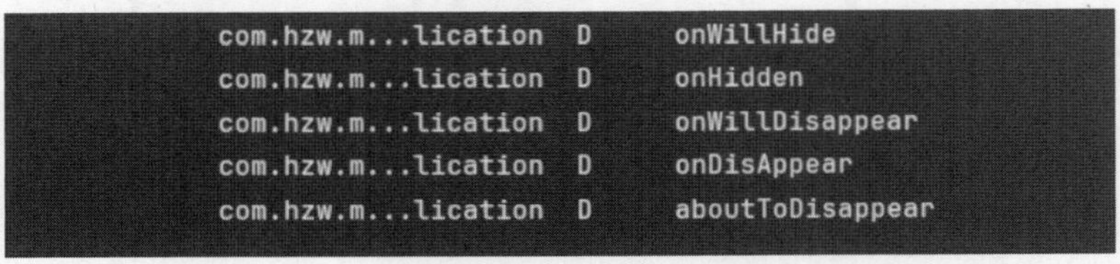

```
com.hzw.m...lication   D   onWillHide
com.hzw.m...lication   D   onHidden
com.hzw.m...lication   D   onWillDisappear
com.hzw.m...lication   D   onDisAppear
com.hzw.m...lication   D   aboutToDisappear
```

图 4-19　生命周期变化-5

可以看到会依次执行 onWillHide()、onHidden()、onWillDisappear()、onDisAppear()和 aboutToDisappear()方法，最终销毁 Page1 页面。至此，我们已完整体验了子页的生命周期变化。

4. 监听生命周期的变化

在上述内容中观察 NavDestination 子页的生命周期的代码显得有些烦琐，用户需要在每个页面逐一编写生命周期方法，并在这些方法中设置日志输出。这种方法不仅效率低下，而且不够灵活。那么，有没有更优雅的解决方案呢？当然有。系统提供了一个 uiObserver 类，可以通过注册生命周期监听函数来观察这些变化。

首先，在 Navigation 组件根容器中导入@ohos.arkui.observer 包，代码如下。

```
import uiObserver from '@ohos.arkui.observer';
```

接着，在 aboutToAppear()方法中通过 uiObserver 类的 on('navDestinationUpdate')方法，为子页生命周期的设置监听，代码如下。

```
aboutToAppear(): void {
    uiObserver.on('navDestinationUpdate', (info : NavDestinationInfo) => {
     // Logger.info('NavDestination state update', info);
      Logger.info(info.state)
    });
}
```

其中，state 是生命周期方法对应的枚举类型，如图 4-20 所示。

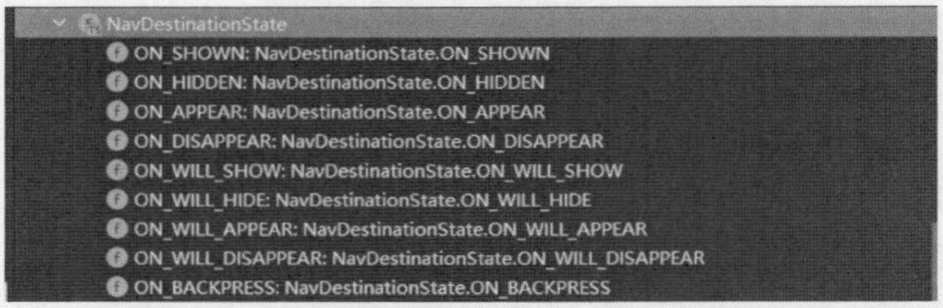

```
NavDestinationState
  ON_SHOWN: NavDestinationState.ON_SHOWN
  ON_HIDDEN: NavDestinationState.ON_HIDDEN
  ON_APPEAR: NavDestinationState.ON_APPEAR
  ON_DISAPPEAR: NavDestinationState.ON_DISAPPEAR
  ON_WILL_SHOW: NavDestinationState.ON_WILL_SHOW
  ON_WILL_HIDE: NavDestinationState.ON_WILL_HIDE
  ON_WILL_APPEAR: NavDestinationState.ON_WILL_APPEAR
  ON_WILL_DISAPPEAR: NavDestinationState.ON_WILL_DISAPPEAR
  ON_BACKPRESS: NavDestinationState.ON_BACKPRESS
```

图 4-20　state 枚举信息

因此可以在监听回调函数中统一输出日志，观察子页生命周期的变化，代码如下。

```
aboutToAppear(): void {
  uiObserver.on('navDestinationUpdate', (info) => {
    // Logger.info('NavDestination state update', info);
    // Logger.info(info.state)
    switch (info.state) {
      case uiObserver.NavDestinationState.ON_WILL_APPEAR:
        Logger.info(info.name, 'onWillAppear')
        break
```

```
      case uiObserver.NavDestinationState.ON_APPEAR:
        Logger.info(info.name, 'onAppear')
        break
      case uiObserver.NavDestinationState.ON_WILL_SHOW:
        Logger.info(info.name, 'onWillShow')
        break
      case uiObserver.NavDestinationState.ON_SHOWN:
        Logger.info(info.name, 'onShow')
        break
      case uiObserver.NavDestinationState.ON_WILL_HIDE:
        Logger.info(info.name, 'onWillHide')
        break
      case uiObserver.NavDestinationState.ON_HIDDEN:
        Logger.info(info.name, 'onHidden')
        break
      case uiObserver.NavDestinationState.ON_WILL_DISAPPEAR:
        Logger.info(info.name, 'onWillDisappear')
        break
      case uiObserver.NavDestinationState.ON_DISAPPEAR:
        Logger.info(info.name, 'onDisappear')
        break
      case uiObserver.NavDestinationState.ON_BACKPRESS:
        Logger.info(info.name, 'onBackpress')
        break
    }
  });
}
```

这样，我们就可以观察每个子页的生命周期变化，还可以监听每个页面携带参数以及页面栈的信息。uiObserver 可以在子页面进行注册监听，不过，当不需要监听时，需要调用 off() 进行反注册，以释放资源，避免资源的浪费以及内存泄露。

uiObserver 除了可以监听子页面的生命周期，还有很多用途，例如页面滚动事件、路由更新、UI 绘制、UI 布局等。uiObserver 对应事件方法如图 4-21 所示。

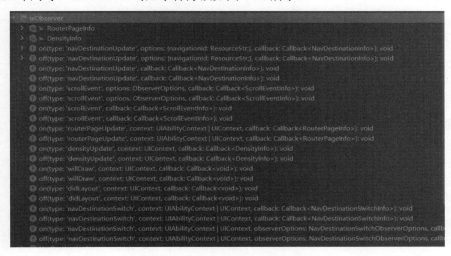

图 4-21　uiObserver 对应事件方法

4.3 最佳实践——跨模块动态路由

在大型应用开发中,通常会采用分模块开发的方式,一个模块可能由一个人或一个小组负责开发,这种场景通常采用一个 Navigation 下挂载多个 har/hsp 的架构,每一个模块对应一个 har/hsp。多个业务模块相互跳转是必不可少的,此时,就会出现模块间相互依赖的问题。多 har 包间的路由跳转耦合如图 4-22 所示。

Navigation 组件的常规实现逻辑在前面已经实现过,即在 Natgation 组件根容器中,将所有模块的子页通过 import 静态导入当前页面中,并在 pageMap()路由表函数中进行注册,然后将 routerMap()函数关联到 navDestination()方法中。如果在某个模块的页面需要跳转到另外一个模块时,例如图 4-22 中的 harA 模块的页面需要与 harB 模块页面相互跳转,此时两个模块需要相互依赖,然后通过 import 静态导入页面路径,这样就会造成模块间耦合,每个模块都不能独立编译,失去了业务模块的复用性,从而违背了模块化组件化设计的初衷。

动态路由方案可以很好地解决多个模块之间依赖耦合问题,另外,它也可以按需加载,防止首个页面加载大量代码导致卡顿问题。动态路由有两种设计方案,分别是系统路由表和自定义路由表。系统路由表是从 API12 开始支持的,使用相对简单;而自定义路由表在设计实现上会更复杂,但可以根据业务需求高度自定义(本实战是基于系统路由表来实现的)。

使用动态路由改造后的模块关系如图 4-23 所示。

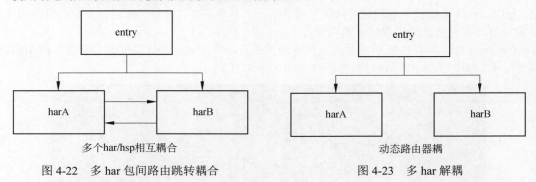

图 4-22 多 har 包间路由跳转耦合　　　　图 4-23 多 har 解耦

1. 系统路由表实现思路

首先在各个 har/hsp 业务模块独自配置 router_map.json 文件,主要用于配置路由信息。当需要路由跳转时,只需通过 NavPactStack 提供的路由方法,传入页面路由配置名称以及需要携带的参数,此时,系统会自动完成路由模块的动态加载以及页面组件的创建,从而完成路由跳转,实现各个模块的解耦。

案例效果图如图 4-24 所示。

2. 案例描述

主页 Main 是一个 Navigation 组件的导航页,单击按钮时会跳转到不同的 har 模块的页面,也包括 entry 模块的页面,每个 har 模块页面也会有单击跳转到其他模块页面的逻辑。每个模块都有两个子页文件，例如 harA 模块的子页是 HarAPageOne 和 HarAPageTwo。

图 4-24 案例效果

项目的结构如下。

```
├──entry/src/main/ets/
│   ├──entryability
│   │   └──EntryAbility.ets              // 程序入口
│   ├──pages
│   │   ├──EntryPageOne.ets              // 页面 2
│   │   ├──EntryPageTwo.ets              // 页面 1
│   │   └──Index.ets                     // 界面实现
├──entry/src/main/
│   ├──resources/base/profile/route_map.json    // 路由配置信息
│   └──module.json5                       // 配置文件
├──harA
├──harB
```

创建了 harA 和 harB 两个业务模块，其工程结构与 entry 是类似的。首先，在 entry 模块的 Index 页面完成 Navigation 组件的初始化，代码如下。

```
@Entry
@Component
struct Index {
  @Provide('pageStack') pageStack: NavPathStack = new NavPathStack();

  build() {
    Navigation(this.pageStack) {
      Column({ space: 10 }) {
        Button('跳转到 Entry 模块 One 页面').onClick((event: ClickEvent) => {
          this.pageStack.pushPathByName('EntryPageOne', { name: 'hzw', age: 18, time:
```

```
Date.now() } as Person)
          })
          Button('跳转到 Entry 模块 Two 页面').onClick((event: ClickEvent) => {
            this.pageStack.pushPathByName('EntryPageTwo',null)
          })
          Button('跳转到 harA 模块 One 页面').onClick((event: ClickEvent) => {
            this.pageStack.pushPathByName('HarAPageOne',null)
          })
          Button('跳转到 harA 模块 Two 页面').onClick((event: ClickEvent) => {
            this.pageStack.pushPathByName('HarAPageTwo',null)
          })
          Button('跳转到 harB 模块 One 页面').onClick((event: ClickEvent) => {
            this.pageStack.pushPathByName('HarBPageOne',null)
          })
          Button('跳转到 harB 模块 Two 页面').onClick((event: ClickEvent) => {
            this.pageStack.pushPathByName('HarBPageTwo',null)
          })

      }.width('100%')
      .height('100%')
    }
    .title('Main')
    .mode(NavigationMode.Stack)
    .titleMode(NavigationTitleMode.Mini)
    .height('100%')
    .width('100%')
  }
}
```

从上述代码我们可知在 Index 页面中创建一个 NavPathStack 路由对象，并用@Provide 装饰器修饰为状态变量。这样，子页就可以通过@Consume 获取 NavPathStack 路由对象，并通过 NavPathStack 进行跳转以及回退等各种操作。

接着在每个 module.json5 配置文件中，设置路由映射表的路径 route_map.json，代码如下。

```
{
  "module" : {
    "routerMap": "$profile:route_map"
  }
}
```

harA 模块的 route_map.json 配置信息如下，其他模块也是类似的。

```
{
  "routerMap": [
    {
      "name": "HarAPageOne",
      "pageSourceFile": "src/main/ets/components/HarAPageOne.ets",
      "buildFunction": "HarAPageOneBuilder",
      "data": {
        "description" : "this is HarAPageOne"
      }
    },
    {
      "name": "HarAPageTwo",
      "pageSourceFile": "src/main/ets/components/HarAPageTwo.ets",
```

```
      "buildFunction": "HarAPageTwoBuilder",
      "data": {
        "description" : "this is HarAPageTwo"
      }
    }
  ]
}
```

配置参数的说明如下。
- name：跳转页面的名称。
- pageSourceFile：跳转目标页在包内的路径，是相对于 src 目录的相对路径。
- buildFunction：跳转目标页的入口函数名称，必须以@Builder 修饰。
- data：应用自定义字段，可以通过配置项读取接口 getConfigInRouteMap 来获取。

下面以 HarAPageOne 子页为例进行说明，代码如下。

```
@Builder
export function HarAPageOneBuilder(name: string, param: Object) {
  // 注册子页
  HarAPageOne()
}

@Component
export struct HarAPageOne {
  @Consume('pageStack') pageStack: NavPathStack ;
  @State param: string = ''

  aboutToAppear(): void {
    this.param = JSON.stringify(this.pageStack.getParamByName('HarAPageOne'))
  }
  build() {
    NavDestination() {
      Column({ space: 10 }) {
        Text(this.param)
          .fontSize(18)
          .alignSelf(ItemAlign.Center)
        Button('跳转到 Entry 模块 One 页面').onClick((event: ClickEvent) => {
          this.pageStack.pushPathByName('EntryPageOne', null)
        })
        Button('跳转到 Entry 模块 Two 页面').onClick((event: ClickEvent) => {
          this.pageStack.pushPathByName('EntryPageTwo',null)
        })
        Button('跳转到 harA 模块 One 页面').onClick((event: ClickEvent) => {
          this.pageStack.pushPathByName('HarAPageOne',null)
        })
        Button('跳转到 harA 模块 Two 页面').onClick((event: ClickEvent) => {
          this.pageStack.pushPathByName('HarAPageTwo',null)
        })
        Button('跳转到 harB 模块 One 页面').onClick((event: ClickEvent) => {
          this.pageStack.pushPathByName('HarBPageOne',null)
        })
        Button('跳转到 harB 模块 Two 页面').onClick((event: ClickEvent) => {
          this.pageStack.pushPathByName('HarBPageTwo',null)
        })
        Button('返回上一页').onClick((event: ClickEvent) => {
```

```
          this.pageStack.pop()
        })

        Button('返回到首页').onClick((event: ClickEvent) => {
          this.pageStack.clear()
        })


    }.width('100%')
    .height('100%')
  }
  .title('HarAPageOne')
 }
}
```

HarAPageOneBuilder()函数就是入口 Builder 函数，函数名称需要和 router_map.json 配置文件中的 buildFunction 保持一致，否则，在编译时会报错。子页通过@Consume 装饰器获取 NavPathStack 对象实例，然后通过其 pushPathByName()方法进行页面跳转、返回等操作。在上面的代码中你会发现，其没有使用 navDestination()方法进行子页注册，这是因为动态路由可以省略注册流程，即系统路由表已经帮我们完成了子页的注册。

至此，已经完成了系统路由表的核心流程的演示，基于系统路由表方案实现跨模块交互的动态路由就已经完成了。

第 5 章 Stage 模型详解

Stage 即"舞台"的意思。Stage 模型是以"舞台"（AbilityStage、WindowStage）+"舞者"（Ability 组件和 Window 窗口）的形式来组织应用程序架构的模型。屏幕上显示的 UI 界面，正是依赖这些"演员"（UIAbility 和 Window 对象）在"舞台"上构建和管理的结果。

Stage 模型是鸿蒙系统从 API 9 开始引入的新架构模式，这是官方重点推荐并且将持续演进的架构。掌握 Stage 模型将极大帮助读者理解鸿蒙系统中 UI 界面的构建逻辑。因此，希望各位读者能够认真研读本章的内容。

5.1 Stage 层级模型

本节主要讲解 Stage 模型的分层概览和应用配置文件的内容。

1. Stage 模型的分层概览

图 5-1 为 Stage 模型的结构。

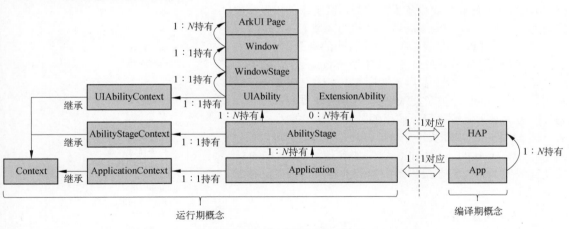

图 5-1 Stage 模型的结构

请读者先关注图 5-1 中 Application 元素对应的纵向部分，在这里将其分成以下 3 组进行说明。
1）UIAbility 和 ExtensionAbility

（1）UIAbility 是一种包含 UI 的应用组件，主要通过提供生命周期函数等 API 服务以便开发者能更好地控制页面交互。在需要使用时，开发者直接从 UIAbility 类派生（extends）出自己的类后即可进行编码。UIAbility 将是我们在 Stage 模型中除页面外交互使用最多的组件。

一个 UIAbility 可以维护并管理多个 UI 页面的生命周期。一个启动的 UIAbility 相当于启动了主进程（Application）的一个 UI 任务（线程）。

（2）ExtensionAbility 是一种面向特定场景的应用组件。在使用时，开发者不能直接从 ExtensionAbility 组件派生，而是需要使用 ExtensionAbility 组件的派生类。这些派生类会针对特定场景提供特殊的 UI 交互支持。目前，ExtensionAbility 组件有用于卡片场景的 FormExtensionAbility、用于输入法场景的 InputMethodExtensionAbility、用于闲时任务场景的 WorkSchedulerExtensionAbility 等多种派生类。

2）AbilityStage 和 WindowStage

如果说前面介绍的 UIAbility 和 ExtensionAbility 相当于"演员"，那么现在让我们来看看"舞台"。

（1）AbilityStage 是主要的"舞台"，前面提到的两种"演员"都在此舞台上运行。在一个 AbilityStage 实例上，可以同时运行多个 UIAbility 或 ExtensionAbility。每个 Entry 类型或 Feature 类型的 HAP（HarmonyOS Ability Package）在运行期间都会持有一个 AbilityStage 类的实例。该实例会在 HAP 中的代码首次加载到进程中时被创建。

（2）如果说 AbilityStage 是 Ability 的舞台，那么 WindowStage 则是 Window 对象的舞台。需要注意的是，WindowStage 中只能包含一个 Window 对象（用于管理当前屏幕中的内容；如果有多个屏幕需要处理，则可以考虑使用多个 UIAbility）。WindowStage 实际上充当了 UIAbility 进程中的窗口管理器，包含了一个主窗口 Window 对象。

3）Window 和 ArkUI Page

（1）Window 对象类似浏览器中的 Window 对象（BOM 模型），提供了获取当前设备界面信息、监听事件以及交互的能力。它为 ArkUI Page 提供了绘制的区域。

（2）ArkUI Page 是我们编写 UI 代码的页面。

在了解了 Application 下的各个 Stage 及其相关的 Ability 组件之后，请读者再关注图 5-1 中的左侧部分：最左侧是一个 Context 类及其派生类。Context 类及其派生类为开发者提供了运行时可以调用的各种资源和能力。例如，从一个 UIAbility 启动另一个 UIAbility 的功能，可以通过 UIAbilityContext 的 startAbility 接口来实现。这些 Context 类及其派生类为它们在架构图中对应的各层提供了必要的上下文环境（全局信息）。

2. 应用配置文件

在开发应用时，我们需要配置应用的一些标签，如应用的包名、图标等属性。图 5-2 为 Stage 模型下的项目目录示例。

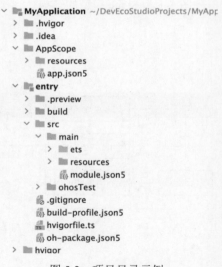

图 5-2　项目目录示例

我们可以发现，在基于 Stage 模型开发的应用项目代码下都存在一个 app.json5 配置文件，以及一个或多个 module.json5 配置文件。两个文件包含的内容介绍如下。

（1）app.json5 配置文件主要包含以下内容：应用的全局配置信息（包含应用的 Bundle 名称、

开发厂商、版本号等基本信息）和特定设备类型的配置信息。

（2）module.json5配置文件主要包含以下内容：module的基本配置信息（包含module名称、类型、描述、支持的设备类型等基本信息）、应用组件信息（包含UIAbility组件和ExtensionAbility组件的描述信息）和应用运行过程中所需的权限信息。

5.2 UIAbility

UIAbility组件是一种包含UI的应用组件，主要用于和用户交互，它是鸿蒙应用系统中调度的基本单元。因此，它是开发鸿蒙应用时的重要组成部分。其设计理念是①原生支持应用组件级的跨端迁移和多端协同；②支持多设备和多窗口形态。

图5-3是Stage模型编译时的打包结构，请读者注意观察UIAbility在其中的位置。

图5-3展示了一个示例应用的模块结构，一个应用可以有多个模块（module）。图5-3中这类包含UIAbility的模块会被打包成HAP包。一个HAP类型的模块在运行时会存在若干AbilityStage的实例。AbilityStage实例中（舞台上）可以有一个或多个UIAbility，每一个UIAbility持有一个WindowStage，通过WindowStage持有主窗口Window对象。最后，在主窗口中加载并绘制ArkUI页面。

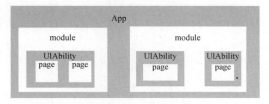

图5-3 Stage模型编译时的打包结构

1. 使用多个UIAbility

UIAbility组件作为鸿蒙应用系统中调度的基本单元，单个实例具备管理和绘制应用中全部页面的能力。鸿蒙系统支持在一个应用中包含多个UIAbility组件，多UIAbility的任务列表示例如图5-4所示。

那么，我们在什么时候需要使用多个UIAbility呢？

首先，请读者了解UIAbility的一个重要特性：每一个UIAbility组件实例都会在最近任务列表中显示一个任务快照。

基于这一特性，决定是否使用多个UIAbility实例的策略便显而易见。

（1）如果希望在最近任务列表中仅显示一个任务，建议使用单个UIAbility实例。

（2）如果希望在最近任务列表中显示多个任务，或需要开启多个窗口，则应使用多个UIAbility实例。

图5-4 多UIAbility的任务列表示例

> 多任务场景例子：
> - 在支付应用中，可以将入口功能和收付款功能分别配置为独立的UIAbility。

- 在文档应用中，打开多个文档时，可以为每一个文档在任务列表中显示一个任务。

使用 UIAbility 时，需要在自身模块的 module.json5 中进行配置，声明 UIAbility 的名称、入口页面、标签等信息。示例配置代码如下。

```
// module.json5
{
  "module": {
    ...
    "abilities": [
      {
        // UIAbility 组件的名称，可自定义
        "name": "EntryAbility",
        // UIAbility 组件的代码路径，使用相对路径
        "srcEntry": "./ets/entryability/EntryAbility.ets",
        // UIAbility 组件的描述信息
        "description": "$string:EntryAbility_desc",
        // UIAbility 组件的图标
        "icon": "$media:icon",
        // UIAbility 组件的标签
        "label": "$string:EntryAbility_label",
        // UIAbility 组件启动页面图标资源文件的索引
        "startWindowIcon": "$media:icon",
        ...
      }
    ]
  }
}
```

通过 DevEco Studio 创建新的 HAP 类型的模块时，会自动为该模块创建一个默认的 UIAbility（名字是 EntryAbility），其默认配置与上面的示例代码相同。如果开发者要使用多个 UIAbility，则需要在 abilities 数组中增加新的 UIAbility 配置信息。

在上面的配置文件中可以看到，srcEntry 指向了一个具体的 EntryAbility.ets 文件。下面观察这个 EntryAbility 类文件的内容。

```
// module/src/main/ets/entryability/EntryAbility.ets

// ...省略其他代码
export default class EntryAbility extends UIAbility {
  onCreate(want: Want, launchParam: AbilityConstant.LaunchParam): void {...}

  onDestroy(): void {...}

  // UIAbilit 创建后就会执行这个生命周期函数
  onWindowStageCreate(windowStage: window.WindowStage): void {
    ...
    // 启动时加载的页面
    windowStage.loadContent('pages/index', (err) => {...错误处理代码});
  }
  // ...省略其他代码
```

在上述代码中可以看到，我们首先创建一个 EntryAbility 类继承 UIAbility 类，然后与 UIAbility 进行交互（通过生命周期函数）。可以看到，代码中使用了一些生命周期函数，如 onCreate、onDestroy、 onWindowStageCreate（生命周期的具体介绍请查看下一部分的说明，此处读者只需了解这几个函数会分别在 EntryAbility 运行的特定阶段执行函数内的逻辑即可）。

请读者关注 onWindowStageCreate 中的逻辑，其中的 WindowStage.loadContent 方法会在 Window 主窗口启动时加载第一个参数指定的页面。读者只需要修改此处的 URL，即可指定 UIAbility 启动时要打开的第一个页面。

2．生命周期

生命周期函数会在 UIAbility 实例工作过程中的对应阶段被调用，从而为开发者在程序工作的某些时间点上执行特定代码提供支持。UIAbility 的生命周期如图 5-5 所示。

Create、Foreground 和 Background、Destroy 对应 UIAbility 的生命周期时间点如下。

（1）Create：在 UIAbility 实例创建后执行，对应的生命函数为 onCreate。

（2）Foreground 和 Background：在 UIAbility 切换至前台和切换至后台时触发，对应 onForeground 和 onBackground 函数。注意，onForeground 是在 UIAbility 的 UI 可见之前执行，onBackground 是在 UIAbility 的 UI 完全消失之后执行。

（3）Destroy：在 UIAbility 实例销毁时触发，开发者可以在 onDestroy()回调中进行系统资源的释放、数据的保存等操作。

UIAbility 和 WindowStage 的生命周期如图 5-6 所示。

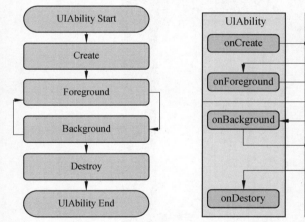

图 5-5　UIAbility 的生命周期　　　　图 5-6　UIAbility 和 WindowStage 的生命周期

一个 UIAbility 会持有一个 WindowStage 实例，并通过 WindowStage 实例绘制页面内容。在图 5-6 中展示的就是 UIAbility 和 WindowStage 的生命周期关系：当 UIAbility 创建后，紧接着会创建 WindowStage 实例并触发 onWindowStageCreate 函数。WindowStage 实例创建完成后，UIAbility 触发 onForeground 函数。当 WindowStage 中的 Window 主窗口准备好页面后，WindowStage 则会触发 Shown 显示事件；当页面切换到后台时，则触发 UIAbility 的 onBackground 事件。

如果用户的操作是关闭应用，则在 UIAbility 进入后台后，WindowStage 实例也会开始销毁自身，并会依次进入 onWindowStageWillDestory 和 onWindowStageDestroy 两个时间点。WindowStage 完成销毁后，则 UIAbility 开始销毁并触发 onDestory 函数。

通过观察 UIAbility 和 WindowStage 的生命周期名称可以看出：UIAbility 作为应用调度的基本单元专注于进程级的控制。因此，除创建和销毁外，它还有进入前台（onForeground）和进入后台（onBackground）生命周期。而 WindowStage 通过 Window 对象管理 ArkUI 页面，更注重对页面显示的控制。因此，除创建和销毁生命周期函数外，它还具有"显示""隐藏""获得焦点""失去焦点"4 个生命周期函数。

3. UIAbility 启动模式

UIAbility 的启动模式包括 singleton、multiton 和 specified，具体如下。

1）singleton 模式

singleton 为单实例启动模式，是 UIAbility 的默认启动模式。在该模式下，每当通过 startAbility 方法启动 UIAbility 时，如果应用进程中已经存在相同类型的 UIAbility 实例，则系统会复用已存在的 UIAbility 实例。即对于同一个类型的 UIAbility，系统中只会存在一个实例，在最近任务列表中也只能看到一个该类型的 UIAbility 实例，singleton 模式启动示例效果如图 5-7 所示。

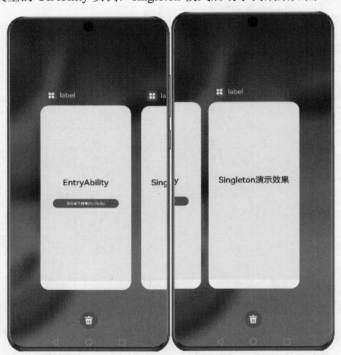

图 5-7　singleton 模式启动示例

在图 5-7 中可以看到，用户单击 EntryAbility 页面中的按钮后，会打开一个新的 UIAbility。当用户切换回 EntryAbility 后再次单击该按钮时，页面会切换回之前打开的 UIAbility。

读者可以将一个 UIAbility 实例看作一个浏览器窗口。在单例模式下，我们在浏览器 A 中单击按钮后会打开一个新的浏览器 B。当我们回到 A 浏览器重复单击按钮后则会切换回 B 浏览器。

2）multiton 模式

multiton 为多实例启动模式，即每次调用 startAbility()方法时，都会在应用进程中创建一个该类型的 UIAbility 新实例。在最近任务列表中可以看到多个该类型的 UIAbility 实例，multiton 模式启动示例效果如图 5-8 所示。

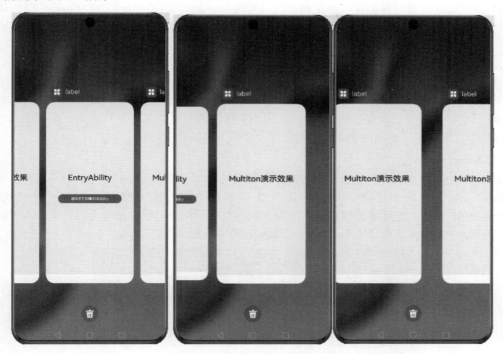

图 5-8　multiton 模式启动示例

可以看到，通过单击 EntryAbility 中的按钮两次，在其左右各启动了两个相同的 UIAbility。如果用浏览器来类比，就相当于在页面 A 中每单击一次按钮就会打开一个新的浏览器，每个浏览器中加载页面内容是一样的。

如果开发者希望每次打开 UIAbility 时都在任务列表中创建一个新实例，则可以使用 multiton 模式。

开启 multiton 模式需要在 module.json5 配置文件中将对应 UIAbility 的 launchType 字段的值配置为 multiton，示例代码如下：

```
{
  "module": {
    // ...
    "abilities": [
      {
        "launchType": "multiton",
        // ...
      }
```

```
    }
}
```

3）specified 模式

specified 为指定实例启动模式，针对一些特殊场景使用。例如，我们希望文档类应用中的"新建文档"功能每次新建时都创建一个文档页面（对应一个新的 UIAbility）。这样，我们就可以在任务列表中选择对应的 UIAbility 进入特定的文档了。但是，我们又希望选择"打开"了一个已保存的文档进行编辑后，如果又重新选择打开同一个文档时可以直接打开原来正在编辑的 UIAbility 任务页面，在这种情况就可以使用 specified 模式了。

使用思路如下。在创建需要指定的 UIAbility 实例之前，开发者可以为该实例指定一个唯一的字符串 Key。然后在调用 startAbility()方法时，应用就可以根据指定的 Key 来识别响应请求的 UIAbility 实例。如果在已经存在的 UIAbility 实例中匹配到对应的 Key，就按指定实例模式打开对应 UIAbility 实例。如果不能匹配 Key，则打开一个新 UIAbility 实例。

4. ExtensionAbility

ExtensionAbility 组件是用于处理特定场景（如服务卡片、输入法等）交互的应用组件。可以实现一些特殊的交互效果以满足更多应用场景。系统为每一个具体场景配置了一个对应的 ExtensionAbilityType。这要求开发者只能使用（包括实现和访问）系统已定义的类型，不能随意新建。图 5-9 是一个输入法场景中 ExtensionAbility 的调用流程示例。

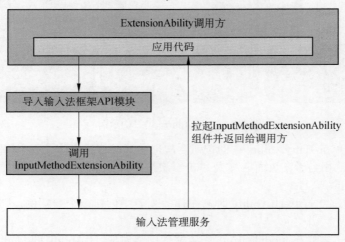

图 5-9　ExtensionAbility 的调用流程示例

各类型的 ExtensionAbility 组件均由相应的系统服务统一管理，例如在图 5-9 中，InputMethodExtensionAbility 组件就是由输入法管理服务统一进行管理的。这也说明了为什么开发者只能使用系统已定义的类型，因为，这样才能有专门的系统服务协助 ExtensionAbility 进行管理并实现特殊交互。

当前鸿蒙系统已定义的 ExtensionAbility 类型如表 5-1 所示。

表 5-1　当前鸿蒙系统已定义的 ExtensionAbility 类型

类　　型	功　能　描　述
FormExtensionAbility	提供服务卡片的相关能力
WorkSchedulerExtensionAbility	提供延迟任务的相关能力
InputMethodExtensionAbility	提供实现输入法应用的开发
BackupExtensionAbility	提供备份及恢复应用数据的能力
DriverExtensionAbility	提供驱动相关扩展框架
EmbeddedUIExtensionAbility	提供跨进程界面嵌入的能力
ShareExtensionAbility	提供分享模板服务扩展的能力

5.3　AbilityStage

AbilityStage 是模块级别的组件容器，当应用的 HAP 包在首次加载时会创建一个 AbilityStage 实例，在该实例中可以对该模块进行初始化等操作。

模块与 AbilityStage 是一一对应的，一个模块只能有一个 AbilityStage。在 AbilityStage 中可以有多个 UIAbility（需要支持多任务窗口的情况），每个 UIAbility 可以管理一组 ArkUI Page。

通过 DevEco Studio 创建的默认工程不会生成 AbilityStage 模板代码。如果开发者想操作 AbilityStage，则需要自行创建一个 AbilityStage 类来编写相关逻辑，步骤如下：

（1）在工程 module 对应的 ets 目录下，右键新建一个目录并命名为 myabilitystage。

（2）在目录下新建一个文件并命名为 MyAbilityStage.ts（开发者根据需求可以自定义目录和 ts 文件的名字）。

（3）打开文件，自定义一个类继承 AbilityStage。然后根据实际需求在这个类中加上生命周期函数的逻辑即可实现交互。

（4）打开当前 module 的配置文件 module.json5，并进行如下配置。

```
{
  "module":
{
    "name": "entry",
    "type": "entry",
    // 指定到开发者自己创建的类文件
    "srcEntry": "./ets/myabilitystage/MyAbilityStage.ts",
    ...
  }
}
```

下面再给出一个 AbilityStage 的示例。

```
import AbilityStage from '@ohos.app.ability.AbilityStage'
import Want from '@ohos.app.ability.Want'

export default class MyAbilityStage extends AbilityStage {
  onCreate(): void {
    //应用的 HAP 首次加载时,此处可执行一些初始化操作
    console.error('我是 AbilityStage 的 onCreate,比 UIAbility 的 OnCreate 更早')
  }

  // UIAbility 的指定实例启动模式(specified)时触发的事件回调
  // 指定实例模式的概念参见 5.2 节
  onAcceptWant(want: Want): string {
    if (want.abilityName === 'docAbility') {
      // 返回指定的实例 id 进行匹配
      return `DocAbilityInstance_${want.parameters.instanceKey}`
    }
    return ''
  }
}
```

5.4 Want 信息传递载体

Want 是一种对象,用于在应用组件(ability)之间传递信息。其常见的用法是作为 startAbility 方法的参数。startAbility 方法使用的 want 参数示例如图 5-10 所示。

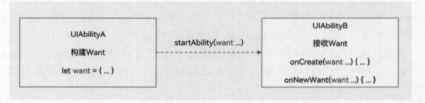

图 5-10 startAbility 方法使用的 want 参数示例

在图 5-10 中可以看到,UIAbility A 通过调用 startAbility 方法启动了 UIAbility B,并在调用 startAbility 方法的同时传入了一个 want 对象。这样,在 UIAbilityB 启动时,其生命周期函数 onCreate 和 onNewWant(再次进入前台时)就会接收到 want 对象中的数据。

5.5 进程和线程模型

本节介绍进程和线程模型的概念。

1. 进程模型

1）进程模型

图 5-11 为应用的程序进程结构。

可以看到，所有的 UIAbility、ServiceExtensionAbility 和 DataShareExtensionAbility 均是运行在同一个独立进程（主进程，即图 5-11 中的第 1 部分）中，即图 5-11 中的 Main Process。在图 5-11 中的第 2、3、4 部分中，应用里所有同一类型的 ExtensionAbility（宿主是 App）均运行在同一个独立进程中。例如，Form 类型和 InputMethod 类型的 ExtensionAibility 就是在不同的进程中的。另外，WebView 拥有独立的渲染进程，在图 5-11 中第 5 部分的 Render Process。

 WebView：
WebView 是鸿蒙应用中用来渲染 Web 页面的容器，具体介绍参见 7.2 节。

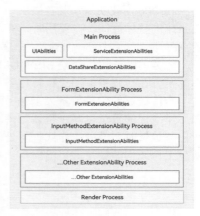

图 5-11　应用的程序进程结构

2）进程间通信

在实践中，会存在系统中的多个应用之间、应用内进程之间需要通信的情况，一般有以下两种处理方式。

（1）公共事件：基于鸿蒙公共事件服务（CES）通信实现。基本流程是消息发送方发布事件，消息订阅方接收事件。通信数据就可以通过事件参数的方式传递给订阅方。此方式多用于一对多通信中，因为一个事件可以有多个订阅方。

（2）后台服务：通过 ServiceExtensionAbility 实现（此能力处于规划中，暂未开放）。

2. 线程模型

过程中的线程组成如图 5-12 所示。

Stage 模型下的线程有以下 3 类。

1）主线程

主线程的工作任务比较多，包括①执行 UI 绘制；②管理主线程的 ArkTS 引擎实例，使多个 UIAbility 组件能够运行在其之上；③管理其他线程的 ArkTS 引擎实例；④分发交互事件；⑤处理应用代码的回调，包括事件处理和生命周期管理；⑥接收 TaskPool 以及 Worker 发送的消息。

图 5-12　进程中的线程组成

2）Worker

Worker 是与主线程并行的独立线程，创建 Worker 的线程称为宿主线程。

Worker 的主要作用是为应用程序提供一个多线程的运行环境，从而可以通过将耗时操作（计算、I/O）放到后台线程中运行，实现主线程与耗时逻辑执行的分离。这样就可以避免计算密集型或高延迟类的任务阻塞主线程的运行。另外，Worker线程是不支持UI操作的。

3）TaskPool

TaskPool可以为开发者提供一个易于操作的多线程的运行环境，从而降低整体资源的消耗、提高系统的整体性能。在使用时，开发者无须关心线程实例的生命周期管理，而是直接通过TaskPool的API创建后台任务（task），并直接对任务进行操作（如任务执行、任务取消）即可。

任务的默认优先级是MEDIUM，开发者可以根据需要进行调整。优先级相同任务的执行顺序，由开发者在代码中调用"执行任务"API的实际顺序决定。

当待执行的任务数量大于任务池线程数量时，TaskPool会根据负载均衡机制自动进行扩容，增加工作线程的数量以减少整体等待时间。同样，当执行的任务数量减少，使得工作线程数量大于执行任务数量时，部分工作线程将处于空闲状态。那么，Taskpool就会根据负载均衡机制进行缩容，减少工作线程的数量。

第 6 章 动 画 组 件

动画是提升用户体验的关键元素,其作用举足轻重。它不仅能引导用户操作,还能吸引用户的注意力。卓越的动画设计甚至能成为吸引用户的重要因素。追溯 iPhone 引领的移动互联网发展历程,那令人瞩目的动画效果自始至终都是用户从较为复杂的 Symbian、Windows CE 系统转向 iOS 系统的强大引力,许多用户最初正是被这种流畅的动画体验所吸引,不仅仅是基于功能需求。

因此,理解和精通动画的设计与实施已成为开发者必备的技能之一。鸿蒙系统也提供了丰富的动画组件支持,以助力开发者打造更优质的用户体验。本章将详细解析这些动画组件的使用技巧。

6.1 简 单 动 画

接下来创建一个简单的动画组件,实现位移、缩放和旋转效果,步骤如下。

首先,使用 Column 组件作为整体布局容器,以便组织和排列页面元素。在布局中添加一个 Button 组件来处理用户的单击事件,当用户单击按钮时,将触发一系列动画效果。

然后,使用 Flex 组件为动画元素设置布局。Flex 组件可以灵活地排列子组件的位置和大小。通过 width 和 height 属性将动画元素的大小设置为 100×100,以确保元素在动画过程中保持一致的尺寸比例。

在动画控制部分,使用 onClick()方法来处理用户的交互事件。每次用户单击按钮时,将触发一次动画效果。通过状态变量 x、scale1 和 rotation 来控制动画元素的位移、缩放和旋转。这些状态变量在动画过程中将随着单击事件逐渐变化,从而达到连续的动画效果。

具体而言,通过 translate 属性根据 x 值实现元素的平移效果;通过 scale 属性根据 scale1 值实现元素的缩放效果;通过 rotate 属性根据 rotation 值实现元素的旋转效果。

示例代码如下。

```
//6/AnimationMagic.zip
@Entry
@Component
export struct SimpleAnimationComponent {
  @State private x: number = 0
  @State private scale1: number = 1
  @State private rotation: number = 0

  build() {
    Column() {
      Button('Start Animation')
        .onClick(() => {
          this.x += 100
```

```
                this.scale1 *= 1.5
                this.rotation += 45
            })

        Flex()
            .width(100)
            .height(100)
            .backgroundColor(Color.Red)
            .translate({ x: this.x })
            .scale({ x: this.scale1, y: this.scale1 })
            .rotate({ angle: this.rotation })
    }
  }
}
```

简单动画的初始状态至最终状态的预览效果如图 6-1～图 6-5 所示。

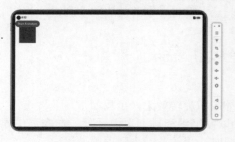

图 6-1　简单动画的初始状态

图 6-2　简单动画的中间状态

图 6-3　简单动画的旋转效果

图 6-4　简单动画的缩放效果

控制动画效果的实现包括设置动画的时长和重复次数，并通过用户的交互来触发动画，这一过程可以分为以下几个步骤。

在布局设置中，使用 Flex 组件来安排动画元素的布局。通过 alignItems 和 justifyContent 属性，可以确保子组件在容器中居中对齐。为了实现动画的触发，添加一个 Button 组件，每次用户单击按钮时，repeat 值会增加，从而实现动画的多次重复。

图 6-5　简单动画的最终状态

在动画控制方面,通过 startAnimation()方法来管理动画的启动时间,使用 setTimeout()函数来延迟动画的开始时间。为了控制动画的重复次数和持续时间,定义 iterations 和 duration 两个变量。在每次动画执行时,setTimeout()函数会根据设定的持续时间来延迟执行,从而实现动画的循环播放效果。

动画的具体实现通过切换 this.x 值为 0~100 来模拟平移效果。每次动画的执行通过 setTimeout()函数来延迟,这种方式能够达到重复动画的效果,示例代码如下。

```
@Entry
@Component
export struct ControlledAnimationComponent {
  @State private x: number = 0
  @State private repeat: number = 0
  build() {
    Column() {
      Button('Start Controlled Animation')
        .onClick(() => {
          this.startAnimation()
        })
        .width('90%')
        .margin({ top: 10 })

      Flex({ justifyContent: FlexAlign.Center }) {
        Flex({ alignItems: ItemAlign.Center, justifyContent: FlexAlign.Center }) {
          Flex()
            .width(100)
            .height(100)
            .backgroundColor(Color.Blue)
            .translate({ x: this.x })
        }
      }
      .width('100%')
      .height('100%')
      .backgroundColor(0xAFEEEE)
      .padding(10)
    }.width('100%')
  }

  startAnimation() {
    this.repeat++
    const iterations = this.repeat
    const duration = 50
    for (let i = 0; i < iterations; i++) {
      setTimeout(() => {
        this.x = this.x === 0 ? 100 : 0
      }, i * duration)
    }
  }
}
```

控制动画的初始状态和重复动画的预览效果如图 6-6 和图 6-7 所示。

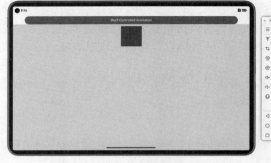
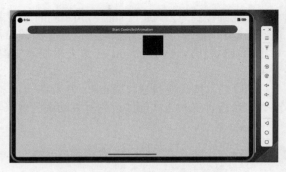

图 6-6　控制动画的初始状态　　　　　图 6-7　控制动画的重复动画效果

6.2　复杂动画

组合多个动画效果可以实现复杂的动画效果，以下是具体的实现步骤。

在布局设置中，使用 Column 组件作为整体布局容器，以便组织页面中的元素。通过 Button 组件处理用户的单击事件，每次用户单击按钮时，触发组合动画效果。使用 Flex 组件来设置动画元素的布局，并通过 width 和 height 属性来定义元素的大小，以确保在动画过程中元素保持一致的尺寸比例。

在动画控制部分，通过 startCombinedAnimation()方法使用 setInterval()函数来实现定时触发动画，每隔 3s 启动一次动画。为了避免多次单击按钮导致多个定时器同时运行，应先清除已有的定时器，然后重新设置一个新的定时器。

在动画实现部分，通过 animateX()、animateY()、animateScale()和 animateRotation()方法分别控制动画元素在 x 轴、y 轴的位移、缩放和旋转效果。每个动画方法使用 setTimeout 来模拟 requestAnimationFrame，每 16 ms 更新一次动画，以确保动画的平滑性和连续性。示例代码如下。

```
@Entry
@Component
export struct CombinedAnimationComponent {
  @State private x: number = 0
  @State private y: number = 0
  @State private scale1: number = 1
  @State private rotation: number = 0
  private intervalId: number | null = null

  build() {
    Column() {
      Button('Start Combined Animation')
        .onClick(() => {
          this.startCombinedAnimation()
        })
        .width('90%')
        .margin({ top: 10 })

      Flex({ justifyContent: FlexAlign.Center }) {
```

```
        Flex({ alignItems: ItemAlign.Center, justifyContent: FlexAlign.Center }) {
          Flex()
            .width(100)
            .height(100)
            .backgroundColor(Color.Green)
            .translate({ x: this.x, y: this.y })
            .scale({ x: this.scale1, y: this.scale1 })
            .rotate({ angle: this.rotation })
        }
      }
      .width('100%')
      .height('100%')
      .backgroundColor(0xAFEEEE)
      .padding(10)
    }.width('100%')
  }

  startCombinedAnimation() {
    if (this.intervalId !== null) {
      clearInterval(this.intervalId)
    }

    this.intervalId = setInterval(() => {
      const duration = 1000 // 动画持续时间
      const endX = this.x === 0 ? 100 : 0
      const endY = this.y === 0 ? 100 : 0
      const endScale = this.scale1 === 1 ? 1.5 : 1
      const endRotation = this.rotation === 0 ? 45 : 0

      this.animateX(endX, duration)
      this.animateY(endY, duration)
      this.animateScale(endScale, duration)
      this.animateRotation(endRotation, duration)
    }, 3000) // 每3s 触发一次动画
  }

  animateX(endValue: number, duration: number) {
    const startValue = this.x
    const startTime = Date.now()

    const animateStep = () => {
      const elapsed = Date.now() - startTime
      const fraction = Math.min(elapsed / duration, 1)
      this.x = startValue + (endValue - startValue) * fraction

      if (fraction < 1) {
        setTimeout(animateStep, 16)        // 模拟 requestAnimationFrame
      }
    }

    animateStep()
  }

  animateY(endValue: number, duration: number) {
    const startValue = this.y
```

```
    const startTime = Date.now()

    const animateStep = () => {
      const elapsed = Date.now() - startTime
      const fraction = Math.min(elapsed / duration, 1)
      this.y = startValue + (endValue - startValue) * fraction

      if (fraction < 1) {
        setTimeout(animateStep, 16)         // 模拟 requestAnimationFrame
      }
    }

    animateStep()
  }

  animateScale(endValue: number, duration: number) {
    const startValue = this.scale1
    const startTime = Date.now()

    const animateStep = () => {
      const elapsed = Date.now() - startTime
      const fraction = Math.min(elapsed / duration, 1)
      this.scale1 = startValue + (endValue - startValue) * fraction

      if (fraction < 1) {
        setTimeout(animateStep, 16)         // 模拟 requestAnimationFrame
      }
    }

    animateStep()
  }

  animateRotation(endValue: number, duration: number) {
    const startValue = this.rotation
    const startTime = Date.now()

    const animateStep = () => {
      const elapsed = Date.now() - startTime
      const fraction = Math.min(elapsed / duration, 1)
      this.rotation = startValue + (endValue - startValue) * fraction

      if (fraction < 1) {
        setTimeout(animateStep, 16)         // 模拟 requestAnimationFrame
      }
    }

    animateStep()
  }
}
```

组合动画的初始状态和中间状态的预览效果如图 6-8 和图 6-9 所示。

图 6-8　组合动画的初始状态

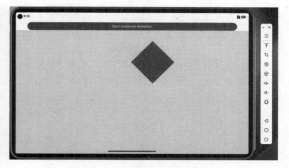
图 6-9　组合动画的中间状态

处理动画事件包括动画的开始、结束和重复，具体的实现步骤如下。

在布局设置中，使用 Flex 组件来安排动画元素的布局。通过 alignItems 和 justifyContent 属性，可以确保子组件在容器中居中对齐。添加一个 Button 组件用于触发动画，并在按钮上显示当前动画的状态，以便用户能够实时了解动画的进展。

在动画控制部分，通过 startAnimation()方法使用 setInterval()函数来定时触发动画，每隔 3s 启动一次动画。在每次动画开始时，将 animationState 状态设置为 Started，动画结束时将其设置为 Finished。在动画每次重复时，将状态设置为 Repeated。这种状态管理能够帮助跟踪动画的进展并进行相应的处理。

在动画实现部分，animateX()方法用于控制动画元素在 x 轴上的位移动画。在动画结束时，onEnd()回调函数会被调用，以便更新状态或触发后续动作。动画的更新是通过 setTimeout()函数来模拟 requestAnimationFrame 的效果，每 16ms 更新一次动画，以确保动画的平滑性。在动画过程中，根据当前时间计算属性的值，直到属性值达到预定的目标值。示例代码如下。

```
@Entry
@Component
export struct AnimationEventComponent {
  @State private x: number = 0
  @State private animationState: string = 'Idle'
  private intervalId: number | null = null

  build() {
    Column() {
      Button('Start Animation with Events')
        .onClick(() => {
          this.startAnimation()
        })
        .width('90%')
        .margin({ top: 10 })

      Text(`Animation State: ${this.animationState}`)
        .fontSize(20)
        .margin({ top: 10 })

      Flex({ justifyContent: FlexAlign.Center }) {
        Flex({ alignItems: ItemAlign.Center, justifyContent: FlexAlign.Center }) {
```

```
        Flex()
          .width(100)
          .height(100)
          .backgroundColor(Color.Yellow)
          .translate({ x: this.x })
      }
    }
    .width('100%')
    .height('100%')
    .backgroundColor(0xAFEEEE)
    .padding(10)
  }.width('100%')
}

startAnimation() {
  if (this.intervalId !== null) {
    clearInterval(this.intervalId)
  }

  this.intervalId = setInterval(() => {
    const duration = 1000                     // 动画持续时间
    const endX = this.x === 0 ? 100 : 0

    this.animationState = 'Started'
    this.animateX(endX, duration, () => {
      this.animationState = 'Finished'
    })

    this.animationState = 'Repeated'
  }, 3000)                                    // 每 3s 触发一次动画
}

animateX(endValue: number, duration: number, onEnd: () => void) {
  const startValue = this.x
  const startTime = Date.now()

  const animateStep = () => {
    const elapsed = Date.now() - startTime
    const fraction = Math.min(elapsed / duration, 1)
    this.x = startValue + (endValue - startValue) * fraction

    if (fraction < 1) {
      setTimeout(animateStep, 16)             // 模拟 requestAnimationFrame
    } else {
      onEnd()
    }
  }
  animateStep()
 }
}
```

动画事件的初始状态和最终状态预览效果如图 6-10 和图 6-11 所示。

图 6-10　动画事件的初始状态

图 6-11　动画事件的最终状态

6.3　交互动画

响应用户交互的动画效果可以根据用户的操作来触发，具体的实现步骤如下。

在布局设置中，使用 Column 组件作为整体布局容器，以便组织和排列页面元素。通过 Button 组件来处理用户的单击事件，每次用户单击按钮时，触发相应的动画效果。

在动画控制部分，通过 startAnimation() 方法处理用户的交互事件。每次用户单击按钮时，该方法将启动动画效果。为了实现动画的平滑过渡，使用 setTimeout() 函数来控制动画的启动时间，使得动画以较为流畅的方式展现。

在动画实现部分，通过为 0～100 切换 this.x 值来实现动画元素的平移效果。具体的动画逻辑由 animateX() 方法实现，该方法使用 setTimeout() 函数，每 16 ms 更新一次动画。在每个时间间隔内，animateX() 方法会计算出属性的当前值，直到属性的值达到预定的目标值，从而完成动画效果。示例代码如下。

```
@Entry
@Component
export struct InteractiveAnimationComponent {
  @State private x: number = 0

  build() {
    Column() {
      Button('Tap to Move')
        .onClick(() => {
          this.startAnimation()
        })
        .width('90%')
        .margin({ top: 10 })

      Flex({ justifyContent: FlexAlign.Center }) {
        Flex({ alignItems: ItemAlign.Center, justifyContent: FlexAlign.Center }) {
          Flex()
```

```
          .width(100)
          .height(100)
          .backgroundColor('#800080')   // 使用颜色值
          .translate({ x: this.x })
      }
    }
    .width('100%')
    .height('100%')
    .backgroundColor('#AFEEEE')
    .padding(10)
  }.width('100%').height('100%')
}

startAnimation() {
  const duration = 500                  // 动画持续时间
  const endX = this.x === 0 ? 100 : 0

  this.animateX(endX, duration)
}

animateX(endValue: number, duration: number) {
  const startValue = this.x
  const startTime = Date.now()

  const animateStep = () => {
    const elapsed = Date.now() - startTime
    const fraction = Math.min(elapsed / duration, 1)
    this.x = startValue + (endValue - startValue) * fraction

    if (fraction < 1) {
      setTimeout(animateStep, 16)       // 模拟 requestAnimationFrame
    }
  }

  animateStep()
 }
}
```

交互动画的初始状态和最终状态的预览效果如图 6-12 和图 6-13 所示。

实现组件的过渡动画可以显著提升用户体验，使界面更加流畅和自然，具体的实现步骤如下。

在布局设置中，使用 Column 组件作为整体布局容器，以便组织和排列页面中的元素。通过 Button 组件来处理用户的单击事件，用户每次单击按钮时，触发过渡动画。为了控制组件的显示和隐藏，使用条件渲染（如 if 语句）来切换 Flex 组件的可见性。

在动画控制部分，通过 toggleVisibility() 方法来切换组件的可见性状态。用户每次单击按钮后，toggleVisibility() 方法会切换 visible 状态。这个状态变量将决定组件是显示还是隐藏，从而实现过渡动画的效果。

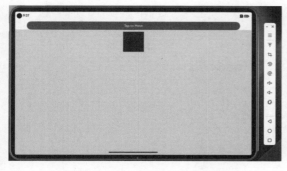

图 6-12 交互动画的初始状态

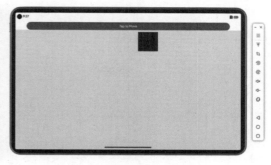

图 6-13 交互动画的最终状态

在动画实现部分,使用 setTimeout()函数来模拟 requestAnimationFrame,每 16 ms 更新一次动画。在每个时间间隔内,计算当前透明度值,并逐步调整透明度,直到达到目标值。这种方式能够实现平滑的透明度过渡效果。具体的透明度过渡通过 toggleVisibility 方法中的 animateOpacity()函数来实现,该函数负责在组件的显示和隐藏之间进行透明度的平滑变化。示例代码如下。

```
@Entry
@Component
export struct TransitionAnimationComponent {
  @State private visible: boolean = true
  @State private display: boolean = true

  build() {
    Column() {
      Button(this.visible ? 'Hide Box' : 'Show Box')
        .onClick(() => {
          this.toggleVisibility()
        })
        .width('90%')
        .margin({ top: 10 })

      if (this.display) {
        Flex({ justifyContent: FlexAlign.Center }) {
          Flex({ alignItems: ItemAlign.Center, justifyContent: FlexAlign.Center }) {
            Flex()
              .width(100)
              .height(100)
              .backgroundColor('#FFA500')              // 使用颜色值
          }
        }
        .width('100%')
        .height('100%')
        .backgroundColor('#AFEEEE')
        .padding(10)
      }
    }.width('100%').height('100%')
```

```
  }
  toggleVisibility() {
    const duration = 500
    const startTime = Date.now()

    const animateOpacity = () => {
      const elapsed = Date.now() - startTime
      const fraction = Math.min(elapsed / duration, 1)

      if (fraction < 1) {
        setTimeout(animateOpacity, 16)          // 模拟 requestAnimationFrame
      } else {
        this.visible = !this.visible
        this.display = this.visible
      }
    }

    animateOpacity()
  }
}
```

实现过渡动画效果的初始状态和最终状态的预览效果如图 6-14 和图 6-15 所示。

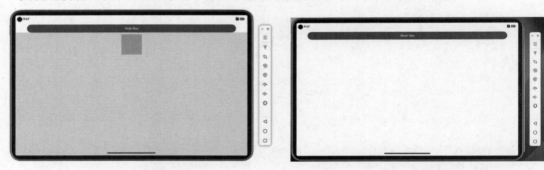

图 6-14　实现过渡动画效果的初始状态　　　　　图 6-15　实现过渡动画效果的最终状态

6.4　高级动画效果

鸿蒙系统提供了多种动画曲线选择，包括传统的贝塞尔曲线和更符合用户认知的物理曲线（如弹簧曲线）。在实际应用中，物理曲线通常能带来更好的用户体验，因此建议读者优先使用。

6.4.1　贝塞尔曲线实现的动画

使用贝塞尔曲线可以创建更加自然流畅的高级动画效果，具体的实现步骤如下。

在布局设置中，使用 Column 组件作为整体布局容器，以便组织页面元素。通过 Button 组件处理用户的单击事件,用户每次单击按钮时,触发基于贝塞尔曲线的动画效果。使用 Flex 组件来设置动画元素的布局,并通过 alignItems 和 justifyContent 属性来控制子组件的对齐方式,以确保动画元素在容器中的正确定位。

在动画控制部分,通过 startBezierAnimation()方法处理用户的单击事件,并启动动画。这个方法调用贝塞尔曲线函数来计算动画的进度,从而使动画效果更加自然流畅。

在动画实现部分,贝塞尔曲线的插值计算由 bezier()函数实现。用户可以根据需求调整贝塞尔曲线的参数,以获得不同的动画效果。具体的动画更新逻辑由 animateStep()方法实现,该方法使用 setTimeout()来模拟 requestAnimationFrame,每 16 ms 更新一次动画。在每个时间间隔内,通过贝塞尔曲线计算当前的坐标值,并逐步调整动画元素的位置,直到达到目标值。示例代码如下。

```
@Entry
@Component
export struct BezierAnimationComponent {
  @State private x: number = 0
  @State private y: number = 0

  build() {
    Column() {
      Button('Start Bezier Animation')
        .onClick(() => {
          this.startBezierAnimation()
        })
        .width('90%')
        .margin({ top: 10 })

      Flex({ justifyContent: FlexAlign.Center }) {
        Flex({ alignItems: ItemAlign.Center, justifyContent: FlexAlign.Center }) {
          Flex()
            .width(100)
            .height(100)
            .backgroundColor('#FFA500')          // 使用颜色值
            .translate({ x: this.x, y: this.y })
        }
      }
      .width('100%')
      .height('100%')
      .backgroundColor('#AFEEEE')
      .padding(10)
    }.width('100%').height('100%')
  }

  startBezierAnimation() {
    const duration = 1000                        // 动画持续时间
    const startX = this.x
    const endX = this.x === 0 ? 200 : 0
    const startY = this.y
    const endY = this.y === 0 ? 200 : 0
    const startTime = Date.now()

    const bezier = (t: number) => {
      // 这里是贝塞尔曲线的实现,用户可以调整参数来获得不同的动画效果
      return 3 * t * (1 - t) ** 2 + 3 * t ** 2 * (1 - t) + t ** 3
```

```
  }

  const animateStep = () => {
    const elapsed = Date.now() - startTime
    const fraction = Math.min(elapsed / duration, 1)
    const easedFraction = bezier(fraction)

    this.x = startX + (endX - startX) * easedFraction
    this.y = startY + (endY - startY) * easedFraction

    if (fraction < 1) {
      setTimeout(animateStep, 16) // 模拟 requestAnimationFrame
    }
  }

  animateStep()
}
```

使用贝塞尔曲线实现的动画初始状态和最终状态的预览效果如图 6-16 和图 6-17 所示。

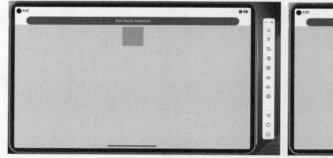

图 6-16　使用贝塞尔曲线实现的动画初始状态

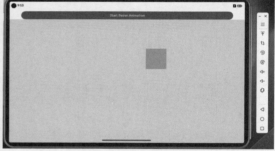

图 6-17　使用贝塞尔曲线实现的动画最终状态

6.4.2　使用弹簧曲线实现的动画

使用弹簧曲线可以实现弹性动画效果，增加用户交互的趣味性，具体的实现步骤如下。

在布局设置中，使用 Column 组件作为整体布局容器，以便组织页面元素。通过 Button 组件处理用户的单击事件，用户每次单击按钮时，触发基于弹簧曲线的动画效果。使用 Flex 组件来设置动画元素的布局，并通过 alignItems 和 justifyContent 属性来控制子组件的对齐方式，以确保动画元素在容器中的正确定位。

在动画控制部分，通过 startSpringAnimation() 方法来处理用户的单击事件并启动动画。该方法调用弹簧曲线函数来计算动画的进度，使动画效果具有弹性特性，从而增加互动的趣味性。

在动画实现部分，弹簧曲线的插值计算由 spring() 函数实现，模拟弹簧在振荡和衰减过程中的运动特性。具体的动画更新逻辑由 animateStep() 方法负责，该方法使用 setTimeout() 函数来模拟 requestAnimationFrame，每 16 ms 更新一次动画。在每个时间间隔内，通过弹簧曲线计算当前的坐标值，并逐步调整动画元素的位置，直到达到目标值。示例代码如下。

```
@Entry
@Component
export struct SpringAnimationComponent {
  @State private x: number = 0
  @State private y: number = 0

  build() {
    Column() {
      Button('Start Spring Animation')
        .onClick(() => {
          this.startSpringAnimation()
        })
        .width('90%')
        .margin({ top: 10 })

      Flex({ justifyContent: FlexAlign.Center }) {
        Flex({ alignItems: ItemAlign.Center, justifyContent: FlexAlign.Center }) {
          Flex()
            .width(100)
            .height(100)
            .backgroundColor('#FFA500')         // 使用颜色值
            .translate({ x: this.x, y: this.y })
        }
      }
      .width('100%')
      .height('100%')
      .backgroundColor('#AFEEEE')
      .padding(10)
    }.width('100%').height('100%')
  }

  startSpringAnimation() {
    const duration = 1000                       // 动画持续时间
    const startX = this.x
    const endX = this.x === 0 ? 200 : 0
    const startY = this.y
    const endY = this.y === 0 ? 200 : 0
    const startTime = Date.now()

    const spring = (t: number) => {
      // 弹簧曲线公式：振荡和衰减
      return -Math.pow(2, -10 * t) * Math.sin((t - 0.075) * (2 * Math.PI) / 0.3) + 1
    }

    const animateStep = () => {
      const elapsed = Date.now() - startTime
      const fraction = Math.min(elapsed / duration, 1)
      const easedFraction = spring(fraction)

      this.x = startX + (endX - startX) * easedFraction
      this.y = startY + (endY - startY) * easedFraction
```

```
      if (fraction < 1) {
        setTimeout(animateStep, 16)          // 模拟 requestAnimationFrame
      }
    }

    animateStep()
  }
}
```

使用弹簧曲线实现的动画的初始状态和最终状态的预览效果如图 6-18 和图 6-19 所示。

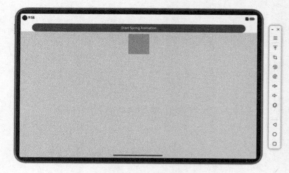
图 6-18　使用弹簧曲线的动画初始状态

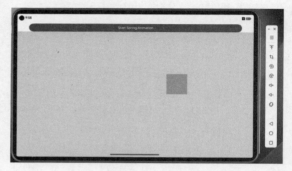
图 6-19　使用弹簧曲线的动画最终状态

6.5　优化动画效果

基于高级动画效果的优化，可以确保动画效果更加自然流畅。优化步骤如下。

在布局设置中，使用 Column 组件作为整体布局容器，以便组织页面中的各个元素。通过 Button 组件处理用户的单击事件，用户每次单击按钮时，触发优化后的动画效果。为了确保动画元素的正确布局，使用 Flex 组件，并通过 alignItems 和 justifyContent 属性来控制子组件的对齐方式。

在动画控制部分，通过 startOptimizedAnimation() 方法处理用户的单击事件并启动动画。该方法结合了贝塞尔曲线和弹簧曲线的优点，利用这两种曲线函数来计算动画进度，从而使动画效果更加自然流畅。

在动画实现部分，spring() 函数用于实现弹簧曲线的插值计算，模拟弹簧在振荡和衰减过程中的运动特性。与此同时，bezier() 函数用于实现贝塞尔曲线的插值计算，模拟传统的曲线效果。具体的动画更新逻辑由 animateStep() 方法负责，该方法使用 setTimeout 来模拟 requestAnimationFrame，每 16 ms 更新一次动画。在每个时间间隔内，利用这两种曲线函数计算当前的坐标值，并逐步调整动画元素的位置，直到达到目标值。

示例代码如下。

```
@Entry
@Component
export struct OptimizedAnimationComponent {
  @State private x: number = 0
  @State private y: number = 0
```

```
build() {
  Column() {
    Button('Start Optimized Animation')
      .onClick(() => {
        this.startOptimizedAnimation()
      })
      .width('90%')
      .margin({ top: 10 })

    Flex({ justifyContent: FlexAlign.Center }) {
      Flex({ alignItems: ItemAlign.Center, justifyContent: FlexAlign.Center }) {
        Flex()
          .width(100)
          .height(100)
          .backgroundColor('#FFA500')          // 使用颜色值
          .translate({ x: this.x, y: this.y })
      }
    }
    .width('100%')
    .height('100%')
    .backgroundColor('#AFEEEE')
    .padding(10)
  }.width('100%').height('100%')
}

startOptimizedAnimation() {
  const duration = 1000                         // 动画持续时间
  const startX = this.x
  const endX = this.x === 0 ? 200 : 0
  const startY = this.y
  const endY = this.y === 0 ? 200 : 0
  const startTime = Date.now()

  // 选择使用弹簧曲线进行动画优化
  const spring = (t: number) => {
    // 弹簧曲线公式：振荡和衰减
    return -Math.pow(2, -10 * t) * Math.sin((t - 0.075) * (2 * Math.PI) / 0.3) + 1
  }

  // 选择使用贝塞尔曲线进行动画优化
  const bezier = (t: number) => {
    // 贝塞尔曲线公式：用户可以调整参数来获得不同的动画效果
    return 3 * t * (1 - t) ** 2 + 3 * t ** 2 * (1 - t) + t ** 3
  }

  const animateStep = () => {
    const elapsed = Date.now() - startTime
    const fraction = Math.min(elapsed / duration, 1)

    // 使用弹簧曲线
    const easedFraction = spring(fraction)
    // 或使用贝塞尔曲线
```

```
        // const easedFraction = bezier(fraction)

        this.x = startX + (endX - startX) * easedFraction
        this.y = startY + (endY - startY) * easedFraction

        if (fraction < 1) {
          setTimeout(animateStep, 16)      // 模拟 requestAnimationFrame
        }
      }

      animateStep()
    }
```

优化后的动画的初始状态和最终状态的预览效果如图 6-20 和图 6-21 所示。

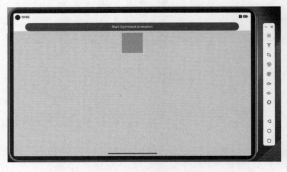
图 6-20　优化后的动画效果的初始状态

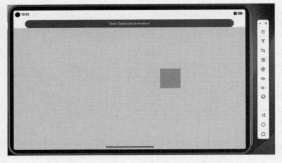
图 6-21　优化后的动画效果的最终状态

第 7 章 Web 组件

原生开发是指为特定操作系统定制应用程序，利用操作系统或平台提供的 SDK 与 API 实现功能。例如，本书聚焦的鸿蒙开发，以及过往主流的 Android 与 iOS 开发，皆属此类。相对而言，Web 应用是基于 Web 技术（如 HTML、CSS、JavaScript），构建在浏览器中运行的应用，亦称为前端开发。从用户视角来看，手机和平板上的应用多由原生开发打造；而通过浏览器访问的网页，则源于 Web 开发。尽管 Web 应用在性能上略逊一筹，但由于其庞大的用户使用基数，在诸多场景下仍不可或缺。

本章将探讨如何在鸿蒙系统中运用 Web 组件容器，以高效承载 Web 页面内容并实现流畅的交互技术。

7.1 原生开发与 Web 开发

在现实中的 APP 开发实践中，开发者通常不会完全依赖原生的开发技术开发整个应用，而是倾向于集成众多 Web 页面，形成一种被称为"混合开发"的模式。目前，市场上主流的应用程序，如支付宝、美团，均采用了这种混合开发技术。图 7-1 展示了一些运用了混合开发技术的应用程序界面。

目前，通过合理的设计和适配优化，原生应用将大量 UI 页面的开发工作改由 Web 开发来完成。这样，可以有效地利用团队中的前端工程师资源，降低开发成本，实现业务的快速开发和调整。

如图 7-1 所示，这种 APP+Web 的混合式开发模式极为常见，可以使业务快速开发迭代，还天然具备跨平台兼容性并显著降低开发成本。在快速验证业务方向方面发挥了重要的作用。然而，嵌入 Web 页面也存在一些性能方面的挑战，如启动耗时、首屏加载速度慢等问题。因此，开发者必须寻求有效的优化策略，以确保用户在使用 APP 时能够享受到流畅和高效的体验。

在原生应用中引入 Web 页面进行混合开发的优点如下。

图 7-1 应用内集成 Web 页面的场景

（1）跨平台、兼容性强：Web 页面具有"一次开发、多处运行"的特点。无论是哪一种原生应用在展示 Web 页面时都可以保证显示和交互效果基本一致，不需要针对不同平台分别开发。

（2）简化开发流程：Web 页面的构建基于 HTML、CSS 和 JavaScript 这 3 大核心技术，这大大降低了开发人员学习新技术和工具的成本。由于大部分前端开发者都具备 Web 开发背景，因此无须为不同的应用端分别配备专门的移动端开发人员。

（3）提高开发效率：基于 Web 页面的开发工具和 UI 框架可以提高开发效率，快速构建 UI 中的交互组件和功能。

（4）易于维护和动态更新：APP 的更新需要通过发布新版本来实现，这就导致 APP 内容的更新存在复杂性和滞后性。而通过 Web 混合开发则可以直接将 UI 页面作为网络资源部署在互联网上，从而实现页面的热更新。

基于节省开发资源以及热更新这两大优点，Web 开发在 APP 应用开发中占据了重要的地位。

7.2　Web 组件概述

为了在鸿蒙应用中使用 Web 页面，发挥混合开发的优势，鸿蒙系统提出了 ArkWeb（@kit.ArkWeb）这一解决方案。ArkWeb 架构主要基于 Web 组件容器和渲染/JS 引擎构建而成，提供了高效、可扩展的 Web 应用程序运行环境。通过 Web 组件，开发人员可以在 APP 应用中显示 Web 页面内容，并通过其提供的各类 API 为开发人员提供丰富的操作页面功能，包括页面加载、页面交互、页面调试等能力。

（1）页面加载：Web 组件提供基础的加载 Web 资源的能力，这里的资源可以指网络上的 Web 页面及其相关资源（图片、CSS、JavaScript 脚本等）、本地的 Web 页面及其相关资源，或 HTML 格式的文本数据。

（2）页面交互：Web 组件提供丰富的与 Web 页面功能交互的能力，包括应用侧调用 Web 页面的 JavaScript、设置 Web 页面深色模式、新窗口加载页面、控制 Web 页面本地存储和控制定位服务等功能。

（3）页面调试：Web 组件支持使用 Chrome 浏览器中的 Devtools 工具调试前端页面。

下面通过图 7-2 快速了解 ArkWeb 架构的分层。

如图 7-2 所示，ArkWeb 架构主要分为平台适配层、内核层、接口层和应用层 4 部分。

（1）平台适配层：系统能力层，支撑着整个渲染模块以及执行模块，如网络协议、窗口管理等。

（2）内核层：主要提供了渲染引擎和 JS 脚本引擎、多线程通信、沙箱以及基础库等能力。

（3）接口层：主要分为两部分，Web 组件的 ArkTS API 和前端页 HTML/CSS/JS API 能力，开发人员通过此层可以开发绚丽多彩的页面。

（4）应用层：主要应用场景，一种是在应用内集成 Web 组件承载着业务，另外一种是作为小程序渲染引擎。

在鸿蒙系统中，Web 组件可以视为传统原生开发中 Webview 组件的对应物。我们可以将其理解为，当使用 Web 组件时，会在鸿蒙应用内启动一个 Web 容器，这相当于在应用内部开启了一个"内置的 Web 浏览器"，并通过这个"浏览器"来加载相应的 Web 页面。

第 7 章 Web 组件

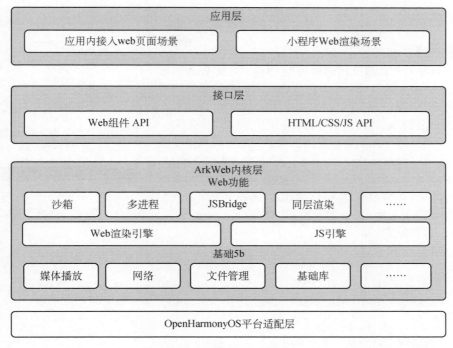

图 7-2 ArkWeb 架构的分层

7.3 在应用中显示 Web 页面

在开发中使用 Web 组件主要分为两种方式：①通过 Web 组件显示页面；②通过 Web 组件的各种 API（主要使用 WebviewController 来操作 Web 页面，这个接口将在 7.4 节进行说明）与 Web 页面进行交互。

接下来，我们先来了解在鸿蒙应用中显示 Web 页面的方式。

7.3.1 页面显示

根据要显示的 Web 页面的资源类型，页面可以分成"网络页面""本地页面""HTML 格式文本"3 种情况，下面针对这 3 种情况分别进行说明。

> **显示页面：**
> "显示页面"这一操作在不同的文章中也会被称作"加载页面""跳转页面""打开页面"。它们均表示同一个意思：根据 URL 链接在浏览器（Web 组件）中加载一个 HTML 文件，再根据 HTML 的内容下载相关资源并运行（如果是可执行文件或脚本），同时构建页面内容并绘制在浏览

器（Web 组件）中。

1. 加载网络页面

当 Web 页面资源放置在网络服务器上时，鸿蒙 Web 组件可以通过 URL 的方式加载网络中的页面，下面是加载网络页面的步骤。

在访问网络资源前，首先需要开启应用的网络访问权限。如果不开启，则应用将无法访问网络资源。网络访问权限的配置信息位于应用的 src/main/module.json5 文件中，如图 7-3 所示。

打开 module.json5 文件，并在 module 对象中的 requestPermissions 数组（如果没有，请自行增加该属性）中增加一个对象。该对象有一个名为 name 的属性，其值为 ohos.permission.INTERNET，具体配置如下。

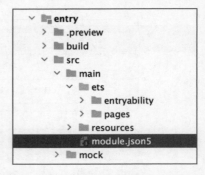

图 7-3 网络访问权限配置文件的路径

```
{
  "module": {
    "requestPermissions": [
      {
        "name": "ohos.permission.INTERNET"
      }
    ],
    // 其他配置的权限...
  }
}
```

完成网络权限配置后，我们就可以编写加载网络页面的代码。请在一个页面组件中按如下方式配置代码。运行效果如图 7-4 所示。

```
import {webview} from '@kit.ArkWeb';              // 导入 Web 组件
// 也可以使用 import webview from '@ohos.web.webview'进行导入，效果一样

@Entry
@Component
struct WebComponent {
  // 创建一个新的控制器
  webviewController: webview.WebviewController = new
    webview.WebviewController();

  build() {
    Column() {
      Text('下面是 Web 页面')
      // 在组件创建时，加载 bing.com 页面
      Web({     src:        'http://bing.com',     controller:
this.webviewController})
    }
  }
}
```

图 7-4 加载网络页面

我们可以看到，Web 组件接收了一个配置对象，这个对象有且只有两个属性：src 和 controller。其中，src 对应 Web 页面资源的地址，controller 对应控制器（Web 组件通过控制器实现对 Web 页面的交互），这两个属性都是必填的。当 WebComponent 中的 Web 组件创建时，将根据 src 属性指定的 URL 去加载 Web 页面。

另外，Web 组件构造器还有两个可选参数：renderMode 和 incognitoMode。其中，renderMode 指渲染模式，有两个常量参数 ASYNC_RENDER 和 SYNC_RENDER，从字面可知一个是异步渲染，另一个同步渲染；incognitoMode 是指是否开启匿名模式。当处于匿名模式时，Web 页面的 cookie、网站历史记录、地理位置权限将不会保存在持久文件中。

通过加载网络 Web 页面的方式，可以实现应用 UI 界面的热更新。Web 页面资源由于其静态特性，只需要静态服务器即可实现部署。当需要更新时，只需要通过简单的文件替换（在实际生产环境下，需要替换的文件可能很多，需要通过自动化工具来执行）即可完成更新，免去了应用重新发布的烦琐流程。对于新闻资讯类、活动推广类、产品推荐类等需要定期更新内容的页面，非常适合使用这种网络部署页面的方式。

> **获取网络资源：**
> 基于安全控制考虑，当需要获取网络资源时，我们需要配置 ohos.permission.INTERNET 网络访问权限。应用向用户取得访问网络资源的同意后才能加载外部资源。
>
> 因此，如果 Web 页面需要通过网络加载形式获取，开发者则需要考虑无法访问网络时的降级方案。

2. 加载本地页面

在应用中使用网络 Web 页面时，开发人员需要考虑访问安全性和网络的连通性等问题。因此，并不是所有的页面都适合使用网络部署的方式。对于不需要热更新特性的 Web UI 页面，我们可以考虑部署在鸿蒙应用本地（和原生代码一起打包进 APP 中）。这样，既可以享受到使用 Web 技术混合开发的便利，也可以脱离网络的限制直接访问资源。下面是加载本地页面文件的方式。

当页面需要通过本地加载时，需要先将文件资源放置在应用的 resources/rawfile 目录中。目录结构如图 7-5 所示。

首先，在 localPage.html 文件中编写一个最简单的 HTML 页面，代码如下。

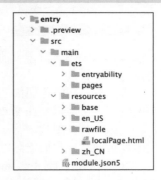

图 7-5 本地资源文件的目录结构

```
<html>
<head>
    <style>
        body { background: #ccc; }
    </style>
</head>
<body>
    <h1>我是本地页面</h1>
</body>
</html>
```

然后，在页面组件中配置如下代码。

```
import {webview} from '@kit.ArkWeb';

@Entry
@Component
struct WebComponent {
  webviewController: webview.WebviewController =
new webview.WebviewController();

  build() {
    Column() {
      Text('下面是本地Web页面')
      // 组件创建时，加载本地的localPage页面
      Web({
        src: $rawfile("localPage.html"),
        controller: this.webviewController
      })
    }
  }
}
```

代码的运行效果如图7-6所示。

从上述代码和图7-6可以看出，Web组件的src属性中的URL被替换为了$rawfile()方法的返回值。对于鸿蒙应用而言，$rawfile()方法会创建一个资源对象，并告诉应用去获取工程中resources/rawfile目录下对应的文件。

3. 加载本地页面——引入外部库

在Web组件加载本地页面时，是否只能加载简单页面呢？答案是否定的。

从本节加载网络页面部分可以看出，Web组件可以将网络上大部分的网站正常地显示在Web组件中。得益于底层的Chromium内核，Web组件具备现代浏览器的大部分渲染和交互能力。因此，在开发本地页面时，我们依然可以使用各类前端库来提高开发效率。

下面的两个示例中，将使用目前应用广泛的Vue3框架与Element Plus样式库编写页面，并通过Web组件将其展示在页面中。

【示例1】直接引入Vue框架和Element Plus库

本示例的文件结构如图7-7所示，可以看到，首先我们在rawfile文件夹中新建了一个vuePage目录作为前端页面的工程目录。在vuePage中分别有img、css和js 3个文件夹用来保存页面的资源。然后，将Vue框架的依赖文件（vue.js）和Element Plus UI库的依赖文件（element-plus.js和element-plus.css）放在对应的目录中。index.html是页面入口文件。

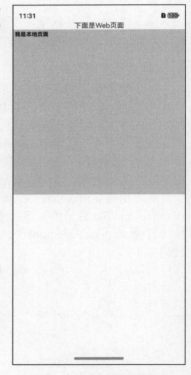

图7-6　加载本地资源页面

第 7 章 Web 组件

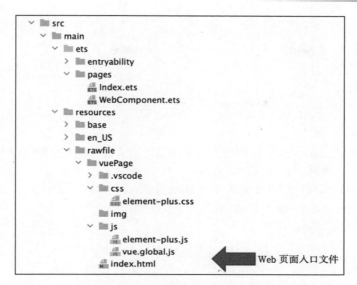

图 7-7 直接引入外部库示例的文件结构

在 index.html 中配置如下代码。

```html
<html>
  <head>
    <script src="js/vue.global.js"></script>
    <link rel="stylesheet" href="css/element-plus.css" />
    <script src="js/element-plus.js"></script>
    <style>
      .content {
        text-align: center;
        font-size: 60px;
      }
      .my-btn {
        width: 160px;
        height: 60px;
        font-size: 40px;
      }
    </style>
  </head>
  <body>
    <div class="content" id="app">
      <h1>{{ message }}</h1>
      <el-button class="my-btn" type="primary">try me!</el-button>
    </div>
  </body>

  <script>
    const { createApp, ref } = Vue;

    createApp({
```

引入Vue和Element Plus

```
      setup() {
        const message = ref("Hello vue!");
        return {
          message,
        };
      },
    }).use(ElementPlus).mount("#app");
  </script>
</html>
```

更多 Vue 框架和 Element Plus UI 库的引入和使用方法请参考相关库的使用说明。限于篇幅，在以上的例子中只展示一个可以运行的前端页面。

在鸿蒙应用的入口组件中配置加载本地的 Web 资源入口文件，代码如下。

```
import {webview} from '@kit.ArkWeb';

@Entry
@Component
struct WebComponent {
  webviewController: webview.WebviewController =
    new webview.WebviewController();

  build() {
    Column() {
      Text('下面是 Web 页面')
      Web({
        src: $rawfile('vuePage/index.html'),
        controller: this.webviewController
      })
        .backgroundColor('#ccc')
    }
  }
}
```

可以看到，向 $rawfile 方法中传入的字符串并不只局限于文件名，也可以是路径，只要能匹配上 resources/rawfile 中相应文件的位置即可。引入完成后的页面效果如图 7-8 所示。

【示例 2】使用打包好的前端工程资源

在当代 Web 页面开发中，前端工程师的角色已逐渐趋向工程化。在开发过程中，他们通常会使用多样化的依赖库和工具，以提高工作效率。此外，对代码进行编译和打包操作，以便于部署和发布，已成为业界普遍采纳的做法。

当前，这种编译打包的资源发布形式已成为主流趋势。鸿蒙的 Web 组件亦然，它能够完美支持加载此类资源文件，以实现页面显示。下面我们看以下例子。

首先，我们在另一个工程中通过 Vue 官方脚手架创建一个 Vue 工程，如图 7-9 所示。

图 7-8　直接引入外部库的页面效果

图 7-9　通过 Vue 官方脚手架创建一个 Vue 工程

第 7 章 Web 组件

在上面的配置过程中，我们选择加入 vue-router、pinia、vitest、eslint 等前端开发必备的库。创建好项目后，再通过 npm 安装的方式引入 Element Plus UI 库并添加一个按钮到界面中，Vue 前端工程的结构如图 7-10 所示。

> **创建并配置 Vue 项目：**
> 以上创建过程的说明只是一个简单的叙述，具体前端工程项目的配置方式不属于本书的范围，请读者自行参考官方的说明文档。在实际工作中，开发者只需要从前端工程师处获取打包好的资源和入口文件即可。重点关注对打包后资源的处理。
> 本示例中所展示的加载打包文件的方法，并不只局限于 Vue 项目。React 项目或其他通过打包后的 Web 前端资源都是同样的处理方式。

然后，我们请前端工程师对项目进行打包。对于 Vue 项目，打包后会在项目的根目录下生成一个 dist 文件夹。其中，index.html 是入口文件，assets 文件夹中的是资源文件，Web 资源目录如图 7-11 所示。

打包完成后，在鸿蒙工程的 resources/rawfile 目录中新建一个 vueDistPage 文件夹。然后将前端工程 dist 目录中的所有文件直接复制到 resources/rawfile/ vueDistPage 目录中。操作完成后的文件路径如图 7-12 所示。

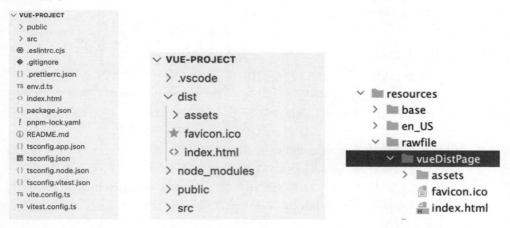

图 7-10　Vue 前端工程的结构　　　图 7-11　Web 资源目录　　　图 7-12　放置打包文件到 rawfile 目录中

最后，在 Web 组件中配置加载对应的本地入口文件，代码如下。

```
import {webview} from '@kit.ArkWeb';

@Entry
@Component
struct WebComponent {
  webviewController: webview.WebviewController =
    new webview.WebviewController();
  build() {
    Column() {
      Text('下面是 Web 页面')
```

```
    Web({
      src: $rawfile('vueDistPage/index.html'),
      controller: this.webviewController
    })
      .backgroundColor('#ccc')
  }
}
```

启动应用后的页面效果如图 7-13 所示。

可以看到，页面中的 Vue 内容可以正常显示，前端本地路由可以正常切换页面，且 elementPlus 的按钮组件也可以正常显示和交互。

7.3.2 页面跳转

当用户单击 Web 组件中加载的 Web 页面中的链接时，Web 组件会自动加载新页面中的资源，并将当前显示的页面替换为新页面。这样，可以确保原始 Web 页面中的链接导航交互正常，并为用户提供流畅的浏览体验。

1. 历史记录导航跳转

当发生 Web 页面跳转后，已经访问过的页面信息将被保存到历史记录中。在浏览器环境下，用户可以通过"前进/后退"按钮来控制浏览器以加载历史记录中的"下一个"或者"上一个"页面。而在 Web 组件中，用户可以通过 WebviewController 的 API 来控制这一行为。

图 7-13 启动应用后的页面效果

随着用户不断单击链接并浏览不同的网页，Web 组件会自动维护一个历史记录栈，用于存储用户已经访问过的网页地址。这个历史记录栈支持用户通过 WebviewController 的接口（如前进按钮对应 forward 方法，后退按钮对应 backward 方法）向前或向后遍历历史页面，以便快速访问之前访问过的页面，示例代码如下。

```
import {webview} from '@kit.ArkWeb';

@Entry
@Component
struct WebComponent {
  webviewController: webview.WebviewController =
 new webview.WebviewController();

  build() {
    Column() {
      Text('下面是 Web 页面')
      // 首先，初始化时加载 www.bing.com 页面
      Web({ src: 'www.bing.com', controller: this.webviewController})
```

```
      .backgroundColor('#ccc').height('50%')
    // 然后，单击 load html 按钮加载一个本地页面
    Button('load html').onClick((event: ClickEvent) => {
      this.webviewController.loadUrl($rawfile('vueDistPage/index.html'))
    })
    Blank('20px')
    // 前进按钮
    Button('next').onClick((event: ClickEvent) => {
      if (this.webviewController.accessForward()) {
        this.webviewController.forward();          // 导航到下一个历史记录
      }
    })
    Blank('20px')
    // 后退按钮
    Button('backward').onClick((event: ClickEvent) => {
      if (this.webviewController.accessBackward()) {
        this.webviewController.backward();         // 导航到前一个历史记录
      }
    })
  }
}
```

在上面的示例中，首先在 Web 组件创建时加载了 www.bing.com 页面，然后单击 load html 按钮加载了一个本地资源页面（内容是上一个示例的 Vue 应用）。这样，在历史记录中就有了两条记录，让我们来测试前进导航和后退导航的效果。这里还可以看出，无论访问的页面是本地资源还是网络页面，都是支持使用历史记录导航的。

接下来，我们在下面放置两个按钮来触发前进和后退行为。注意其中的事件逻辑：在调用前进或者后退方法前，需要先通过 accessForward 方法或 accessBackward 方法检查当前历史记录中是否存在可以前进或后退的记录。如果存在，则执行前进或后退操作。

浏览记录导航效果如图 7-14 所示。

2. 通过 URL 拦截器跳转

虽然 Web 组件可以很好地支持 Web 页面的显示和切换导航，但考虑到运行速度、交互流畅性等因素，一个 APP 应用很难完全由 Web 页面组成。因此，在实践中，APP 应用的核心功能或者需要使用原生能力的功能往往会通过原生的方式进行开发，而像频繁变化的营销页面或需要快速开发上线的页面才会更多地使用 Web 前端的开发和部署方式。

在这种开发模式下，就要求嵌入的 Web 页面不能只局限在 Web 组件内部进行页面切换，而是要能在 Web 页面与原生页面之间进行相互跳转。通过本章中介绍的 Web 组件，我们可以实现在原生页面中加载 Web 页面的效果。那么，如何从 Web 页面跳转到原生页面呢？答案是通过 Web 组件的 URL 拦截器来实现。

通过 URL 拦截器，我们可以监控 Web 页面中的页面跳转事件。当页面发生跳转时不触发默认加载新 Web 页面的行为，而是做一些我们需要的特殊处理，如跳转到原生应用的其他页面。请查看下面两个使用拦截器进行跳转的示例。

（a）初始加载的网站　　（b）单击按钮跳转的新页面　　（c）单击后退按钮后的页面

图 7-14　浏览记录导航

【示例 1】 Web 页面跳转到应用页面

在这个示例中，需要配置两个原生页面 Index.ets 和 TargetPage.ets 以及一个 Web 页面 route.html。程序逻辑是入口页面为 Index.ets，在该页面中通过 Web 组件加载 route.html。当用户单击 route.html 页面中的链接时，会跳转到链接中指定的原始功能页面 target.ets。

本示例的目录结构如图 7-15 所示。

route.html 文件中的代码如下。

```html
<!DOCTYPE html>
<html>
<head><style>body{font-size:60px;}</style></head>
<body>
    <div>
        <a href="native://pages/TargetPage">跳转</a> // Web 页面中的跳转链接
    </div>
</body>
</html>
```

图 7-15　Web 页面跳转到应用页面示例的目录

TargetPage.ets 文件中的代码如下。

```
@Entry
@Component
struct TargetPage {
  build() {
    Column(){
      Text('TargetPage')
        .fontSize($r('sys.float.ohos_id_text_size_headline1'))
        .fontColor(Color.Orange)
```

```
    }
    .height('100%')
    .width('100%')
  }
}
```

Index.ets 文件中的代码如下。

```
import {webview} from '@kit.ArkWeb';
import { router } from '@kit.ArkUI';

@Entry
@Component
struct Index {
  wController = new webview.WebviewController();
  build() {
    Column() {
      Web({ src: $rawfile('route.html'), controller: this.wController })
        .onLoadIntercept((e) => {
          if (e){
            // 获取触发跳转的链接 URL
            let url: string = e.data.getRequestUrl().toString();
            // 判断 URL 是否以 "native://" 开头
            if (url.indexOf('native://') === 0) {
              // 通过 substring(9) 截取 URL 中 "native://" 后面的地址，即原生页面路径
              // 调用原生应用的 router，跳转到指定的新原生页面
              router.pushUrl({ url: url.substring(9) })
              return true;
            }
          }
          // 终止加载操作
          return false;
        })
    }
  }
}
```

在上述代码中，我们为 Web 组件添加了一个拦截器 onLoadIntercept。该拦截器接收一个回调函数作为参数，当 Web 组件准备加载 URL 时（用户单击链接后）会触发这个回调函数。在回调函数中，可以通过事件信息 e 来获取即将跳转的链接 URL。然后判断链接 URL 是否以"native://"开头。如果是，则说明用户在 Web 页面中单击的链接是要导航到本地页面的，然后通过 url.substring(9) 获取"native://"后的原生页面地址。最后，调用 router.pushUrl 方法跳转到对应的原生页面。

代码的运行效果如图 7-16 所示。

在上面的示例中，拦截器先判断 URL 是以"native://"为前缀，然后才会进行跳转操作。然而，实际上拦截器中的工作逻辑是高度灵活的，完全可以根据开发者的需求进

图 7-16 拦截链接，跳转到原生页面

行定制。其核心在于,在页面跳转之前执行一系列操作,并在操作完成后返回一个结果,以此指示 Web 组件是否继续执行加载操作。那么做的事情就既可以是根据 URL 内容跳转到特定页面,也可以是无论什么链接都跳转到同一个页面,甚至可以是什么都不做。

而在示例代码中给出的写法是一种比较典型的开发范式,即如果在 Web 页面中需要配置一个跳转到原生页面的链接,则使用"native:// + 原生资源路径"的形式编写 URL。这样,在拦截器中通过判断前缀是否为"native://",即可排除并放行 Web 页面中其他类型(非原生页面跳转)的加载请求,从而不影响 Web 页面本身的导航交互和资源加载。同时,一个前缀为"native://"的链接也可以很容易地被开发者识别为跳转本地页面的链接,大大降低了代码维护的难度。

【示例 2】Web 页面调起其他应用

除了跳转原生应用内部的页面,通过 API 我们还可以跳转到其他应用。

本示例的文件结构与上个示例类似。由于本示例不需要跳转应用内页面,因此只需要修改 index.html 文件,在 rawfile 目录中编写配置一个 call.html 页面即可。call.htmll 文件中的代码如下。

```html
<!DOCTYPE html>
<html>
<head><style>body{font-size:60px;}</style></head>
<body>
  <div>
    <a href="call://13912345678">拨打电话</a>         // 跳转链接
  </div>
</body>
</html>
```

Index.ets 文件中的代码如下。

```
import {webview} from '@kit.ArkWeb';
import { call } from '@kit.TelephonyKit';           // 导入其他应用提供的 SDK

@Entry
@Component
struct InterceptPage_1 {
  wController = new webview.WebviewController();
  build() {
    Column(){
      Web({ src: $rawfile('call.html'), controller: this.wController })
        .onLoadIntercept((e) => {
          if (e){
            let url: string = e.data.getRequestUrl().toString();
            if (url.indexOf('tel://') === 0) {        // 匹配特殊前缀
              // 调用 SDK 方法使用其他应用
              call.makeCall(url.substring(6), (err)=> {
                // 调用异常处理
              })
              return true;
            }
          }
          return false;
        })
    }
  }
}
```

在上面的代码中,当用户在 call.html 页面中单击链接后,将触发 Index.ets 中的 onLoadIntercept 拦截器。拦截器判断跳转链接的前缀为"call://",则执行调起电话应用的相关逻辑。本例中通过 import { call } from '@kit.TelephonyKit'语句导入了鸿蒙系统电话应用的 SDK,然后通过该 SDK 提供的 makeCall 接口打开电话应用并自动拨打链接后面的号码。

和上一示例类似,本例中的"call://13912345678"并不是一个合法的 URL。前缀"call://"本质上是用来告诉程序这个链接是与拨打电话有关的,需要调用电话应用相关的 API。后面的字符则可以是调用其他应用时的传参。在本例中,这个参数是要拨打的电话号码。

7.4 与 Web 页面交互

当需要与页面交互时,我们主要通过 Web 组件的 API——WebviewController 来控制 Web 组件(Web 页面)中的各种行为,包括但不限于调用页面中的 JS 方法、进行页面导航、刷新页面和控制 Web 能力开发等。

7.4.1 通过控制器加载页面资源

与 Web 组件初始化时即加载页面资源不同,有时应用需要根据用户的交互行为来打开或切换不同的页面。这时,我们就可以通过 WebviewController 的相关方法来控制页面的加载了,示例代码如下。

```
import {webview} from '@kit.ArkWeb';

@Entry
@Component
struct Index {
  // 创建一个新的控制器
  webviewController: webview.WebviewController =
    new webview.WebviewController();

  build() {
    Column() {
      Text('下面是 Web 页面')
      // 将控制器配置给 Web 组件
      Web({ src: '', controller: this.webviewController})
        .height('50%')
      // 单击按钮后,加载 bing.com 页面
      Button("bing.com").onClick((event: ClickEvent) => {
        this.webviewController.loadUrl('http://bing.com') // 加载网络资源
      })
    }
  }
}
```

在上面的实例中可以看到,要使用 Web 控制器,首先需要通过 new webview.WebviewControler() 语句创建一个控制器的实例,然后再将这个实例传给 Web 组件初始化时的 controller 属性进行绑定。这

样，我们就可以通过这个控制器实例来控制对应 Web 组件的行为了。

> **多个 Web 组件绑定 WebviewController：**
> 注意：如果一个鸿蒙应用页面中有多个 Web 组件，则每个 Web 组件都必须绑定不同的 WebviewController 实例。

运行效果如图 7-17 所示。

如图 7-17 所示，打开页面时 Web 组件没有加载任何内容，而是显示一片空白区域。当单击按钮后，Web 组件才加载 bing.com 页面并显示在 Web 组件的位置上。

7.4.2 通过控制器加载 HTML 格式的文本数据

通过控制器，我们可以在 Web 组件中加载 HTML 格式的文本（或者叫 HTML 片段）。通过这种方式，不需要加载完整的 Web 页面文件，节省了数据空间和加载时间，示例代码如下：

图 7-17 单击按钮打开网络页面

```
import {webview} from '@kit.ArkWeb';

@Entry
@Component
struct WebComponent {
  // 创建控制器
  webviewController: webview.WebviewController =
    new webview.WebviewController();

  build() {
    Column() {
      Text('下面是 Web 页面')
      // 创建时不加载内容
      Web({ src: '', controller: this.webviewController})
        .backgroundColor('#ccc').height('50%')
      Button('load html').onClick((event: ClickEvent) => {
        this.webviewController.loadData(
          // 以下为 HTML 格式的文本
          "<html>" +
          "<head><style>body{font-size: 60px;} </style></head>" +
          "<body bgcolor=\"gray\">
Source:<pre>a=b+1</pre></body>" +
          "</html>",
          'text/html',
          'UTF-8')
      })
    }
```

        }
    }

页面效果如图 7-18 所示。

7.4.3 在应用中使用 Web 页面的 JavaScript

在混合开发中,应用端与 Web 端之间的原生代码和 JS 代码相互调用是一个不可或缺的重要能力。这种机制不仅可以增强用户体验,如通过原生代码实现更流畅的动画效果和交互体验,也可以提高开发效率,即通过业务逻辑的复用,减少重复的开发工作。通过相互调用机制,用户可以实现原生代码调用 JS 代码动态更新 Web 页面内容和交互逻辑的能力,以及实现 Web 页面通过 JS 代码调用原生代码使用系统底层和硬件设备的能力。

图 7-18　加载 HTML 格式文本

在本部分中,我们将原生应用与 Web 页面的交互分为 3 种情况:①应用侧调用 Web 页面的 JS 方法;②Web 页面调用应用函数;③应用和 Web 页面间建立数据通道。

1. 应用侧调用 Web 页面中的 JS 方法

在应用端侧,我们通过 WebviewController 的 runJavaScript API 来调用 Web 页面中的 JS 方法。本例中我们要编写两个页面,Web 页面 index.html 和原生页面 Index.ets。

index.html 中的代码如下。

```
<!DOCTYPE html>
<html>
<head><style>body{font-size:60px;}</style></head>
<body>
<div>
    <h1 id="title">我是标题</h1>
</div>
<script>
    // Web 页面中编写一个方法修改 h1 的内容
    function changeTitle() {
        document.getElementById('title').innerHTML = 'I\'m title!';
    }
</script>
</body>
</html>
```

Index.ets 中的代码如下。

```
import {webview} from '@kit.ArkWeb';
```

```
@Entry
@Component
struct Index {
  wController = new webview.WebviewController();

  build() {
    Column(){
      Web({ src: $rawfile('index.html'), controller: this.wController})
        .height('50%')
      Blank('20px')
      Button('调用 JS').onClick((event: ClickEvent) => {
        // 通过 runJavaScript 调用 changeTitle 方法
        this.wController.runJavaScript('changeTitle()');
      }).fontSize('60px')
    }
  }
}
```

在上面的代码中，WebviewController 的 runJavaScript API 接收到一段字符串，并将这段字符串作为 JS 脚本在加载的 Web 页面中执行。这样，就实现了调用 Web 页面中的 changeTitle 方法。需要注意的是，runJavaScript 方法需要在页面加载完成后才能使用，以确保 Web 页面中的 JS 方法都已经载入 Web 组件的运行上下文中。程序运行效果如图 7-19 所示。

2. Web 页面中调用应用函数

在从 Web 页面中调用应用侧的方法之前，需要先将应用侧的代码注册到 Web 页面中。为了实现这一目的，我们首先将要执行的原生方法封装到一个对象中（该对象的名称可由开发者自行指定）。接着，将这个对象通过注册 API 注入 Web 组件加载的页面中。这样，就可以在 Web 页面中通过这个对象来调用原生应用的函数。注册 API 根据其所属的对象不同（调用时机也不同）可分为 javaScriptProxy() 接口和 registerJavaScriptProxy() 接口两种，下面通过两个示例分别进行说明。

图 7-19　原生应用调用 JS

1）通过 javaScriptProxy 接口注册原生方法

javaScriptProxy 接口属于 Web 组件，在 Web 组件初始化时进行绑定操作，它不是控制器的接口。Index.ets 文件中的代码如下。

```
import { webview } from '@kit.ArkWeb';

// 自定义一个类，并在其中封装原生方法 test
class TestClass {
  constructor() {
  }
```

```
  test(): string {
    return 'message from app!';
  }
}

@Entry
@Component
struct Index {
  wController = new webview.WebviewController();
  @State testObj: TestClass = new TestClass();     //实例化测试类

  build() {
    Column(){
      Web({ src: $rawfile('index.html'), controller: this.wController})
        .javaScriptProxy({ // 注册测试类对象到 Web 组件
          object: this.testObj,
          name: "appMethods",                      // 自定义注册后对象的名字
          methodList: ['test'],
          controller: this.wController
        })
        .height('50%')
    }
  }
}
```

Index.html 文件中的代码如下。

```
<!DOCTYPE html>
<html>
<head>
    <style>
        body{font-size:60px;}
        .button{
            height:80px;width:400px;
            border: 1px solid #000;
            line-height: 80px;
            font-size:60px;
        }
    </style>
</head>
<body>
<div>
    <h1 id="title">我是标题</h1>
    <div class="button" onclick="callArkTS()">click me!</div>
</div>
<script>
    function callArkTS() {
        let str = appMethods.test();              // 根据注册对象名调用原生方法
        document.getElementById('title').innerHTML = str;
    }
</script>
</body>
</html>
```

效果如图 7-20 所示，可以发现成功调用了原生方法并返回了新字符串。

图 7-20　使用 javaScriptProxy API 注册原生方法

2）通过 registerJavaScriptProxy 接口注册原生方法

除了在 Web 组件初始化时注册原生方法对象，还可以通过 WebviewController 的 registerJavaScriptProxy API 来注册原生方法对象。需要注意的是，这种方式需要等 Web 组件初始化完成后再进行注册。

在本示例中，只需要调整 Index.ets 原生页面的代码，不需要调整 Web 页面的代码。原生代码的调整如下。

```
import { webview } from '@kit.ArkWeb';

class TestClass {
  constructor() {
  }
  test(): string {
    return 'message from app!';
  }
}

@Entry
@Component
struct Index{
  wController = new webview.WebviewController();
  @State testObj: TestClass = new TestClass();

  build() {
    Column(){
      Web({ src: $rawfile('index.html'), controller: this.wController})
        .height('50%')
      Blank('20px')
      Button('注册对象').onClick((event: ClickEvent) => {
        // 通过控制器的 API 注册原生方法对象
```

```
      this.wController.registerJavaScriptProxy(
        this.testObj,
        "appMethods",
        ['test'],
      );
      this.wController.refresh();  // 注意：需刷新后注册才能生效
    })
  }
}
```

本例中的 index.html 和上例中的同名文件内容相同，这里不再展示。运行效果如图 7-21 所示。

在本例中，在 Web 组件加载出来后，当我们直接单击 click me 按钮时，页面不会有变化。这说明调用原生方法没有成功（报错）。单击"注册对象"按钮，再单击 click me 按钮，页面中的标题被变更为原生方法返回的内容。

> **注册方法对象后刷新：**
> 需要注意的是，通过 registerJavaScriptProxy 注册方法对象后，需要调用控制器的 refresh() 接口刷新页面后才会生效。

在本例中，这种注册原生方法对象的方式具有较高的灵活性。例如，当 Web 页面加载完成后，我们可以通过一定的程序逻辑来改变 Web 页面中注册的原生方法对象，从而实现在保持 Web 页面调用原生方法的 JS 代码不变的情况下，触发不同应用行为的效果。

图 7-21　使用 registerJavaScriptProxy API 注册原生方法

3. 方法调用时传递参数

在前两部分中，我们实现了应用端与 Web 端相互调用对方函数的功能。但是在实际开发中，很多时候不只是简单地调用函数，还需要向函数传递一些参数，下面来看一个传参的例子。

本例的功能逻辑为：先在原生页面中调用 Web 页面的方法并传递参数。Web 页面方法根据传入的参数运行出结果后，再调用原生页面的方法，将运行结果传递给原生页面并弹窗显示该结果。为实现以上功能，需要分别编写原生和 Web 两个页面。

原生页面 index.ets 的代码如下。

```
import {webview} from '@kit.ArkWeb';

class ToolKits {
  constructor() {
  }
  // 2）该方法供 Web 页面调用，打开一个弹窗并显示 Web 页面传入的数据
  showResult(n:number): void {
    AlertDialog.show({
      message: `计算结果为${n}`,
```

```
      confirm: {
        value: '确认',
        action:() => {}
      },
      cancel: () => {}
    })
  }
}

@Entry
@Component
struct Index {
  wController = new webview.WebviewController();
  @State numbers: Array<Number> = [3,4];
  @State toolkits: ToolKits = new ToolKits();

  build() {
    Column(){
      Web({ src: $rawfile('computing.html'), controller: this.wController})
        .javaScriptProxy({  // 1）绑定原生方法对象到 Web 页面
          object: this.toolkits,
          name: 'toolkits',
          methodList: ['showResult'],
          controller: this.wController
        })
        .height('50%')
      Blank('20px')
      Button('计算数据').onClick((event: ClickEvent) => {
        this.wController.runJavaScript(
          `computing(${this.numbers[0]},${this.numbers[1]})`
        ); // 3）调用 Web 页面 computing 方法，并将组件内数据传入
      }).fontSize('60px')
    }
  }
}
```

Web 页面 computing.html 的代码如下。

```
<!DOCTYPE html>
<html>
<head>
    <style>
        body{font-size:40px;}
        .button{
            height:80px;width:400px;
            border: 1px solid #000;
            line-height: 80px;
            font-size:60px;
        }
    </style>
</head>
<body>
<div>
    <h1 id="title">计算加法</h1>
```

```html
        </div>
        <script>
            // 4) 此方法供原生页面调用，运行计算逻辑
            function computing(...args) {
                let sum = args.reduce((p,n) => {
                    return p+n;
                });
                document.getElementById('title').innerHTML=
             "计算"+args[0]+"+"+args[1]+"的结果";
                callArkTS(sum);
            }
            // 5) 调用原生方法并传参
            function callArkTS(sum) {
                toolkits.showResult(sum);
            }
        </script>
    </body>
</html>
```

上述代码的运行逻辑如下。

首先，原生页面 Index.html 中的 Web 组件加载 computing.html 页面并进行初始化。初始化时通过 1) 处的代码将 2) 处定义的原生方法对象注册给 Web 页面；接着，用户单击原生页面中的按钮，通过 3) 处的代码调用 Web 页面中的 computing() 方法，并将数据 numbers 传递给该方法；然后，在 Web 页面中，4) 处的 computing() 方法被调用后执行计算逻辑，得出结果后更新页面内容并调用 5) 处的 callArkTs() 方法执行注册好的原生方法；最后，被调用的 2) 处对象中的原生方法接收传入的计算结果并打开一个原生弹窗进行数据展示。原生与 Web 相互调用程序逻辑如图 7-22 所示。

> **调用 Web 页面方法时的传参：**
>
> 在通过 runJavaScript 方法"调用" Web 页面方法时，实际上是将传入该方法的字符串在加载的 Web 页面的上下文中以 JS 脚本的形式进行执行的。即只能向该方法传入 JavaScript 代码字符串而不是表达式。因此，传入变量时需要将数据转为字面量的形式，例如本例中的如下代码。
>
> `` `computing(${this.numbers[0]},${this.numbers[1]})` ``
>
> 上面的代码向 runJavaScript 方法中传入一个字符串模板，再通过${this.numbers[i]}表达式获取到 numbers 中数据具体的值后，直接拼接在字符串中。最终向 runJavaScript 方法传入的字符串为 computing(,)。

程序的运行效果如图 7-23 所示。

4. 建立应用和 Web 页面的数据通道

通过跨端互相调用函数实现应用和 Web 页面交互的方式，一般很多情况下被称为 JSBridge；而在鸿蒙中还有一种直接在两端之间建立消息通道来实现通信的方式，对应的 API 为 WebMessagePort。下面来看如何使用数据通道。

在本示例中，需要编写两个文件，即原生页面 Index.ets 和 Web 页面 messgePort.html。读者可以重点关注在代码中是如何建立通信通道的，Index.ets 的代码如下。

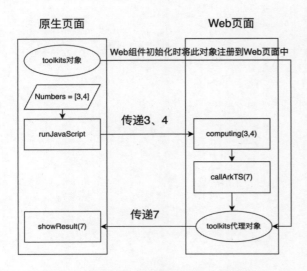

图 7-22　原生与 Web 相互调用程序逻辑

图 7-23　原生与 Web 相互调用并传参

```
import { webview } from '@kit.ArkWeb'

@Entry
@Component
struct Index{
  wController = new webview.WebviewController();
  ports: webview.WebMessagePort[] = []; // 用来保存通信端口
  @State messageFromHTML: string = 'null';
  @State messageSendToHTML: string = '';
  build() {
    Column(){
      Web({ src: $rawfile('messagePort.html'), controller: this.wController})
        .height('50%')
      Blank('20px')
      // 显示从 HTML 接收的消息
      Row(){
        Text('从 HTML 接收的消息：').fontSize('80px')
        Text(this.messageFromHTML).fontSize('80px')
      }.width('100%').justifyContent(FlexAlign.Start)
      Blank('20px')
      // 向 HTML 发送消息的输入框
      Row(){
        Text('发送信息：').fontSize('80px')
        TextInput({ placeholder: 'put text here!' }).fontSize('80px')
          .onChange((val:string) => {
            this.messageSendToHTML = val;
          }).fontSize('60px')
      }
      Blank('20px')
      Button('initMessagePorts').fontSize('80px')
        .onClick(() => {
```

```
              try {
                // 1) 创建通信端口（包括创建通信通道），返回两个通信端口
                this.ports = this.wController.createWebMessagePorts();
                // 2) 监听 2 号端口是否有信息传过来，并进行处理
                this.ports[1].onMessageEvent((res: webview.WebMessage) => {
                  if (typeof(res) === 'string') {
                    this.messageFromHTML = res;
                  }
                })
                // 3) 将 1 号端口通过控制器发送给 Web 页面
                this.wController.postMessage('initPorts', [this.ports[0]], '*');
              } catch (err) {
                console.error(err.message);
              }
            })
          Blank('20px')
          Button('sendMsgToHTML').fontSize('80px')
            .onClick((event: ClickEvent) => {
              try {
                // 4) 使用 2 号端口发送消息
                this.ports[1].postMessageEvent(this.messageSendToHTML)
              } catch (err) {
                console.error(err.message);
              }
            })
        }
      }
    }
```

在上面的代码中，首先，通过 1) 处 WebviewController 的 createWebMessagePorts API 创建了两个消息端口。该 API 返回一个数组，数组中包含两个元素，类型为 WebMessagePort。两个端口相互联通，端口 1 发送的消息可以被端口 2 接收到，反之亦然。然后，我们将端口 2 作为应用端的消息发送和接收端口。在代码 2) 处为端口 2 (this.ports[1]) 添加消息监听事件，接收从 HTML 传过来的消息，该监听器能接收字符串和数组两种类型的消息数据。下一步，在代码 3) 处将端口 1 发送给 Web 页面使用，这样，原生应用就可以通过端口 2 和 Web 页面通信了。此处 postMessage 接口的第一个参数是用来标识发送端口 2 的消息事件的名称，在 Web 端需要监听此事件来进行初始化工作。此事件名称可以由用户自定义。最后，代码 4) 在一个按钮上配置单击事件。单击该按钮后即可发送信息到端口 2（Web 页面）。发送消息的 postMessageEvent 接口可以接收字符串或者数组类型的数据。

Web 页面 messagePort 的代码如下。

```
<!DOCTYPE html>
<html>
<head>
    <style>
        body{font-size:40px;}
        .button{
            height:80px;width:400px;
            border: 1px solid #000;
            line-height: 80px;
            font-size:60px;
```

```html
            }
            input,p {
                height: 80px;
                font-size:60px;
            }
        </style>
    </head>
    <body>
    <div>
        <!--Web 端发送消息给原生端的元素-->
        <h1>发给应用的消息</h1>
        <div>
            <input
              type="button"
              value="发送消息到 APP"
              onClick="sendMsg(msgToApp.value);"/><br/>
            <input id="msgToApp" type="text"/><br/>
        </div>
    </div>
    <div>
        <!--Web 端显示接收到的消息的元素-->
        <h1>从应用接收的消息</h1>
        <p id="msgFromApp">null</p>
    </div>
    <script>
      let htmlPort;
      // 全局监听原生应用发送接口 2 过来的事件。发送事件会首先触发 JS 的事件 message
      window.addEventListener('message', function(e){
        // 上面代码中设置的初始化事件名称将会设置在事件对象的 data 属性中
        if (e.data === 'initPorts') {
          if (e.ports[0]) {
            // 保存接口 1 到一个公共变量上，便于在其他地方调用
            htmlPort = e.ports[0];
            // 接口 1 设置消息监听
            htmlPort.onmessage = function(evt) {
              if (typeof(evt.data) === 'string'){
                document.getElementById('msgFromApp').innerHTML = evt.data;
              }
            }
          }
        }
      })
      // 通过接口 1 发送消息给原生应用
      function sendMsg(data) {
        if (htmlPort) {
          htmlPort.postMessage(data);
        }
      }
    </script>
    </body>
</html>
```

在上面 Web 页面的代码中，首先，在 Window 对象上监听全局事件 message。当原生应用通过 webviewController.postMessage 发送数据端口时，会触发控制器对应 Web 组件中所加载的 Web 页面

的 message 事件。然后，在该事件的响应中，确认匹配事件对象的 data 属性值是否为应用端发送端口时设置的事件名；确认匹配并检查端口 1 存在后，即可将端口 1 保存到页面的公共变量上。这样，可以方便地在其他函数中调用。

和端口 1 相同，对于端口 2 同样需要配置消息监听和消息发送的代码。在全局事件的最后，代码为端口 1 设置了 onmessage 响应事件。其逻辑是，当有事件到达时，更新页面元素的内容。编写函数 sendMsg，当单击按钮时触发该方法，并在方法中调用端口 1 的 postMessage 接口发送消息到原生应用。

至此，我们完成了数据通信通道的建立。整个过程可以简单总结为：①在应用端创建两个通信端口；②一个端口分配给原生应用，并为此端口配置发送消息和监听获得消息事件的代码；③另一个端口需要通过 API 发送到 Web 页面，Web 页面通过监听对应事件获取该端口；④Web 页面为获得的端口配置发送消息和监听获得消息事件的代码。

最终的程序效果如图 7-24 所示。

图 7-24　原生与 Web 相互调用并传参

最后用图 7-25 总结以上操作的流程。

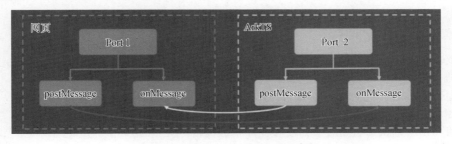

图 7-25　原生与 Web 相互调用流程

5. 运用 Web 组件的监听函数实现交互

在 Web 组件初始化时，我们也可以通过设置 onAlert()、onConsole()、onPrompt() 等方法来监听前端的调用。例如，前端使用了 console.log() 来打印日志，Web 组件中 onConsole() 的监听函数会被触发，对此我们可以在回调函数中执行一些原生逻辑，这种方式也算是一种交互。示例代码如下。

```
// 鸿蒙组件
Web({ src: $rawfile('index.html'), controller: this.controller })
 ....
  .onAlert((event) => {
    AlertDialog.show({
      message: event?.message,
      cancel: () => (event?.result?.handleCancel()),
      confirm: {
        value: "确认",
        action: () => (event?.result?.handleConfirm()) }
    })
    return true           // 只有返回 true，自定义 AlertDialog 的逻辑才会生效
  })
  .onConsole((event) => {
    console.log('onConsole:' + event?.message.getMessage());
    return false;         // 返回 false，会将日志打印到控制台，反之则不会
  })
  ...
```

在 Web 页面的 HTML 代码如下。

```
// HTML 示例：
let btn =document.querySelector(".btn");
btn.addEventListener('click',()=>{
    console.log("弹出 alert dialog...")
    alert("from h5 alert")  // 会阻塞当前流程，确认后才会继续执行
    console.log("已经确认了...")
})
```

上述示例的 onAlert() 监听函数，在前端 HTML 页面单击调用 alert() 函数会显示自定义的 AlertDialog 样式，相当于替换了系统默认样式。onAlert() 监听函数的返回值是 true 时，前端的 alert() 函数的逻辑才会生效，如图 7-26 所示。

> **onAlert 的返回值：**
> onAlert()、onConfirm() 等弹窗类监听函数的返回值如果是 true，必须通过 JsResult(event.result) 调用来确认或取消操作，否则也不会生效。

因为前端的 alert() 是一个阻塞函数，被调用后必须用户单击确认后才会继续向下执行流程。当 onAlert() 监听函数返回 true 时，我们观察前端 HTML 页面的输出日志，控制台输出的日志 1 如图 7-27 所示。

图 7-26　监听函数实现交互示例

当没有单击"确认"按钮时，并没有在控制台输出"【已经确认了...】"这条日志，说明是弹窗阻塞了当前流程，当单击"确认"按钮后才会输出。反之，onAlert() 监听函数返回 false 时，alert()

弹窗则会失去原本的阻塞效果，程序会一次性全部执行完毕。控制台输出的日志 2 如图 7-28 所示。

图 7-27　日志 1 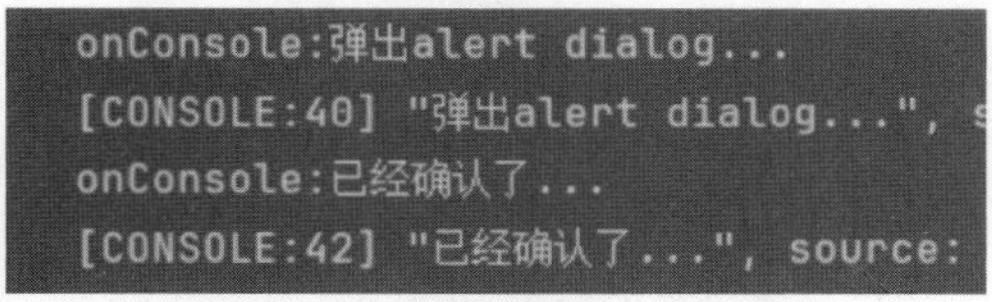　　　　　　　　　　　　　　图 7-28　日志 2

7.5　其他场景

本节介绍一些其他场景，以便读者参考。

1．设置深色模式

如果应用能根据系统的明暗进行主题切换，那么，我们的 Web 页面也应能同步进行切换。

通过 darkMode()接口可以配置不同的深色模式。WebDarkMode.Off 模式表示关闭深色模式；WebDarkMode.On 表示开启深色模式，并且深色模式会跟随前端页面；WebDarkMode.Auto 表示开启深色模式，并且深色模式跟随系统。

在下面的示例中，通过 darkMode()接口将页面深色模式配置为跟随系统。

```
import { webview } from '@kit.ArkWeb'

@Entry
@Component
struct ThemeDark{
  wController = new webview.WebviewController();
  @State mode: WebDarkMode = WebDarkMode.Auto;
  build() {
    Column() {
      Web({ src: 'www.example.com', controller: this.controller })
        .darkMode(this.mode)
    }
  }
}
```

2．打开系统文件选择器—上传文件

为何将 Web 文件上传作为一个单独知识点进行讲解呢？原因在于上传文件功能在实际应用中极为普遍。例如，在 Web 页面中的用户上传头像、分享文件，以及富文本编辑器的图片附件插入等场景，均需要与后端系统交互。这些需求无法仅凭 HTML 页面独自实现，必须借助原生能力来辅助完成。针对这类需求，我们可以使用 Web 组件的 onShowFileSelector()方法来处理前端的上传请求，具体操作如下。

```
Web({ controller: this.controller, src: $rawfile("upload.html") })
.onShowFileSelector((event) => {
  // 注释 1
```

```
  const documentSelectOptions = new picker.DocumentSelectOptions();
  let uri: string | null = null;
  // 注释 2
  const documentViewPicker = new picker.DocumentViewPicker();
  documentViewPicker.select(documentSelectOptions)
.then((documentSelectResult) => {
    // 注释 3
    uri = documentSelectResult[0];
    console.info('success: ' + uri);
    if (event) {
      // 注释 4
      event.result.handleFileList([uri]);
    }
  }).catch((err: BusinessError) => {
    console.error(`error: ${err.code}, message is ${err.message}`);
  })
  return true
})
.width('100%')
.layoutWeight(1)
```

上述代码中注释的含义分别如下。

注释 1：创建一个文档选择器 DocumentSelectOptions 对象，在构造函数中有多个可选参数，比较常用的有 maxSelectNumber 和 selectMode。maxSelectNumber 表示最多选中的数，selectMode 表示选择模式类型，如文件类型、文件夹类型、二者混合类型，默认是混合类型。

注释 2：DocumentViewPicker 对象会根据选择模式类型来弹出文档选择器。

注释 3：接收返回所选文件的 uri，返回值是数组类型。

注释 4：将选中文件的 uri 交给前端页面处理，前端页面会将文件对象转换成二进制对象，然后发起 HTTP 请求将二进制对象传给服务端。

前端 HTML 页面示例代码如下。

```
<!DOCTYPE html>
<html>
<head>
    <meta charset="utf-8">
    <meta name="viewport" content="width=device-width"/>
    <title>Document</title>
    <style>
        body{
            background-color: beige;
        }
    </style>
</head>
<body>
<!-- 单击上传文件按钮 -->
    <input type="file" value="file"></br>
</body>
</html>
```

前端页面发起请求是比较简单的，即通过 input 标签元素设置成 file 类型即可，单击 HTML 页面的选择文件按钮，会拉起系统的文件选择器，如图 7-29 所示。

第 7 章　Web 组件

图 7-29　打开系统文件选择器

3. 使用 Devtools 工具调试网页

在开发阶段，开发者经常需要调试 HTML 页面，如观察日志行为、数据变化等。在前端开发中通常会使用 vConsole 开源库嵌入代码中作为调试工具，在终端设备中查看当前页面的各种行为数据是很方便的。除此之外，我们还可以利用 Devtools 工具来调试鸿蒙设备上的 HTML 页面，使用 Devtools 的步骤如下。

（1）安装 hdc 工具。下面以 Windows 系统为例简单介绍 hdc 命令行工具的安装与环境变量配置。首先，找到 HarmonyOS SDK 的安装目录，hdc 位于 openharmony\toolchains 目录下，将其添加至电脑的环境变量中，示例路径如下。

```
C:\Users\xxxx\DevEco Studio\sdk\HarmonyOS-NEXT-DB1\openharmony\toolchains
```

接着，添加 hdc 端口变量名为 HDC_SERVER_PORT。变量值可设置为任意未被占用的端口号，如 7035，如图 7-30 所示。

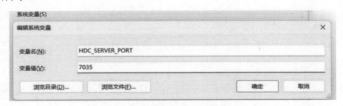

图 7-30　端口号配置

最后，重启 IDE，可以通过 hdc -v 命令检查是否配置成功。如果显示版本号，则说明配置已生效。

```
PS C:\Users\XXX> hdc -v
```

```
Ver: 3.0.0b
```

hdc 工具：

hdc 是鸿蒙为开发者提供的命令行调试工具，通过该工具可以在 PC 设备与真机或模拟器进行交互，例如 APP 包的安装与卸载、进程查看、文件管理、调试等，类似 Android 中的 adb 命令行工具。

（2）在真机或模拟器中打开需要调试的网页。注意，应用必须声明网络权限并开启 webview 的调试模式，代码如下。

```
aboutToAppear() {
  // 开启调试模式
  webview.WebviewController.setWebDebuggingAccess(true);
}
```

（3）在 hdc shell 输入模式下通过执行 ps -ef | grep "应用包名"命令查看应用进程的 id（第一个是应用的进程 id），并退出 hdc shell 模式。shell 编辑模式如图 7-31 所示。

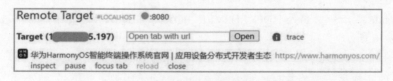

图 7-31 shell 编辑模式

然后，将应用进程 id 转发映射到浏览器上即可。执行命令后，若出现 Forwardport result:OK，说明映射成功，执行如下命令。

```
hdc fport tcp:9222
localabstract:webview_devtools_remote_5274 hdc fport ls
```

最后，在 Chrome 浏览器的地址栏输入 chrome://inspect/#devices，如果使用的是 Edge 浏览器，则输入 edge://inspect/#devices，打开后会自动识别终端的 Web 页面，单击 Open 即可打开调试入口，如图 7-32 所示。

图 7-32 Chrome 浏览器的调试入口

Devtools 调试窗口如图 7-33 所示。

至此，我们已经可以在 PC 浏览器中调试自己的 HTML 页面了。这个过程和前端 Web 开发的调试非常相似，这样我们便可以轻松地查看日志输出、网络请求、缓存存储和内存等信息，快速地定位并解决问题。

图 7-33 Devtools 调试窗口

7.6 Web 组件应用实战案例

本节的主要核心是原生应用与前端页面的交互，这是整个 Web 容器化建设中的重要一环，因为 HTML 页面更多是负责页面展示，一些核心功能基本上是由原生端实现。如果 HTML 页面需要获取原生端的数据或系统相关的能力，就必须通过原生端的接口来为 HTML 页面赋能。因此，设计是否合理，将直接影响应用的扩展性和可维护性。这里，我们通过一个案例来讲解在实际开发中的两端是如何交互通信的。

下面以一个简单的抽奖程序为例。我们首先来看该案例的 UI 布局设计，如图 7-34 所示。

在图 7-34 中，区域①是 HTML 页面，区域②是原生页面，在这两个页面中都有一个"抽奖"按钮。当单击"抽奖"按钮时，HTML 页面的获奖者信息文本会进行一个 3s 的翻滚动画，当动画结束后，会将获奖人同时显示在前端和原生页面。这里涉及两端的交互，当用户单击前端页面的"抽奖"按钮时，需要将结果同步到原生页面，原生页面接收到结果后，对结果进行处理，处理完成后需要将数据回调给前端页面；而当用户单击原生页面的"抽奖"按钮时，会通过桥接来调用 JavaScript 的抽奖函数来执行抽奖流程。

图 7-34 抽奖程序案例

核心代码的结构如下。

```
├─entry/src/main/ets          // 代码区
│  ├─common                    // 公共代码区
│  │  ├─JsBridge.ets          // 桥接类
│  │  └─JsCode.ets            // Js 脚本模板
│  ├─entryability
```

```
        │       └─EntryAbility.ets      // 程序入口
        │   ├─pages
        │   │   └─WebPage.ets           // 主页面
        │   └─model                     // 项目所需数据类型定义
        │       ├─JavaScriptItem.ets    // JavaScriptProxy 数据格式
        │       └─Param.ets             // ArkTS 回调给 JS 的参数数据格式
        └─entry/src/main/resources      // 资源入口（rawfile 文件夹中存放 HTML）
            └─rawfile
                ├─script.js             // H5 调用函数文件，业务逻辑
                └─index.html            // H5 页面
```

在开发完 HTML 前端页面后，开发者需要在原生端实现 JsBridge 桥接类，从而打通与 H5 的交互，代码如下。

```
import { webview } from '@kit.ArkWeb';
import { JavaScriptItem, Param as Param } from '../model/Param';
import { code } from './JsCode';

/**
 * 定义桥接类
 */
@Observed
export default class JsBridge {
  controller: webview.WebviewController;
  winnerInfo: string = ''
  addListener: Function = (data: string) => {
  }

  constructor(controller: webview.WebviewController) {
    this.controller = controller;
  }

  /**
   * 将 JavaScript 对象注入 Window
   *
   * @returns javaScriptProxy object.
   */
  get javaScriptProxy(): JavaScriptItem {
    let result: JavaScriptItem = {
      object: this,
      name: 'JSBridge',
      methodList: ['call'],
      controller: this.controller
    }
    return result;
  }

  /**
   * 将 JavaScript 脚本片段注入 Window 对象下,
   * 这是实现原生 ArkTS 与 H5 交互的核心代码
   */
  registerJsBridge(): void {
    this.controller.runJavaScript(code);
```

```typescript
}
/**
 * JavaScript 调用 ArkTS 函数的统一入口
 */
call = (funName: string, params: string): void => {
  const paramsObject: Param = JSON.parse(params);
  let result: Promise<string> = new Promise((resolve) => resolve(''));
  console.log(funName, JSON.stringify(paramsObject.data))
  switch (funName) {
    case 'winner':
      result = this.handleWinner(JSON.stringify(paramsObject.data))
      break;
    default:
      break;
  }
  result.then((data: string) => {
    this.callback(paramsObject?.callID, data);
  })
}

private async handleWinner(data: string) {
  // 测试代码
  this.addListener(data)
  const r: string = "data from native"
  return r
}

/**
 * 将结果回调给前端页面
 */
callback = (id: number, data: string): void => {
  this.controller.runJavaScript(
    `callbackToJs('${id}',${JSON.stringify(data)})`
  );
}

/**
 * ArkTS 调用前端的 JavaScript 函数
 */
callJs = (fun: string, data?: string): void => {
  if (data) {
    this.controller.runJavaScript(`${fun}(${JSON.stringify(data)})`);
  } else {
    this.controller.runJavaScript(`${fun}()`);
  }
}
}
```

JsBridge 类中 4 个比较重要的方法如表 7-1 所示。

表 7-1　JsBridge 类中 4 个比较重要的方法

方法	说明
call	它是前端 JavaScript 调用原生端 ArkTS 的统一入口，它第一个参数是函数名称，可以认为是一个 key，通过这个参数来做不同的业务逻辑，第二个参数是前端携带过来的参数
registerJsBridge	负责将 JsCode 的脚本代码注入前端页面中，最终会挂载到 Window 对象中，建议在 Web 组件的初始加载回调方法（onPageBegin）中调用
javaScriptProxy	将原生端 ArkTS 的对象（JSBridge）注册到前端 HTML 页面中，会挂载到 Window 对象中，通过注册对象 JSBridge 就可以调用原生 call() 方法了
callJs	是 ArkTS 原生端调用前端 JavaScript 函数的方法

JsCode 文件的代码如下。

```
/**
 * 定义 runJavaScript 代码
 */
export const code = `
  const callbackMap = {};
  let callID = 0;

  function callbackToJs(id, params) {
    callbackMap[id](params);
    callbackMap[id] = null;
    delete callbackMap[id];
  }

  window.ohos = {
    callNative(method, params, callback) {
      const id = callID++;
      const obj = {
        callID: id,
        data: params || null
      }
      callbackMap[id] = callback || (() => {});
      JSBridge.call(method, JSON.stringify(obj));
    }
  }`
;
```

在 window 对象下声明了 ohos 属性对象，在前端页面通过 ohos 对象调用 callNative() 方法就可以完成调用 ArkTS 原生的方法，内部是通过原生注册对象 JSBridge 来完成调用的。callNative() 方法有 3 个参数，第一个参数是方法名称，与 ArkTS 原生 JsBridge 的 call() 方法的第一个参数相对应；第二个参数是传递给原生方法的参数；最后一个 callback 参数是 ArkTS 将结果回调给前端页面的监听函数。

数据模型中的 Param 和 JavaScriptItem 类的代码如下。

```
export interface Param {
  callID: number,
  data: object
}
```

```
export interface JavaScriptItem {
  object: object,
  name: string,
  methodList: Array<string>,
  controller: WebviewController
}
```

以上就是交互的核心代码。接下来，将代码接入 WebPage 页面中使用。

```
import { webview } from '@kit.ArkWeb';
import JsBridge from '../common/JsBridge';

@Component
@Entry
export struct WebPage {
  webController: webview.WebviewController =
    new webview.WebviewController();
  @State jsBridge: JsBridge = new JsBridge(this.webController);

  aboutToAppear(): void {
    // 设置监听抽奖结果的信息
    this.jsBridge.addListener = (data: string) => {
      this.jsBridge.winnerInfo = data
    }
  }

  build() {
    Column() {
      Web({ controller: this.webController, src: $rawfile('index.html') })
        .javaScriptProxy(this.jsBridge.javaScriptProxy)
        .onPageBegin(() => {
          this.jsBridge.registerJsBridge()
        })
        .onConsole((e) => {
          console.log("onConsole msg: ", e?.message?.getMessage())
          return false
        })
        .width('100%')
        .layoutWeight(1)

      Text(`获奖信息: ${this.jsBridge.winnerInfo}`)
        .fontColor(Color.Black)
        .margin('30vp')
        .fontSize('18fp')
      Button("抽奖")
        .margin('10vp')
        .onClick(() => {
          // 调用前端页面的抽奖 drawLottery()函数
          this.jsBridge.callJs('drawLottery')
        })
```

```
        }
        .justifyContent(FlexAlign.Center)
        .alignItems(HorizontalAlign.Center)
        .backgroundColor("#ffbc8b8b")
        .width('100%')
        .height('100%')
      }
    }
```

JS 与 ArkTS 的交互流程如图 7-35 所示。

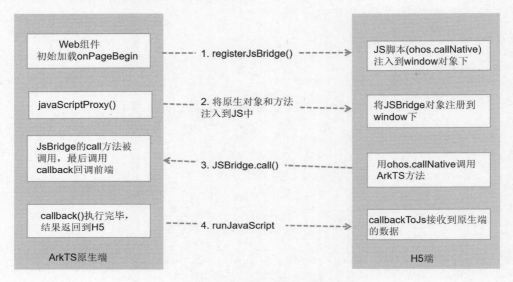

图 7-35　JS 与 ArkTS 的交互流程

图 7-35 所示的交互流程的解析如下。

（1）在 Web 组件的 onPageBegin()监听函数中，通过 registerJsBridge()方法将 JS 脚本片段注册到 JavaScript 前端页面中，并通过 ohos 挂载到 Window 对象下，前端开发者就可以通过 ohos 的 callNative()方法调用原生方法。这样，callNative()方法就可以对 JSbriage.call()方法进行封装。

（2）将 JSBridge 对象和 call()方法注册到前端 Window 下。

（3）前端开发者通过 ohos 的 callNative()方法调用原生端方法，如果设置了 callback 回调，将会 callback 生成一个 ID，保存到一个 callbackMap 对象下。同时，也会将 ID 传递给原生端，原生端可以根据 ID 来执行对应的回调，将结果回调给前端页面。

（4）原生端根据回调的 ID 执行对应的回调方法。

前端 index.html 的布局代码如下。

```
<!DOCTYPE html>
<html lang="en">
<head>
    <meta charset="UTF-8">
    <meta name="viewport" content="width=device-width, initial-scale=1.0">
    <title>随机抽奖</title>
```

```html
    <style>
        /* 页面样式 */
        body {
          font-family: Arial, sans-serif;
          text-align: center;
          margin: 50px 0;
        }

        #users {
           margin: 20px;
        }

        #lottery-container {
          margin-top: 30px;
        }

        button {
          width: 100px;
          height: 30px
        }

        #lottery-result {
          font-size: 36px;
          font-weight: bold;
          margin-top: 20px;
          height: 48px;                                    /* 设置固定高度 */
          overflow: hidden;                                /* 隐藏超出的部分 */
        }

        .flip-animation {
          animation: flipText 3s linear infinite;          /* 3s 文字翻滚动画 */
        }

        @keyframes flipText {
          0% {
            transform: rotateX(0deg);                      /* 初始位置 */
          }
          50% {
            transform: rotateX(90deg);                     /* 翻转到 90° */
          }
          100% {
            transform: rotateX(0deg);                      /* 回到初始位置 */
          }
        }
    </style>
</head>
<body>
<h1>随机抽奖</h1>
<div id="lottery-container">
    <div id="users"></div>
    <!-- 抽奖按钮 -->
    <button onclick="drawLottery()">抽奖</button>
    <div id="lottery-result"></div>
</div>
```

```html
<script src="script.js"></script>
</body>
</html>
```

脚本代码示例如下。

```javascript
// 参与抽奖的人员列表
const participants = ["Alice", "Bob", "Charlie", "David", "Eve", "Alex"];

// 显示所有参与者名单
const usersEle = document.getElementById("users")
usersEle.textContent = "参与者名单: " + participants;

// 抽奖函数
function drawLottery() {
    // 禁用按钮，防止重复单击
    document.getElementById("lottery-container")
      .querySelector("button").disabled = true;

    // 随机选择一个参与者的索引
    const winnerIndex = Math.floor(Math.random() * participants.length);
    // 获取获奖者的名字
    const winner = participants[winnerIndex];

    // 将获奖者的名字显示在页面上，并添加文字翻滚动画
    const lotteryResult = document.getElementById("lottery-result");
    lotteryResult.classList.add("flip-animation");
    lotteryResult.textContent = "获奖者是:";

    // 3s 后移除文字翻滚动画，显示获奖者名字，重新启用按钮
    setTimeout(() => {
        lotteryResult.classList.remove("flip-animation");
        lotteryResult.textContent = `获奖者是: ${winner}!`;
        document.getElementById("lottery-container")
          .querySelector("button").disabled = false;
        // 调用 ArkTS 函数，将结果通知原生端
        ohos.callNative("winner", { name: winner },(result) => {
            console.log('Html 页面接收到原生的数据: ' , result);
        })
    }, 3000);
}
```

前端 H5 通过 ohos 的 callNative()方法来调用 ArkTS 原生端的方法时，第一个参数是一个 key 值，原生端根据这个 key 值来执行不同业务逻辑；第二参数是需要携带的参数，将会传递到原生端；第三个参数是回调函数，用于监听原生端的执行结果。

上述内容概述了案例的核心流程。对于原生开发者而言，仅需关注 JsBridge 类中的 call()方法即可。在此方法中，开发者根据 funName 参数来执行相应的逻辑，并将执行结果回传至前端页面。若需调用前端的 JavaScript 函数，可通过 callJs()方法实现。但前提是必须存在这个函数。然而，上述设计并非完美无缺。随着业务的不断迭代，交互逻辑将变得更加复杂。如果这些业务逻辑全部集中到 JsBridge 的 call()方法中，将导致该方法变得冗长且结构混乱，不利于后期维护。另外，API 的安全性也尚显不足。

第 8 章 媒 体

媒体是构建高质量应用程序不可或缺的组成部分,系统通常提供易于使用的 Video 组件以满足大多数应用场合的需求。然而,若要充分发挥媒体处理的能力,则需深入使用更为底层的 Media Kit 组件。

8.1 Media Kit

1. Media Kit 特点

(1)在一般场合的音视频处理中,开发者可以直接使用系统集成的 Video 组件,但其外观和功能的自定义程度低。
(2)轻量媒体引擎,系统资源占用低。
(3)支持音视频播放/录制,pipeline 灵活拼装,插件化扩展 source/demuxer/codec。
(4)原生支持 HDR vivid 的采集与播放。
(5)支持音频池(SoundPool)低时延播放短促音效场景,如相机快门音效、信息通知。

2. Media Kit 的常用类型

Media Kit 的常用类型如下。
(1)AVPlayer:音频播放。AVPlayer 的音频架构和视频架构分别如图 8-1 和图 8-2 所示。

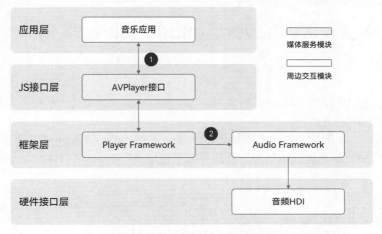

图 8-1 AVPlayer 的音频架构

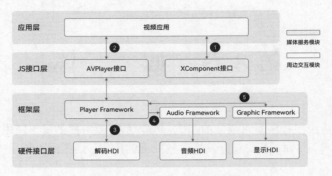

图 8-2　AVPlayer 的视频架构

（2）AVRecorder：音频录制。AVRecorder 的架构如图 8-3 所示。

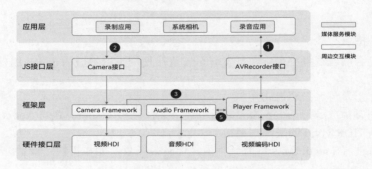

图 8-3　AVRecorder 的架构

（3）SoundPool：短促提示音。

8.2　AVPlayer/SoundPool 音频播放

1. 音频播放

音频播放的流程为创建 AVPlayer，设置播放资源和播放参数（音量/倍速/焦点模式），然后播放控制（播放/暂停/跳转/停止）。

可通过 AVPlayer 的 state 属性主动获取当前状态，或用 on('stateChange')监听状态变化。

若要实现后台播放或息屏播放效果，开发者需要使用 AVSession（媒体会话）和申请长时任务，避免播放被系统强制中断。

2. 音频播放状态变化

（1）创建实例 createAVPlayer()，AVPlayer 初始化为 idle 状态。
（2）设置播放器相关的监听事件，并搭配全流程场景使用。
（3）设置资源：设置音频流的 url 属性后，AVPlayer 将进入 initialized 状态。

（4）准备播放：调用 prepare() 函数，AVPlayer 将进入 prepared 状态，此时可以获取 duration，设置音量。

（5）音频播控：包括播放 play() 函数、暂停 pause()、跳转 seek()、停止 stop() 等。

音频播放的流程图如图 8-4 所示。

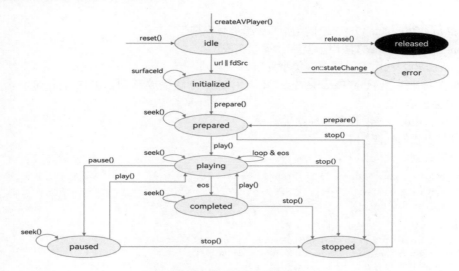

图 8-4　音频播放的流程

3. 播放器主要事件

播放器主要事件如表 8-1 所示。

表 8-1　播放器主要事件

类　　型	说　　明
stateChange	状态变化
error	发生错误
durationUpdate	播放时长更新
timeUpdate	当前播放时间更新
seekDone	跳转到指定播放位置
bufferingUpdate	网络缓冲百分比
audioInterrupt	监听音频焦点切换信息，需搭配属性 audioInterruptMode 一同使用。如果当前设备存在多段音频正在播放，音频焦点被切换（播放其他媒体，如通话等）时将上报该事件，应用可以及时处理

4. SoundPool（音频池）

SoundPool 当前支持播放 1MB 以下的音频资源，超过 1MB 将被截断。

过程：创建 SoundPool 实例→加载音频→设置参数（循环模式/播放优先级等）→播放控制（播

放/停止）→释放内存。

使用音频池的主要步骤如下。

（1）使用 createSoundPool 方法创建 SoundPool 实例。

（2）使用 load 方法进行音频资源加载。可以传入 uri 或 fd 加载资源。此处以传入 uri 的方式为例。

（3）on('loadComplete')方法用于监听"资源加载完成"。

（4）on('playFinished')方法用于监听"播放完成"。

（5）on('error')方法用于设置错误类型监听。

（6）配置播放参数 PlayParameters，并调用 play 方法播放音频。多次调用 play 播放同一个 soundID，只会播放一次。

（7）调用 setLoop 方法设置循环次数。

上述主要步骤的代码如下。

（1）创建实例，代码如下。

```
import media from '@ohos.multimedia.media';
import audio from '@ohos.multimedia.audio';
import { BusinessError } from '@ohos.base';

  soundPool?: media.SoundPool;
  audioRendererInfo: audio.AudioRendererInfo = {
    usage: audio.StreamUsage.STREAM_USAGE_MUSIC,
    rendererFlags: 1
  }

    //创建 soundPool 实例
    this.soundPool = await media.createSoundPool(5, this.audioRendererInfo);
```

（2）音频资源加载，代码如下。

```
import fs from '@ohos.file.fs'
import { BusinessError } from '@kit.BasicServicesKit';
  soundId: number = 0;
  uri: string = "";

    // 加载音频资源
    await fs.open(getContext(this).filesDir + '/02.mp3', fs.OpenMode.READ_ONLY).then((file:
fs.File) => {
      console.info("file fd: " + file.fd);
      this.uri = 'fd://' + (file.fd).toString()
    }); // '/02.mp3' 作为样例，使用时需要传入文件对应路径
    this.soundId = await this.soundPool!.load(this.uri);
```

（3）监听"资源加载完成"，代码如下。

```
this.soundPool!.on('loadComplete', (soundId_: number) => {
    console.info('loadComplete, soundId: ' + soundId_);
})
```

（4）监听"播放完成"，代码如下。

```
this.soundPool!.on('playFinished', () => {
```

```
        console.info("recive play finished message");
        // 可进行下次播放
    })
```

（5）使用 on('error')方法，设置错误类型监听，代码如下。

```
this.soundPool!.on('error', (error) => {
    console.info('error happened,message is :' + error.message);
})
```

（6）配置播放参数，然后播放。多次播放同一个 soundID，只会播放一次。代码如下。

```
streamId: number = 0; soundId: number = 0;
  PlayParameters: media.PlayParameters = {
    loop: 3, // 循环 4 次
    rate: audio.AudioRendererRate.RENDER_RATE_NORMAL, // 正常倍速
    leftVolume: 0.5, // range = 0.0-1.0
    rightVolume: 0.5, // range = 0.0-1.0
    priority: 0, // 最低优先级
  }
 this.soundPool!.play(this.soundId).then(() => {
    }).catch((error: BusinessError) => {
        console.error("play error " + error.message)
      })
```

（7）设置循环次数，代码如下。

```
import { BusinessError } from '@ohos.base';
let streamID: number;
// this.soundPool!.setLoop(this.streamId, 2);
```

5. AVRecorder 音频录制

可通过 AVRecorder 的 state 属性获取当前状态，或使用 on('stateChange')方法监听状态变化。在开发过程中，开发者应严格遵循状态机要求，例如只能在 started 状态下调用 pause()接口或在 paused 状态下调用 resume()。

录制状态变化如图 8-5 所示。

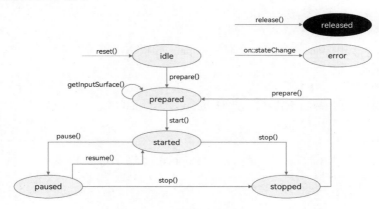

图 8-5 录制状态变化

开发步骤的代码如下。

（1）创建 AVRecorder 实例，实例创建完成后将进入 idle 状态，代码如下。

```
avRecorder: media.AVRecorder | undefined = undefined;
this.avRecorder = await media.createAVRecorder();
```

（2）设置业务需要的监听事件，监听状态变化及错误上报，代码如下。

```
    // 状态机变化回调函数
    this.avRecorder.on('stateChange', (state: media.AVRecorderState, reason: media.StateChangeReason) => {
        console.log(`AudioRecorder current state is ${state}`);
    })
    // 错误上报回调函数
    this.avRecorder.on('error', (err: BusinessError) => {
        console.error(`AudioRecorder failed, code is ${err.code}, message is ${err.message}`);
    })
```

（3）配置音频录制参数，调用 prepare()接口，此时进入 prepared 状态，代码如下。

```
avProfile: media.AVRecorderProfile = {
    audioBitrate: 100000,                                   // 音频比特率
    audioChannels: 2,  // 音频声道数
    audioCodec: media.CodecMimeType.AUDIO_AAC,              // 音频编码格式，当前只支持 aac
    audioSampleRate: 48000,                                 // 音频采样率
    fileFormat: media.ContainerFormatType.CFT_MPEG_4A,      // 封装格式，当前只支持 m4a-
};
avConfig: media.AVRecorderConfig = {
    audioSourceType: media.AudioSourceType.AUDIO_SOURCE_TYPE_MIC,
                                                            // 音频输入源，这里设置为麦克风
    profile: this.avProfile,
    url: 'fd://35',  // 参考应用文件访问与管理开发示例新建并读写一个文件
};
await this.avRecorder.prepare(this.avConfig);
```

（4）开始录制，调用 start()接口，此时进入 started 状态，代码如下。

```
// 开始录制
avRecorder.start();
```

（5）暂停录制，调用 pause()接口，此时进入 paused 状态，代码如下。

```
// 暂停录制
avRecorder.pause();
```

（6）恢复录制，调用 resume()接口，此时再次进入 started 状态，代码如下。

```
// 恢复录制
avRecorder.resume();
```

（7）停止录制，调用 stop()接口，此时进入 stopped 状态，代码如下。

```
// 停止录制
avRecorder.stop();
```

6. 获取音视频元数据

开发步骤如下。

(1) 使用 createAVMetadataExtractor()创建实例。

(2) 设置资源。用户可以根据需要选择设置属性 fdSrc(表示文件描述符)，或者设置属性 dataSrc(表示 dataSource 描述符)。

(3) 获取元信息。调用 fetchMetadata()，可以获取到一个 AVMetadata 对象，通过访问该对象的各个属性，可以获取到元信息。

(4)（可选）获取专辑封面。调用 fetchAlbumCover()可以获取到专辑封面。

(5) 释放资源。调用 release()接口销毁实例以释放资源。

【示例1】使用资源管理接口获取打包在 HAP 内的媒体资源文件，通过设置 fdSrc 属性，获取音频元信息并打印，获取音频专辑封面并通过 Image 控件显示在屏幕上。该示例以 callback 形式进行异步接口调用，代码如下。

```
async testFetchMetadataFromFdSrcByCallback() {
    // 创建 AVMetadataExtractor 对象
    let avMetadataExtractor: media.AVMetadataExtractor = await media.
createAVMetadataExtractor()

    // 设置 fdSrc
    avMetadataExtractor.fdSrc = await getContext(this).resourceManager.getRawFd('01.mp3');

    // 获取元信息（callback 模式）
    avMetadataExtractor.fetchMetadata((error, metadata) => {
      if (error) {
        console.error(TAG, `fetchMetadata callback failed, err = ${JSON.Stringify(error)}`)
        return
      }
      console.info(TAG, `fetchMetadata callback success, genre: ${metadata.genre}`)
      this.showMetadata(metadata)
    })

    //获取专辑封面（callback 模式）
    avMetadataExtractor.fetchAlbumCover((err, pixelMap) => {
      if (err) {
        console.error(TAG, `fetchAlbumCover callback failed, err = ${JSON.stringify(err)}`)
        return
      }
      this.pixelMap = pixelMap

      // 释放资源（callback 模式）
      avMetadataExtractor.release((error) => {
        if (error) {
          console.error(TAG, `release failed, err = ${JSON.stringify(error)}`)
          return
        }
        console.info(TAG, `release success.`)
      })
    })
}
```

【示例 2】 使用资源管理接口获取打包在 HAP 内的媒体资源文件，通过设置 fdSrc 属性，获取音频元信息并打印，获取音频专辑封面并通过 Image 控件显示在屏幕上。该示例以 promise 形式进行异步接口调用，代码如下。

```
async testFetchMetadataFromFdSrcByPromise() {
    // 创建 AVMetadataExtractor 对象
    let avMetadataExtractor: media.AVMetadataExtractor = await media.createAVMetadataExtractor()
    // 设置 fdSrc
    avMetadataExtractor.fdSrc = await getContext(this).resourceManager.getRawFd ('01.mp3');

    // 获取元信息（promise 模式）
    let metadata = await avMetadataExtractor.fetchMetadata()
    console.info(TAG, `get meta data, hasAudio: ${metadata.hasAudio}`)
    this.showMetadata(metadata)

    // 获取专辑封面（promise 模式）
    this.pixelMap = await avMetadataExtractor.fetchAlbumCover()

    // 释放资源（promise 模式）
    avMetadataExtractor.release()
    console.info(TAG, `release success.`)
}
```

在以下示例中，使用 fs 文件系统打开沙箱地址获取媒体文件地址并设置 dataSrc 属性，接着获取音频元信息并打印，最后获取音频专辑封面并通过 Image 控件显示在屏幕上。示例代码如下。

```
async testFetchMetadataFromDataSrc() {
    let context = getContext(this) as common.UIAbilityContext
    // 通过 UIAbilityContext 获取沙箱地址 filesDir（以 Stage 模型为例）
    let filePath: string = context.filesDir + '/01.mp3';
    let fd: number = fs.openSync(filePath, 0o0).fd;
    let fileSize: number = fs.statSync(filePath).size;
    // 设置 dataSrc 描述符，通过 callback 从文件中获取资源，写入 buffer 中
    let dataSrc: media.AVDataSrcDescriptor = {
      fileSize: fileSize,
      callback: (buffer, len, pos) => {
        if (buffer == undefined || len == undefined || pos == undefined) {
          console.error(TAG, `dataSrc callback param invalid`)
          return -1
        }

        class Option {
          offset: number | undefined = 0;
          length: number | undefined = len;
          position: number | undefined = pos;
        }

        let options = new Option();
        let num = fs.readSync(fd, buffer, options)
        console.info(TAG, 'readAt end, num: ' + num)
        if (num > 0 && fileSize >= pos) {
          return num;
```

```
    }
    return -1;
  }
}

// 创建 AVMetadataExtractor 对象
let avMetadataExtractor = await media.createAVMetadataExtractor()
// 设置 dataSrc
avMetadataExtractor.dataSrc = dataSrc;

// 获取元信息（promise 模式）
let metadata = await avMetadataExtractor.fetchMetadata()
console.info(TAG, `get meta data, mimeType: ${metadata.mimeType}`)
this.showMetadata(metadata)

// 获取专辑封面（promise 模式）
this.pixelMap = await avMetadataExtractor.fetchAlbumCover()

// 释放资源（promise 模式）
avMetadataExtractor.release()
console.info(TAG, `release data source success.`)
}
```

第 9 章 文 件

在鸿蒙操作系统的文件架构中,文件被划分为 3 大类:应用文件、用户文件和系统文件。在这 3 者之中,应用文件和用户文件是应用开发者最为关注的两类,尤其是应用文件。应用文件贯穿于应用程序的整个生命周期,一旦应用程序被卸载,相应的应用文件也会一并被删除。相对地,用户文件则被存储在独立于应用程序的区域,不会因为应用程序的卸载而被删除。这两类文件所存储的内容存在显著的差异,具体如下。

- 应用文件:文件的所有者为应用,包括应用安装文件、应用资源文件、应用缓存文件等。
- 用户文件:文件的所有者为登录到该终端设备的用户,包括用户私有的图片、视频、音频、文档等。

接下来,将从数据的读写方面对应用文件进行讲解。

9.1 将数据写入文件

可以通过@kit.CoreFileKit 的文件接口能力来操作文件,fileIo 这个命名空间囊括了文件所有的接口。首先,导入 fileIo 和 ReadOptions,代码如下。

```
import { fileIo as fs, ReadOptions } from '@kit.CoreFileKit'
```

这里导入 fileIo 和 ReadOptions 的成员,并给 fileIo 指定别名为 fs,我们可以通过 fs 别名来操作文件。ReadOptions 用于提供文件读取操作的配置信息。示例代码如下。

```
writeFile() {
    // 获取应用文件路径
    let context = getContext(this) as common.UIAbilityContext
    let fileDir = context.filesDir
    // 创建并打开文件
    let file = fs.openSync(fileDir+'/test.txt', fs.OpenMode.READ_WRITE | fs.OpenMode.CREATE)
    // 写入内容到文件中
    let len = fs.writeSync(file.fd, this.fileContext)
    console.log(TAG, '写入文件成功,长度: ', len)
    // 关闭文件
    fs.closeSync(file);
}
```

从上述代码可知,通过 context 实例获取应用的通用文件路径,并用 fs.openSync()方法创建一个 test.txt 文件。该方法的第一个参数是目标文件的路径,第二个参数是模式。上面的模式支持读写和创建。接着,用 writeSync()方法将 fileContext 内容写入文件中,如果写入成功,则会返回内容长度。

最后，使用 closeSync()方法关闭文件资源，确保文件资源被释放。注意，上面的案例是一个同步操作，在实际应用中会通过异步操作来提高性能和响应性。

下面通过一个简单界面体验文件的写入操作。

创建了一个自定义组件文件 ApplicationFileView，代码如下。

```
const TAG = 'FileMgr'

@Component
@Preview
export struct ApplicationFileView {
  @State fileContext: string = ''
  @State readContext: string = ''

  build() {
    Column() {
      Text("写入文件内容")
        .margin({ top: 15, left: 10 })
        .alignSelf(ItemAlign.Start)

      TextArea({ placeholder: "输入文件内容" })
        .width('100%')
        .margin({
          left: 10,
          right: 10,
          top: 10,
        })
        .borderRadius(15)
        .padding({ bottom: 80, top: 12 })
        .backgroundColor('#fff')
        .onChange((value) => {
          this.fileContext = value
        })

      Button('保存文件')
        .width('100%')
        .margin({ left: 10, right: 10, top: 20 })
        .onClick((event: ClickEvent) => {
          this.writeFile()
        })

    }
    .padding(10)
    .width('100%')
    .height('100%')

  }
}
```

在 Index 组件中导入并使用 ApplicationFileView 组件，代码如下。

```
@Entry
@Component
struct Index {
```

```
    build() {
      Navigation() {
        Column() {
          ApplicationFileView()
        }
        .backgroundColor('#fff5f1f1')
        .width('100%')
        .height('100%')
      }
      .width('100%')
      .height('100%')
      .title("文件操作")
      ;
    }
  }
```

运行程序后的效果如图 9-1 所示。

在 TextArea 组件中写入文件内容，然后单击"保存文件"按钮，会调用 writeFile()方法来创建文件并写入内容。单击"保存文件"按钮后，会将内容"aaabbbccc"保存到 test.txt 文件中。上面我们提到，如果存储成功后，fs.writeSync()方法会返回内容长度。除此之外，我们还可以借助 Device File Explorer 工具来可视化观察内容是否写入成功，如图 9-2 所示。

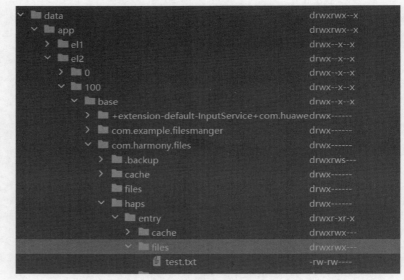

图 9-1　程序运行的预览效果　　　　图 9-2　files 的目录

这个工具一般是在 IDE 右侧栏上，也可以通过快捷键 Ctrl + Shift + A（苹果系统下的快捷键是 Command + Shift + A）打开搜索功能，在搜索框中输入"Device File Explorer"即可找到这个工具。

context.filesDir 是沙箱路径，其值是/data/storage/el2/base/haps/entry/ files。每个沙箱路径都有一个映射物理路径，而 filesDir 对应的物理路径是/data/app/el2/100/base/包名/haps/entry/files。沙箱路径可通过日志打印来查看，例如 Console 打印 context.filesDir。物理路径则可在机器设备中选择对应的文件，然后右键复制。

test.txt 文件的物理路径是/data/app/el2/100/base/com.harmony.files/haps/entry/files/test.txt，路径中参数的解释如下。

- el2：用户级加密区，设备开机后，需要至少解锁一次对应用户的锁屏界面（密码、指纹、人脸等方式或无密码状态）后，才能访问的加密数据区。
- 100：当前用户 ID。
- com.harmony.files：当前应用的包名。

双击 test.txt 文件可以查看写入的数据，如图 9-3 所示。

图 9-3　查看 test.txt 文件中写入的数据

这样，我们就可以知道写入的数据是否成功。可以发现数据已经保存到文件中。既然保存了就一定有读取操作，下面我们来看看如何读取文件的内容。

9.2　从文件中读取数据

同样地，也是通过 fs 来操作文件的读取。使用 fs.openSync()方法打开指定文件，该方法的第二个参数是 fs.OpenMode.READ_ONLY，表示只读模式。然后通过 fs.readSync()读取对应长度的内容。代码如下。

```
readFile(){
  // 获取应用文件路径
  let context = getContext(this) as common.UIAbilityContext
  let fileDir = context.filesDir
  // 打开文件
  let file = fs.openSync(fileDir + '/test.txt', fs.OpenMode.READ_ONLY)
  // 读取文件内容
  let arrayBuffer = new ArrayBuffer(1024);
  let readOptions: ReadOptions = {
    offset: 0,
    length: arrayBuffer.byteLength
  };
  let readLen = fs.readSync(file.fd, arrayBuffer, readOptions);
  let buf = buffer.from(arrayBuffer, 0, readLen);
  this.readContext = buf.toString();
  console.info(TAG, "readFile file: " + buf.toString());
  // 关闭文件
  fs.closeSync(file);
}
```

在读取文件内容的代码段中，首先会创建一个数据缓存区对象 ArrayBuffer，其大小是 1024 B。然后设置读取的配置信息，读取的起始位置为 0，读取的长度与 ArrayBuffer 的大小相同，即 1024 B。接着通过 fs.readSync()方法一次性读取所有的内容。最后通过 buffer.from()方法将缓存区 ArrayBuffer 转换成 Buffer 对象，并将其转换为字符串以供展示。

我们在写入的界面上修改下 UI，以体验读取操作，新增一个 Text 组件用于展示读取的内容，并添加一个"读取文件"的按钮，代码如下。

```
Text("读取文件内容")
.margin({ top: 20, left: 10 })
.alignSelf(ItemAlign.Start)

Text(this.readContext)
.width('100%')
.margin({
  left: 10,
  right: 10,
  top: 15,
  bottom: 10
})
.borderRadius(15)
.padding({ bottom: 80, top: 12 })
.backgroundColor('#fff')

Button('读取文件')
  .width('100%')
  .margin({
    left: 10,
    right: 10,
    top: 20,
  })
  .onClick((event: ClickEvent) => {
    this.readFile()
  })
```

图 9-4　写入与读取文件的 UI 图

运行上述的程序后，效果如图 9-4 所示。

至此，已完成了文件的读取。虽然过程很简单，但上述读写方式只适合一些数据量小的场景。对于大文件，则需要通过流的方式读写。以下是一个从文件读取内容并将其写入另一个文件的示例代码。

```
readWriteFileWithStream() {
  // 获取应用文件路径
  let context = getContext(this) as common.UIAbilityContext
  let fileDir = context.filesDir
  let sourceFile = fileDir + "/test.txt"
  let destFile = fileDir + "/destFile.txt"

  // 如果文件不存在，则创建文件
  if (!fs.accessSync(sourceFile)) {
    this.writeFile()
    return
  }
```

```
    //  创建文件输入流和输出流
    let inputStream = fs.createStreamSync(sourceFile, 'r+')
    let outputStream = fs.createStreamSync(destFile, 'w+')

    // 读取文件内容
    // 缓存区大小
    let readBuffer = new ArrayBuffer(1024);
    let readSize = 0;

    let readOptions: ReadOptions = {
      offset: readSize,
      length: readBuffer.byteLength
    }
    let readLength = inputStream.readSync(readBuffer, readOptions);

    while (readLength > 0) {
      // 将 readBuffer 中的内容写入输出流中
      outputStream.writeSync(readBuffer, readOptions);
      // 继续读取文件内容
      readSize += readLength;
      readOptions.offset = readSize;
      readLength = inputStream.readSync(readBuffer, readOptions);
    }
    console.log(TAG, "readWriteFileWithStream file readSize: " + readSize);
    // 关闭文件输入流和输出流
    inputStream.closeSync();
    outputStream.closeSync();
}
```

使用 fs.createStreamSync() 方法分别创建输入流和输出流，该方法中的第二个参数表示读（r+）、写（r+）模式，每读写一轮，参数 offset（内存下标值）和 readSize（数据长度）都会累加，直到最后一次没有数据为止。

至此，我们已经完成了应用文件的学习。

第 10 章　Native 适配开发

在大多数情况下，我们仅需要利用纯 ArkTS 进行开发即可满足需求。然而，当遇到性能瓶颈或者必须依赖某些高性能的外部组件以完成时，我们就不可避免地需要 Native 适配开发。本章主要介绍如何结合 C++和 ArkTS 进行高性能和计算密集型场景下的混合开发。

10.1　创建新项目

接下来创建新项目。首先，打开 DevEco Studio，选择 Projects，并单击 Create Project。然后，选择 Native C++模板，单击 Next 按钮，如图 10-1 所示。

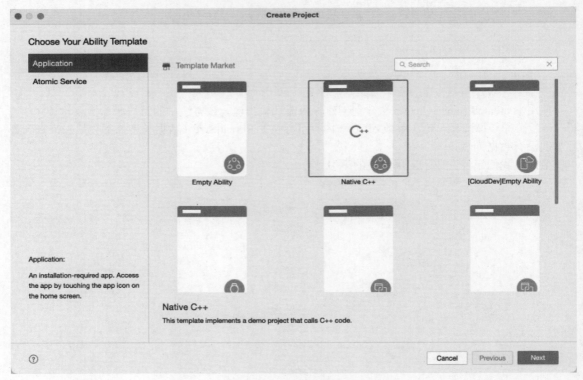

图 10-1　创建新项目

接下来，配置项目名称、包名和保存位置，选择兼容的 SDK 版本，并单击 Finish 按钮，如图 10-2 所示。

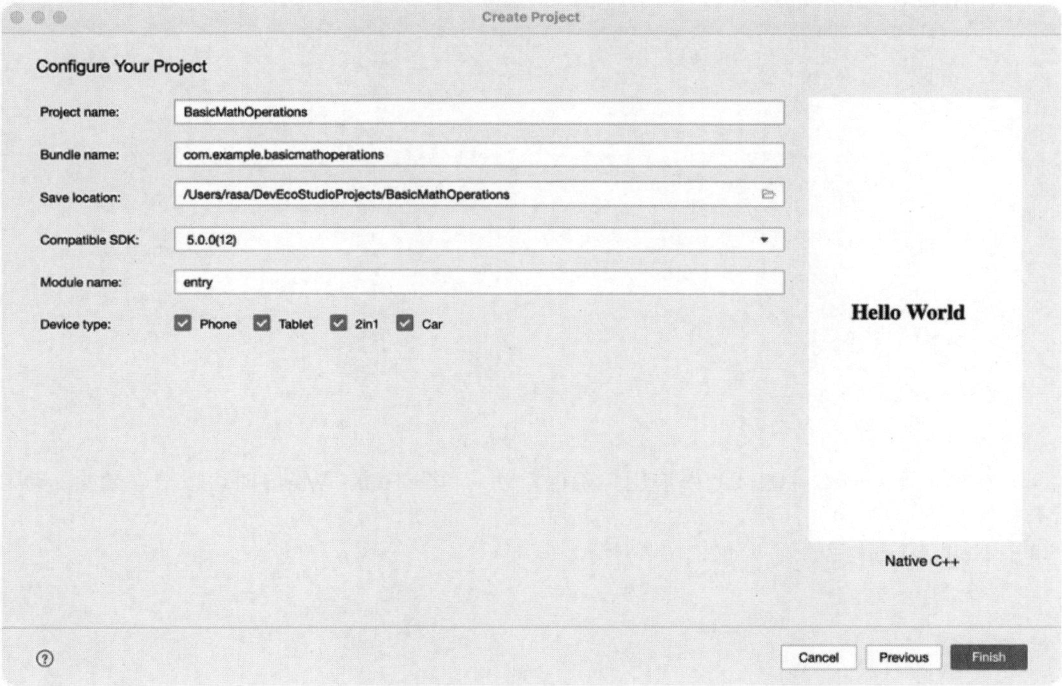

图 10-2　项目配置页面

10.2　调整主页面内容

调整 Index.ets 页面的内容，以方便浏览页面效果，具体步骤如下。
（1）在项目目录中找到 entry 文件夹。
（2）在 src/main/ets/pages 目录下打开名为 Index.ets 的文件。
（3）在 Index.ets 文件中调整 onClick 事件的内容，并预留显示结果的位置。
代码如下：

```
import { hilog } from '@kit.PerformanceAnalysisKit';
import testNapi from 'libentry.so';

@Entry
@Component
struct Index {
  @State message: string = 'Hello World';
```

```
build() {
  Row() {
    Column() {
      Text(this.message)
        .fontSize(50)
        .fontWeight(FontWeight.Bold)
        .onClick(() => {
          try {
            const result = testNapi.add(2, 3);
            hilog.info(0x0000, 'testTag', `Test NAPI 2 + 3 = ${result}`);
            this.message = `Result: ${result}`;
          } catch (error) {
            hilog.error(0x0000, 'testTag', `Error: ${error.message}`);
          }
        })
    }
    .width('100%')
  }
  .height('100%')
}
```

（4）在模拟器中查看并测试 C++应用，确保启动后单击 Hello World 时可以查看效果。项目启动后的初始状态如图 10-3 所示。

单击 Hello World 后的效果如图 10-4 所示。

图 10-3 项目启动后的初始状态　　　　图 10-4 单击 Hello World 后的效果

10.3 实现基本运算功能

接下来实现基本运算功能，步骤如下。
（1）在 src/main/cpp 目录下创建一个新的 components 文件夹。
（2）在 components 文件夹下创建一个新的 C++文件，命名为 math_operations.cpp，如图 10-5 所示。
（3）在 components 文件夹下创建一个新的头文件，命名为 math_operations.h，如图 10-6 所示。

第 10 章　Native 适配开发

图 10-5　在 components 文件夹下创建
math_operations.cpp 文件

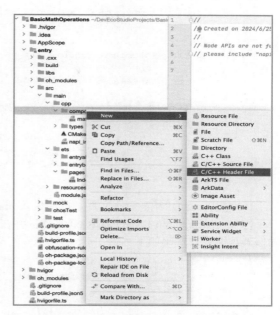

图 10-6　在 components 文件夹下创建
math_operations.h 文件

（4）在 math_operations.cpp 文件中定义加、减、乘、除函数，代码如下。

```cpp
#include "math_operations.h"
#include <stdexcept>

double add(double a, double b) {
    return a + b;
}

double subtract(double a, double b) {
    return a - b;
}

double multiply(double a, double b) {
    return a * b;
}

double divide(double a, double b) {
    if (b == 0) {
        throw std::invalid_argument("Division by zero is not allowed.");
    }
    return a / b;
}
```

（5）在 math_operations.h 文件中添加函数声明，代码如下。

```cpp
#ifndef BASICMATHOPERATIONS_MATH_OPERATIONS_H
```

```
#define BASICMATHOPERATIONS_MATH_OPERATIONS_H

double add(double a, double b);
double subtract(double a, double b);
double multiply(double a, double b);
double divide(double a, double b);

#endif //BASICMATHOPERATIONS_MATH_OPERATIONS_H
```

10.4　更新 CMakeLists.txt

下面更新 CMakeLists.txt 文件，以便引入 math_operation.cpp 文件。

打开 src/main/cpp/CMakeLists.txt 文件，并在 CMakeLists.txt 文件中添加 math_operations.cpp 以确保其被编译，代码如下。

```
# the minimum version of CMake.
cmake_minimum_required(VERSION 1.6.0)
project(BasicMathOperations)

set(NATIVERENDER_ROOT_PATH ${CMAKE_CURRENT_SOURCE_DIR})

if(DEFINED PACKAGE_FIND_FILE)
    include(${PACKAGE_FIND_FILE})
endif()

include_directories(${NATIVERENDER_ROOT_PATH}
                    ${NATIVERENDER_ROOT_PATH}/include)

add_library(entry SHARED napi_init.cpp components/math_operations.cpp)
target_link_libraries(entry PUBLIC libace_napi.z.so)
```

10.5　使用基本运算函数

接下来使用基本运算函数，步骤如下。
（1）在 src/main/cpp 目录下打开 napi_init.cpp 文件。
（2）在 napi_init.cpp 文件中导入 math_operations.h 并添加 add 函数，代码如下。

```
#include "napi/native_api.h"
#include "components/math_operations.h"

static napi_value Add(napi_env env, napi_callback_info info)
{
    size_t argc = 2;
    napi_value args[2] = {nullptr};
```

```
        napi_get_cb_info(env, info, &argc, args , nullptr, nullptr);

        napi_valuetype valuetype0;
        napi_typeof(env, args[0], &valuetype0);

        napi_valuetype valuetype1;
        napi_typeof(env, args[1], &valuetype1);

        double value0;
        napi_get_value_double(env, args[0], &value0);

        double value1;
        napi_get_value_double(env, args[1], &value1);

        napi_value sum;
        napi_create_double(env, add(value0, value1), &sum);

        return sum;
}

// 省略其他部分
```

(3) 在模拟器中查看并测试 C++应用, 确保其与原效果一致。

10.6 实现摄氏温度与华氏温度的转换功能

本节实现摄氏温度与华氏温度的转换功能, 开发步骤如下。
(1) 在 components 文件夹下创建一个新的 C++文件, 命名为 temperature_conversion.cpp。
(2) 在 components 文件夹下创建一个新的头文件, 命名为 temperature_conversion.h。
(3) 在 temperature_conversion.cpp 文件中定义摄氏温度与华氏温度的转换函数, 代码如下。

```
#include "temperature_conversion.h"

double celsiusToFahrenheit(double celsius) {
    return celsius * 9.0 / 5.0 + 32.0;
}

double fahrenheitToCelsius(double fahrenheit) {
    return (fahrenheit - 32.0) * 5.0 / 9.0;
}
```

(4) 在 temperature_conversion.h 文件中添加函数声明, 代码如下。

```
#ifndef TEMPERATURECONVERSION_TEMPERATURE_CONVERSION_H
#define TEMPERATURECONVERSION_TEMPERATURE_CONVERSION_H

double celsiusToFahrenheit(double celsius);
double fahrenheitToCelsius(double fahrenheit);
```

```
#endif //TEMPERATURECONVERSION_TEMPERATURE_CONVERSION_H
```

(5) 在 CMakeLists.txt 文件中添加 temperature_conversion.cpp 以确保其被编译。

```
add_library(entry    SHARED    napi_init.cpp    components/math_operations.cpp    components/temperature_conversion.cpp)
```

(6) 在 napi_init.cpp 文件中导入 temperature_conversion.h 并添加转换函数，代码如下。

```cpp
#include "components/temperature_conversion.h"

static napi_value CelsiusToFahrenheit(napi_env env, napi_callback_info info)
{
    size_t argc = 1;
    napi_value args[1] = {nullptr};

    napi_get_cb_info(env, info, &argc, args , nullptr, nullptr);

    double value;
    napi_get_value_double(env, args[0], &value);

    napi_value result;
    napi_create_double(env, celsiusToFahrenheit(value), &result);

    return result;
}

static napi_value FahrenheitToCelsius(napi_env env, napi_callback_info info)
{
    size_t argc = 1;
    napi_value args[1] = {nullptr};

    napi_get_cb_info(env, info, &argc, args , nullptr, nullptr);

    double value;
    napi_get_value_double(env, args[0], &value);

    napi_value result;
    napi_create_double(env, fahrenheitToCelsius(value), &result);

    return result;
}

EXTERN_C_START
static napi_value Init(napi_env env, napi_value exports)
{
    napi_property_descriptor desc[] = {
        { "add", nullptr, Add, nullptr, nullptr, nullptr, napi_default, nullptr },
        { "celsiusToFahrenheit", nullptr, CelsiusToFahrenheit, nullptr, nullptr, nullptr, napi_default, nullptr },
        { "fahrenheitToCelsius", nullptr, FahrenheitToCelsius, nullptr, nullptr, nullptr, napi_default, nullptr }
```

```
    };
    napi_define_properties(env, exports, sizeof(desc) / sizeof(desc[0]), desc);
    return exports;
}
EXTERN_C_END
```

// 注册这些新函数

（7）打开 src/main/cpp/types/libentry 目录下的 Index.d.ts 文件，并增加如下的函数导出，代码如下。

```
export const celsiusToFahrenheit: (celsius: number) => number;
export const fahrenheitToCelsius: (fahrenheit: number) => number;
```

（8）在 Index.ets 文件中增加新的按钮和事件处理函数，以调用转换函数，代码如下。

```
import { hilog } from '@kit.PerformanceAnalysisKit';
import testNapi from 'libentry.so';

@Entry
@Component
struct Index {
  @State number1: string = '2';
  @State number2: string = '3';
  @State result1: string = '';

  @State celsiusInput: string = '50';
  @State result2: string = '';

  build() {
    Column() {
      Text('加法运算')
        .fontSize(30)
        .fontWeight(FontWeight.Bold);

      Row() {
        Text('数字1: ')
          .fontSize(20);

        TextInput({
          placeholder: 'Enter Number',
          text: this.number1
        })
          .onChange((text) => {this.number1 = text})
      }

      Row() {
        Text('数字2: ')
          .fontSize(20);

        TextInput({
          placeholder: 'Enter Number',
          text: this.number2
```

```
  })
    .onChange((text) => {this.number2 = text})
}

Button("加法")
  .onClick(() => {
    try {
      const a = parseFloat(this.number1);
      const b = parseFloat(this.number2);
      const result = testNapi.add(a, b);
      this.result1 = `${result}`;
    } catch (error) {
      this.result1 = `Error: ${error.message}`;
    }
  });

Row() {
  Text('结果: ')
    .fontSize(20);

  TextInput({
    text: this.result1
  });
}

Text('温度转换')
  .margin({ top: 20 })
  .fontSize(30)
  .fontWeight(FontWeight.Bold);

Row() {
  Text('摄氏温度: ')
    .fontSize(20);

  TextInput({
    placeholder: 'Enter Celsius',
    text: this.celsiusInput,
  })
    .onChange((text) => {this.celsiusInput = text})
}

Button("温度转换")
  .onClick(() => {
    try {
      const celsius = parseFloat(this.celsiusInput);
      const fahrenheit = testNapi.celsiusToFahrenheit(celsius);
      this.result2 = `${fahrenheit}F`;
    } catch (error) {
      hilog.error(0x0000, 'testTag', `Error: ${error.message}`);
      this.result2 = `Error: ${error.message}`;
    }
```

```
      });

      Row() {
        Text('华氏温度：')
          .fontSize(20);

        TextInput({
          text: this.result2
        });
      }
    }
  }
}
```

添加温度转换功能后的界面如图10-7所示。

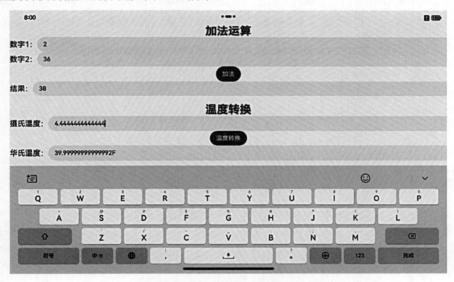

图10-7　添加温度转换功能后的界面

第 11 章 使用第三方库

在项目开发中，我们常常需要使用一些第三方开源库以加速功能实现，如 eftool、ZRouter、Logger 等。在项目中引用这些开源库的操作是非常简单的，只需在 oh-package.json5 文件的 dependencies 部分添加开源库的引用地址即可。

若需探索适用于 OpenHarmony 的第三方开源库，可以访问 OpenHarmony 的三方库中心仓（https://ohpm.openharmony.cn/）。例如在该平台上搜索 ZRouter 路由框架库，如图 11-1 所示。

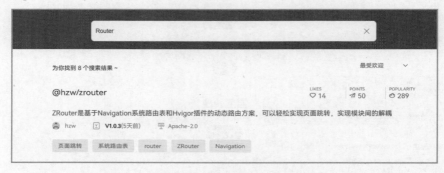

图 11-1　OpenHarmony 的三方库中心仓

另外，我们也可以通过鸿蒙的 ohmp 包管理工具来安装第三库开源库，其操作方式与 Android 的 Gradle、前端的 NPM、Flutter 的 Pub 类似。例如，在图 11-1 中搜索的 ZRouter 开源库，打开进入开源库的详情页，开源库的作者一般会介绍其使用的方式，其中就包含安装指令。在 IDE 的 Terminal 窗口运行安装命令，如图 11-2 所示。

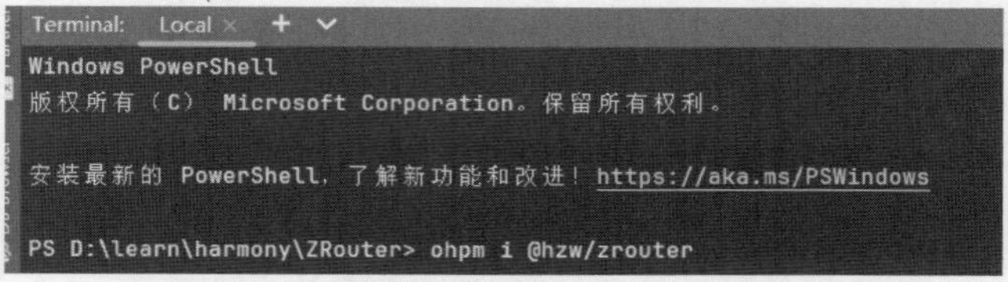

图 11-2　安装开源库

安装成功后，可以在 oh-package.json5 的 dependencies 中看到开源库的版本号，如图 11-3 所示。

图 11-3　安装依赖

下面重点介绍第三方开源库 ZRouter 和 logger 的使用及原理。

11.1　ZRouter

Navigation 是搭建项目模块结构的最佳选择，也是鸿蒙官方的首选推荐，官方默认的 Navigation 使用相对复杂，而 ZRouter 路由框架正好可以解决这些痛点。

ZRouter 是基于 Navigation 系统路由表和 Hvigor 插件实现的动态路由方案。系统路由表是自 API 12 起开始支持的，它可以帮助我们实现动态路由的功能，其目的是解决多个业务模块（HAR/HSP）之间的解耦问题，从而实现业务的复用和功能的扩展。

我们先回顾一下系统路由表的使用步骤。
- 在目标模块的 module.json5 文件中配置路由表文件 route_map.json 的指引。
- 在 resources/base/profile 目录下创建 route_map.json 文件，用于配置每个页面路由的信息。
- 定义每个页面对应的 Builder 函数，用此作为页面入口，函数名必须与 route_map.json 文件中的 buildFunction 字段一一对应，否则，会出现跳转异常。
- 通过 pushPathByName 等路由接口进行页面跳转。

上面的步骤虽然简单，但很烦琐；得益于 ZRouter 与 router-register-plugin 插件的结合，整个流程得以大幅简化。开发者无须手动进行配置，因为 router-register-plugin 插件已经将代码模板化。在编译阶段，插件会自动生成配置文件，从而帮助我们完成整个路由的注册流程。此外，ZRouter 还提供了全局拦截器功能，使得在页面跳转时进行拦截处理，实现重定向或其他统一操作。

使用图 11-4 中箭头所示的两行代码即可完成页面的跳转。

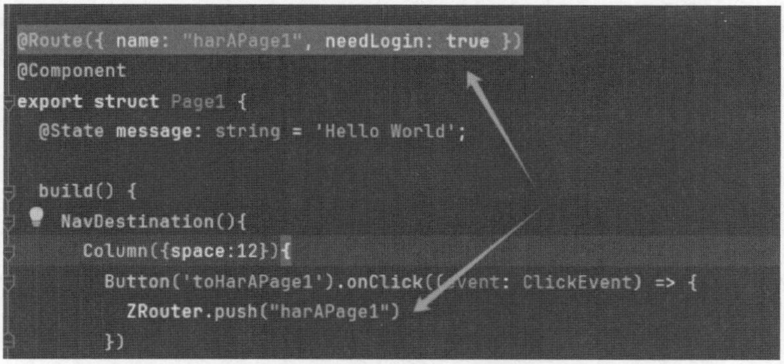

图 11-4　ZRouter 的基本使用

1. router-register-plugin 插件的使用

插件的使用步骤如下。

1）下载安装

在 hvigor/hvigor-config.json5 文件中安装依赖，代码如下：

```
"dependencies": {
```

```
"router-register-plugin":"1.0.4"
},
```

关于插件的最新版本，可以在 NPM 网站查看（打开 https://www.npmjs.com 搜索即可），如图 11-5 所示。

图 11-5　获取插件的最新版本

最后，记得执行 Sync Now 或重新构建项目，以使插件安装生效。您可以选择使用 hvigorw 命令行工具执行任意命令，该命令行工具将自动执行安装构建依赖的安装过程。

```
hvigorw --sync
```

2）初始化配置

在每个模块的 hvigorfile.ts 文件导入 router-register-plugin 插件模块的 routerRegisterPlugin 函数和 PluginConfig 接口。routerRegisterPlugin 函数是自定义 Hvigor 插件的入口函数，PluginConfig 是一个配置对象，用于定义插件的行为，示例代码如下。

```
import { routerRegisterPlugin, PluginConfig } from 'router-register-plugin'

const config: PluginConfig = {
  scanDir: "src/main/ets/components",
  logEnabled: false,
  viewNodeInfo: false,
}
export default {
    system: harTasks,
    plugins:[routerRegisterPlugin(config)]
}
```

上述代码首先初始化了 PluginConfig 配置对象，包括要扫描的目录（scanDir）和两个布尔属性（logEnabled 和 viewNodeInfo），用于控制日志记录和查看节点信息的功能。然后将配置对象作为参数传入 routerRegisterPlugin 入口函数中，最后将 routerRegisterPlugin()函数添加到 plugins 数组中。

scanDir 和两个布尔属性的说明如下。

● scanDir：建议是页面目录。这样，可以更精准地扫描目标文件。

● logEnabled：日志记录开关。

● viewNodeInfo：查看节点信息的开关，只有 logEnabled 和 viewNodeInfo 同时开启时才会生效。

当然，PluginConfig 配置对象还有其他属性，但不建议读者使用，使用默认值即可，代码如下。

```
export class PluginConfig {
    /**
     * 扫描的目录
     * src/main/ets/
     */
```

```
    scanDir: string = ''
    /**
     * builder 函数注册代码生成的目录
     * src/main/ets/_generated/
     */
    generatedDir: string = ''
    /**
     * Index.ets 目录
     *
     */
    indexDir: string = ''
    /**
     * module.json5 文件路径
     * src/main/ets/module.json5
     */
    moduleJsonPath: string = ''
    /**
     * 路由表路径
     * src/main/ets/resources/base/profile/route_map.json
     */
    routerMapPath: string = ''
    /**
     * 是否打印日志
     */
    logEnabled: boolean = true

    /**
     * 查看节点信息,只有与 logEnable 同时为 true 时才会打印输出
     */
    viewNodeInfo: boolean = false

}
```

上述所有路径都是相对于模块的 src 目录而言的,是相对路径。最后,记得执行 Sync Now 或重新构建项目以使配置生效。

2. ZRouter 的基本使用

接下来讲解 ZRouter 的安装,页面跳转以及拦截器的内容。

1)安装 ZRouter

在每个 har/hsp 模块中,我们通过 ohpm 工具下载安装库(此处不再赘述安装方法,前文已有提及)。

```
ohpm install @hzw/zrouter
```

2)页面跳转

新建三个模块,分别是 harA、harB、hspC,三者之间没有依赖关系。entry 模块依赖于这三个模块,通过 ZRouter 可以在四个模块间相互跳转,从而达到模块解耦效果。模块关系如图 11-6 所示。

图 11-6 模块关系

（1）在 EntryAbility 的 onCreate()方法中初始化 ZRouter，代码如下。

```
onCreate(want: Want, launchParam: AbilityConstant.LaunchParam): void {
    // 如果项目中存在 hsp 模块则传入 true
    ZRouter.init(true)
}
```

（2）在 Index 页面使用 Navigation 作为根视图，通过 ZRouter 的 getNavStack()方法获取 NavPathStack 实例，代码如下。

```
@Entry
@Component
struct Index {

  build() {
    // 获取 NavPathStack 实例对象
    Navigation(ZRouter.getNavStack()){
      Column({space:12}){
        Button('toHarAMainPage').onClick((event: ClickEvent) => {
        // 跳转页面
          ZRouter.push("harAMainPage")
        })

        Button('toHarBMainPage').onClick((event: ClickEvent) => {
          ZRouter.push("harBMainPage")
        })

        Button('toHspCIndex').onClick((event: ClickEvent) => {
          ZRouter.push("hspCIndex")
        })

        Button('tohspCPage1').onClick((event: ClickEvent) => {
          ZRouter.push("hspCPage1")
        })

      }
    }
    .title('Main')
    .height('100%')
    .width('100%')
  }
}
```

从上述代码可知，通过 ZRouter 的 pushXX()方法可以进行页面跳转，其参数是@Route 装饰器上的 name 属性值。此外，我们也可使用 ZRouter 的 getNavStack()方法来执行页面跳转。

（3）在子页的结构体上使用自定义@Route 装饰器描述当前页面，其中，name 属性是必填项，因为页面跳转需要用到 name 值，建议使用驼峰命名法。此外还有三个可选属性，具体说明如下。

● description：页面描述，没有功能作用。

● needLogin：如果页面需要登录，可将值设置为 true，然后在拦截器中做页面重定向到登录页。

● extra：额外的值，可以通过该属性设置。

```
@Route({ name: 'hspCPage1', needLogin:true ,extra: 'hsp'})
```

```
@Component
export struct Page1 {
  @State message: string = 'Hello World';

  build() {
    NavDestination(){
      Column({space:12}){
        Button('toHarAPage1').onClick((event: ClickEvent) => {
          ZRouter.push("harAPage1")
        })

        Button('toHarAPage2').onClick((event: ClickEvent) => {
          ZRouter.push("harAPage2")
        })

        Button('toHarBPage1').onClick((event: ClickEvent) => {
          ZRouter.push("harBPage1")
        })

        Button('toHarBPage2').onClick((event: ClickEvent) => {
          ZRouter.push("harBPage2")
        })

        Button('toHspCPage1').onClick((event: ClickEvent) => {
          ZRouter.push("hspCPage1")
        })

        Button('toHspCPage2').onClick((event: ClickEvent) => {
          ZRouter.push("harCPage2")
        })
      }

    }
    .title('hspCPage1')
    .width('100%')
    .height('100%')

  }
}
```

NavDestination 是子页面的根容器，无须在 main_pages 文件中注册页面路径。另外，自定义 @Route 装饰器参数仅支持字面量值，不支持表达式的方式进行赋值。

3）拦截器

ZRouter 提供了拦截器，可以拦截页面进行重定向，可实现如下效果。

（1）在拦截器内可根据@Route 装饰器上的参数来判断是否需要登录。如果需要登录且用户未登录，可以重定向到登录页面；如果用户完成登录后返回，可以设置是否继续执行登录前的页面跳转。

（2）在拦截器内可以判断跳转页面是否存在。如果不存在（未注册），也可进行拦截，重定向到一个 404 页面。

示例代码如下。

```
@Entry
```

```
@Component
struct Index {
  aboutToAppear(): void {
    ZRouter.addGlobalInterceptor((info) => {
      console.log('GlobalInterceptor: ', JSON.stringify(info.data) , info. needLogin)
      if (info.notRegistered) {
        // 页面不存在，重定向到 404 页面
        ZRouter.redirect("PageNotFound")
        return
      }
      let isLogin = AppStorage.get<Boolean>("isLogin")
      if (info.needLogin && !isLogin) {
        let param = ZRouter.getParamByName(info.data?.name ?? "")
        ZRouter.redirectForResult("LoginPage", param, (data) => {
          if (data.result) {
            // 登录成功
            promptAction.showToast({ message: `登录成功` })
            return true              // 返回 true, 则继续跳转到登录前的页面
          }
          return false
        })
      }
    })
  }
}
```

info.notRegistered()方法用于判断当前页面是否注册，若未注册，将使用 ZRouter.redirect()方法重定向到 404 页面；通过 ZRouter.redirectForResult()方法重定向到登录页面，该方法接收一个回调函数，该回调函数会在用户登录成功或失败后被调用。在回调函数内部，通过 data.result 的值判断是否登录，如果登录成功，给回调函数返回 true 来表示继续进行登录前的页面跳转；如果登录失败或用户取消登录，回调函数将返回 false，表示不跳转。

示例代码如下。

```
@Route({ name: 'LoginPage'})
@Component
export struct LoginPage{

  build() {
    NavDestination(){
      Column({space:15}){
        Button('登录成功').onClick((event: ClickEvent) => {
          // 模拟登录
          AppStorage.setOrCreate('isLogin', true)
          ZRouter.popWithResult("login success")
        })
      }
      .width('100%')
      .height('100%')
    }
    .width('100%')
    .height('100%')
```

```
        .title('LoginPage')
    }
}
```

在登录成功后，通过 ZRouter.pop WithResult()方法携带数据关闭页面，此时，会将状态传递给 redirectForResult()方法的回调函数。

3. 原理

路由注册流程的代码自动化生成机制相对简单，即利用自定义 Hvigor 插件扫描指定目录下的 ets 文件。通过递归解析 ets 文件的语法树节点，查找出自定义装饰器@Route 对应的文件，然后解析出装饰器和页面上的信息。最终将这些信息通过模板引擎在编译阶段生成 Builder 注册函数。通过读取文件中的路由表配置来写入数据。这与 Java 注解处理器 APT 的原理类似。

ZRouter 库是基于 NavPathStack 的 push、pop 以及拦截器等接口进行封装的，是对 NavPathStack 方法的简化使用。在拦截器回调中会读取@Route 装饰器上的参数并封装回调给外部拦截器使用。因此，外部可根据此信息进行重定向等其他一系列操作。插件流程如图 11-7 所示。

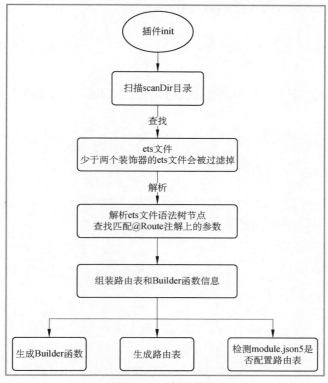

图 11-7　插件流程

11.2 Logger

本节介绍 Logger 的概述与安装、基本使用、自定义日志行为及其工作流程。

1. 概述与安装

Logger 是一款简单、漂亮、实用的鸿蒙应用日志框架，基于鸿蒙系统提供的 hiLog 日志库封装，其主要特性如下。

- 支持堆栈信息输出。
- 支持众多数据格式输出，如基本数据类型、对象、Map、List、JSON 等格式，可以一次性打印多种类型的数据格式。
- 支持在日志中定位跳转到源码。
- 支持自定义日志行为，如日志上报、缓存本地等。

安装 Logger 的命令如下。

```
ohpm install @hzw/logger
```

2. 基本使用

默认情况下，不需要进行手动初始化，通过 Logger 类调用不同级别的函数即可打印日志信息，代码如下。

```
const map = new Map<string, Object>()
map.set('name', 'HZWei')
map.set('age', '18')
map.set('user', new UserInfo('HZWei', 20))
Logger.f(map)
```

但仍建议通过 Logger 的 init() 方法进行初始化配置。在默认情况下，release 环境不会关闭日志输出。读者可根据自身需求来初始化配置信息，代码如下。

```
Logger.init({
  domain: 0x6666,
  showStack: true,
  fullStack: false,
  showDivider: true,
  debug:true,
  tag: 'xml'
} as LogConfig)
```

配置参数说明如下。

- domain：作用域，是一个十六进制整数，取值范围为 0x0~0xffff。
- tag：日志标记，默认是 Logger。
- debug：控制是否打印日志，为 true 时会输出日志，反之，则不会。
- fullStack：是否输出全部堆栈信息，建议设置为 false，日志会更简洁。
- showStack：是否显示堆栈信息。

- showDivider：是否显示分割线。

打印各种数据格式的示例代码如下。

```
// 基本数据类型
const msg = 'Hello World';
const msg2 = 'Hello Logger';
Logger.i(msg)

// 数组
const messages = [msg, msg2]
Logger.d(messages)

// 多种数据格式一起打印
const user = new UserInfo('HZWei', 18)
Logger.w(user)
Logger.e(user, messages, 12, true)

// json
Logger.json(user)

// map
const map = new Map<string, Object>()
map.set('name', 'HZWei')
map.set('age', '18')
map.set('user', new UserInfo('HZWei', 20))
Logger.f(map)

// ArrayList
const list = new ArrayList<string>()
list.add('HZWei')
list.add('XML')
Logger.w(list)

// 自定义 tag
Logger.wt('hzw',20)
```

3. 自定义日志行为

目前，Logger 内置只支持在控制台打印日志信息。如果需要将日志上传到服务器或保存在本地，可通过实现 ILogAdapter 接口来完成对应的逻辑。ILogAdapter 是日志适配器的抽象接口，它定义了与日志记录相关的操作，例如日志开关控制和日志信息行为出口，示例代码如下。

```
export class UploadLogAdapter implements ILogAdapter{

  // 控制是否上传
  isLoggable(level: hilog.LogLevel, tag: string): boolean {
    return true / false
  }

  // 实现上传逻辑
  log(level: hilog.LogLevel, tag: string, msg: string, ...args: ObjectOrNull[]): void {
```

```
    }
}
```

接着，通过 Logger 的 addLogAdapter()方法将 UploadLogAdapter 实例添加到适配器容器中。

```
Logger.addLogAdapter(new UploadLogAdapter())
```

4. 工作流程

Logger 框架的工作流程如图 11-8 所示。

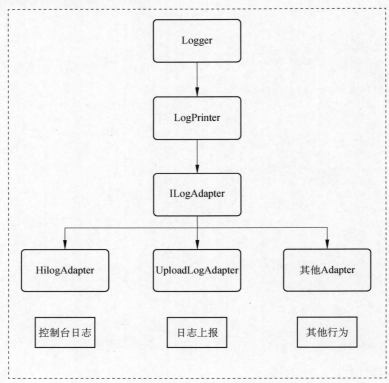

图 11-8　Logger 框架的工作流程

LogPrinter 负责管理日志适配器（ILogAdapter）和分发日志信息，Logger 类是对外使用的入口，通过此类可以与不同的日志适配器进行交互，从而实现日志的记录和输出。这符合依赖倒置原则，使 Logger 类依赖于 ILogAdapter 接口，而非依赖具体的适配器实现，从而提高代码的扩展性和维护性（源码参见 https://github.com/751496032/logger）。

第 12 章 高效开发实践

随着应用规模的扩大和业务需求的复杂化,代码的复杂度也相应提升。开发者在应用开发过程中,经常面临以下挑战。

- 代码越写越多,组织混乱,模块间的耦合度高,导致一个模块的变动可能对其他模块产生影响,从而使代码难以维护。
- 系统的扩展性差,在添加新功能时往往需要对现有代码进行大量的修改。

为了解决开发者面临的这些问题,本节将从实践工程概述、应用性能四板斧、性能优化案例展示 3 个方面进行介绍。

12.1 实践工程概述

从顶级应用的实践中,我们提炼出一套既具备可维护性又具备可扩展性的应用架构设计原则,并将其命名为应用工程分层架构模型。

通过将应用细分为产品定制层、基础特性层和公共能力层,我们可以降低各层次间的依赖性,从而显著提升代码的可维护性。

通用的鸿蒙 APP 最佳三层架构范例的整体目录如图 12-1 所示。

```
common_app_development
|---AppScope
|---common      // 公共能力层,包括公共UI组件、数据管理、通信和工具库等
|---feature     // 基础特性层,包含独立的业务模块,如启动页、登录模块、导航栏等
|---libs        // 三方依赖库
|---product     // 产品定制层,作为不同设备或场景应用入口,例如phone、tv等
```

图 12-1 通用三层开发架构范例的整体目录

可以看到,在基础特性层中应用被分解为多个功能模块,其中,每个模块负责执行特定的功能。通过模块化设计提高了代码的可理解性和可复用性,使应用的扩展和维护变得更为简便,同时降低了系统各部分之间的耦合度。应用功能的各个主要功能模块在 feature 目录中,目录结构如图 12-2 所示。

通过这样的工程分层架构,开发者可以更加灵活地针对多端进行快速开发和适配,以降低层级间的耦合性,提高代码的可维护性。

下面以 Navigation 组件为基础实现整体页面的设计。

在应用开发中,通常存在大量应用内多页面跳转的场景,我们使用 Navigation 导航组件进行统一的页面跳转管理。Navigation 组件提供一系列属性方法来设置页面的标题栏、工具栏以及菜单栏

的展示样式。以 Navigation 为基础设计的首页的代码结构如图 12-3 所示。

```
common_app_development
|---AppScope
|---common                              // 公共能力层
|   |---utils
|   |   |---component                   // 公共布局,如功能介绍布局
|   |   |---log                         // 日志打印
|---feature                             // 基础特性层
|   |---addressexchange                 // 地址交换动画案例
|   |---akiusepractice                  // AKI使用实践
|   |---applicationexception            // 应用异常处理案例
|   |---barchart                        // MpChart图表实现案例
|   |---customtabbar                    // 自定义TabBar页签 案例
|   |---eventpropagation                // 阻塞事件冒泡案例
|   |---fitfordarkmode                  // 深色模式适配案例
|   |---functionalscenes                // 主页瀑布流实现
|   |---gbktranscoding                  // Axios获取网络数据案例
|   |---handletabs                      // Tab组件实现增删Tab标签案例
|   |---imageviewer                     // 图片预览方案
|   |---marquee                         // 跑马灯案例
|   |---floatwindow                     // 悬浮窗拖拽和吸附动画
|   |---gridexchange                    // 网格元素交换案例
|   |---miniplayeranimation             // 音乐播放转场一镜到底效果实现
|   |---refreshtimeline                 // 下拉展开图片和时间轴效果实现案例
|   |---webpagesnapshot                 // Web页面长截图
|   |---naviagtioninterceptor           // Navigation路由拦截案例
|   |---blendmode                       // 图片混合案例
|   |---secondfloorloadanimation        // 首页下拉进入二楼效果案例
|   |---styledtext                      // Text实现部分文本高亮和超链接样式
|   |---navigationinterceptor           // Navigation路由拦截案例
|   |---customdialog                    // 全局弹窗封装案例
|---libs
|---product
|   |---entry                           // 产品定制层-应用入口
```

图 12-2 目录结构

图 12-3 以 Navigation 组件为基础设计的首页的代码结构

如上结构所示,导航组件 Navigation 一般作为 Page 页面的根容器,Navigation 组件可以作为首页和内容页的容器。首页显示 Navigation 的子组件,内容页显示 NavDestination 的子组件,主页和内容页通过路由进行切换。

通过动态路由管理实现了页面或模块间的跳转,同时,也实现了模块间的解耦。子模块只需要添加一行配置文件和@AppRouter 装饰器即可完成页面注册,即如图 12-4 中标注的代码。

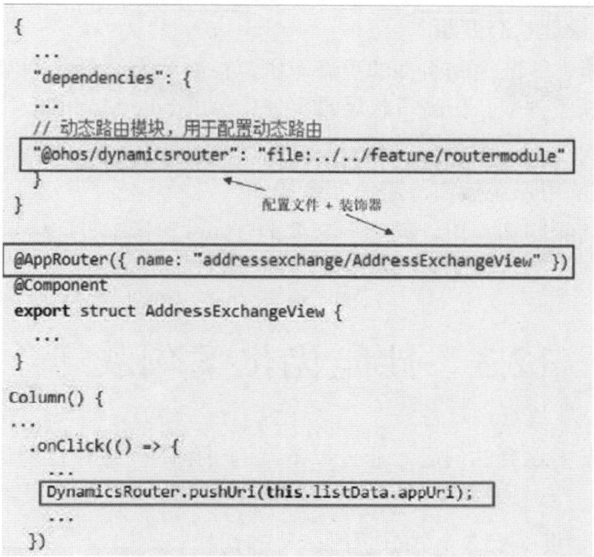

第 12 章　高效开发实践

```
{
    ...
    "dependencies": {
        ...
        // 动态路由模块，用于配置动态路由
        "@ohos/dynamicsrouter": "file:../../feature/routermodule"
    }
}                                    配置文件 + 装饰器

@AppRouter({ name: "addressexchange/AddressExchangeView" })
@Component
export struct AddressExchangeView {
    ...
}
Column() {
    ...
    .onClick(() => {
        ...
        DynamicsRouter.pushUri(this.listData.appUri);
        ...
    })
}
```

图 12-4　一行代码实现页面跳转

12.2　应用性能四板斧

在实际的开发过程中，我们通常会遇到以下性能问题。
- 应用启动慢、Web 页面加载缓慢、页面跳转的响应时延长。
- 页面滑动卡、负载高、丢帧等。

之所以会出现上述性能问题，源于错误的积累。例如，应用启动慢一般是因为操作都集中在主线程上导致的；页面滑动卡一般是因为使用了 LazyForEach 但没有组件复用；负载高一般是因为几十层自定义组件嵌套、滥用状态变量导致冗余刷新；丢帧一般是因为在系统高频函数中处理耗时操作。

针对上述问题，笔者总结了应用性能优化的四板斧，供大家在日常开发中参考。

1. 一板斧：合理地使用并行化、异步化、预加载和缓存

合理地使用并行化、异步化、预加载和缓存等方法提升应用启动和响应的速度。例如，使用多线程并发、异步并发、Web 预加载、懒加载+组件复用+缓存列表项等能力，以提升系统资源的利用率，减少主线程负载，加快应用的启动速度和响应速度。

2. 二板斧：尽量减少布局的嵌套层数

在进行页面布局开发时，去除冗余的布局嵌套，使用相对布局、绝对定位、自定义布局、Grid、GridRow 等扁平化布局。减少布局的嵌套层数，避免系统绘制更多的布局组件，使用@Builder 装饰器替换自定义组件减少嵌套层级，达到优化性能、减少内存占用的目的。

3. 三板斧：合理地管理状态变量

合理地管理状态变量，精准控制组件的更新范围，控制状态变量关联组件的数量，控制对象级状态变量的成员变量关联组件数。在高负载场景下使用 Attribute Modifier（条件属性），渲染粒度最细，减少组件渲染负载，提升应用流畅度。

4. 四板斧：合理地使用系统接口，避免冗余操作

合理地使用系统的高频回调接口，删除不必要的 Trace 和日志打印，避免注册系统冗余回调，以减少系统开销。

12.3 性能优化案例展示

本节将结合日常开发中遇到的问题，通过以下案例讲解如何进行性能优化。

1. 并行提速

如图 12-5 所示，当主页中有多个 Tab 页时，每当切换到未加载的 Tab 页时，就需要请求网络数据，这样会导致页面显示较慢。这时，我们就可以使用并发优化。

示例代码如下：

```
import taskpool from '@ohos.taskpool'

aboutToAppear(): void {
    // 在生命周期中，并发请求数据
    this.requestByTaskpool()
}
@Concurrent getInfoFromHttp():string[] {
    // 从网络加载数据
    return http.request()
}
requestByTaskpool() {
    // 创建任务项
    let task = new taskpool.Task(this.
            getInfoFromHttp)
    try {
    // 执行网络加载函数
    taskpool.execute(task,  taskpool.Priority.HIGH).
then((res: string[]) => {
    })
    } catch (err) {
    //…
    }
}
```

图 12-5　第二个 Tab 页显示加载慢

2. 异步提速

生命周期中如果必须要执行耗时操作，可以考虑使用异步接口或异步加载的方式（使用

setTimeOut 改造），以延迟耗时操作的运行时机，从而提升页面的响应速度。

使用以下代码模拟耗时任务。

```
//耗时任务
computeTask() {
    // 模拟耗时操作
    for (let i = 0; i < 10000; i++) {
     console.log('tag: ' + i);
    }
}
```

不推荐的代码如下。

```
computeTaskAsync() {
    // 异步执行，避免阻塞首帧绘制
    return new Promise(() => {
        this.computeTask();
    })
}
```

推荐的代码如下。

```
// setTimeOut 改造
computeTaskSetTimeout() {
    // 异步执行，避免阻塞首帧绘制
    setTimeOut(this.computeTask, 0);
}
```

异步运作机制如图 12-6 所示。

3. 预加载提速

Web 组件预连接、预加载、预渲染。优化手段包括提前初始化内核、预解析 DNS、预连接、预加载下一页和预渲染等。

示例代码如下。

```
// 开启预连接时，需要先使用上述方法预加载 WebView 内核
webview.WebviewController.initializeWebEngine()
// 启动预连接，连接地址为即将打开的网址
webview.WebviewController.prepareForPageLoad("https://www.example.com", true, 2)
import webview from '@ohos.web.webview';
...
controller = new webview.WebviewController()
...
Web({ src: 'https://www.example.com', controller:this.controller })
.onPageEnd((event) => {
...
// 在确定即将跳转的页面时开启预加载
this.controller.prefetchPage('https://www.example.com/nextpage')
Button('下一页')
.onClick(() => {
...
// 跳转下一页
this.controller.loadUrl('https://www.example.com/nextpage')
```

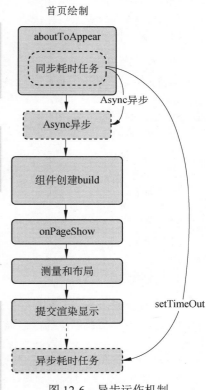

图 12-6　异步运作机制

4. 预渲染提速

提前创建离线的 ArkWeb 组件，按需挂载到组件树消耗的内存比预连接、预加载多。建议开发者只针对高频页面使用。

5. 条件渲染提速

布局复杂导致页面响应慢，可先渲染简单骨架占位，等加载完成后再显示最终的布局，以加快响应。

6. 条件渲染

我们还可以使用 if/else 控制组件的加载渲染。如图 12-7 和图 12-8 所示页面分别是骨架图和全量图的例子。

示例代码如下：

图 12-7　骨架图　　图 12-8　全量图

```
@State isInitialized: boolean = false
build() {
  // 当数据未就位时展示骨架图，渲染快
  if (!this.isInitialized) {
    // 骨架图
    skeletonComponent()
  } else {
    // 数据加载完成
    businessComponent()
  }
}
```

这里我们要注意，条件渲染和显/隐控制的区别。使用条件渲染时，在页面初始构建时，若组件隐藏，组件是不会被创建的，但显/隐控制是会创建组件的。使用显/隐控制时，若组件由显示变为隐藏时，组件是不会被销毁并从组件树取下的。使用条件渲染时，组件隐藏时，是不会占位的。而在进行显/隐控制时，组件隐藏时，占位是可以配置的。二者的使用场景各不相同。在应用冷启动阶段，应用加载绘制首页时，如果组件初始时不需要显示，建议使用条件渲染替代显/隐控制，以减少渲染时间，从而加快启动速度。如果组件频繁地在显示和隐藏状态之间切换时，建议使用显/隐控制替代条件渲染，以避免组件的频繁创建与销毁，从而提升性能。

7. 使用缓存

在 List 场景，推荐使用 LazyForEach+组件复用+缓存，以加快页面启动速度，从而提升滑动帧率。

1）方式一：提供 ForEach 实现一次性加载全量数据并循环渲染

```
ForEach(
  arr: any[], // 需要进行数据迭代的列表数组
  itemGenerator: (item: any, index?: number) => void,        // 子组件生成函数
```

```
  keyGenerator?: (item: any, index?: number) => string        //（可选）键值生成函数
)
```

ForEach 循环渲染的过程如下。

（1）从列表数据源一次性加载全量数据。

（2）为列表数据的每一个元素都创建对应的组件，并全部挂载在组件树上。即 ForEach 遍历多少个列表元素，就创建多少个 ListItem 组件节点并依次挂载在 List 组件树的根节点上。

（3）当列表内容显示时，只渲染屏幕可视区内的 ListItem 组件。对于可视区外的 ListItem 组件，一旦它们滑动进入屏幕内，由于数据加载和组件创建挂载已经完成，直接渲染即可。

ForEach 渲染的原理如图 12-9 所示。

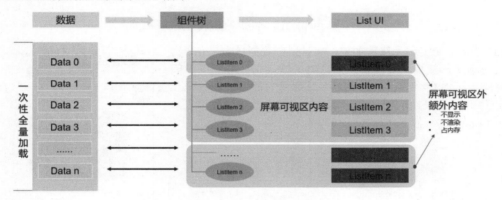

图 12-9　ForEach 渲染的原理

ForEach 循环渲染在列表数据量大、组件结构复杂的情况下，会出现性能瓶颈。由于要一次性加载所有的列表数据，创建所有组件节点并完成组件树的构建，在数据量大时会非常耗时，从而导致页面启动时间过长。另外，屏幕可视区外的组件虽然不会显示在屏幕上，但是仍然会占用内存。在系统处于高负载的情况下，更容易出现性能问题，在极限情况下甚至会导致应用异常退出。

为了规避上述可能出现的问题，应用框架进一步提供了懒加载方式。

2）方式二：提供 LazyForEach 实现延迟加载数据并按需渲染

```
LazyForEach(
  dataSource: IDataSource,                    // 需要进行数据迭代的数据源
  itemGenerator: (item: any) => void,         // 子组件生成函数
  keyGenerator?: (item: any) => string        //（可选）键值生成函数
)
```

LazyForEach 懒加载的原理如下。

（1）LazyForEach 会根据屏幕可视区能够容纳显示的组件数量按需加载数据。

（2）根据加载的数据量创建组件并挂载在组件树上，构建一棵短小的组件树。屏幕可以展示多少个列表项组件，就按需创建多少个 ListItem 组件节点挂载在 List 组件树的根节点上。

（3）在屏幕可视区只展示部分组件。当可视区外的组件需要在屏幕内显示时，需要依次完成数据加载、组件创建、挂载组件树这一过程，直至渲染到屏幕上。

LazyForEach 渲染的原理如图 12-10 所示。

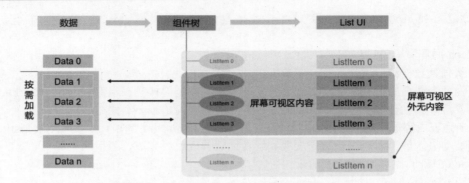

图 12-10　LazyForEach 渲染的原理

LazyForEach 实现了按需加载，针对列表数据量大、列表组件复杂的场景，减少了页面首次启动时一次性加载数据的时间消耗并减少了内存峰值，从而显著提升页面的能效比和用户体验。使用 LazyForEach 时，一定要配合设置合适的缓存列表项（cachedCount）+组件复用，示例代码如下。

```
build() {
  Column() {
    List() {
      ...
      LazyForEach(this.chatListData, (msg: ChatModel) => {
        ListItem() {
          ChatView({ chatItem: msg })
        }
      }, (msg: ChatModel) => msg.user.userId)
    }
    .backgroundColor(Color.White)
    .listDirection(Axis.Vertical)
    ...
    .cachedCount(this.list_cachedCount ? Constants.CACHED_COUNT : 0) // 缓存列表数量
  }
}
```

上述代码的解释如下。

List/Grid 容器组件的 cachedCount 属性用于为 LazyForEach 懒加载设置列表项 ListItem 的最少缓存数量。应用可以通过增加 cachedCount 参数，调整屏幕外预加载项的数量。提供一个开关用于设置是否启用该属性。在设置 cachedCount 后，当列表界面滑动时，除了获取屏幕上展示的数据，还会额外获取指定数量的列表项数据并缓存起来。

长列表滑动到指定列表项的动效实现案例如图 12-11 所示。

图 12-11　长列表滑动到指定列表项的动效实现案例

上面案例中的长列表 List 组件的代码如下。

```
List() {
  // TODO：高性能知识点：当列表数据较多，不需要全部渲染时，可采用 LazyForEach
  LazyForEach(momentData, (moment: FriendMoment) => {
    ListItem() {
      OneMoment({ moment: moment })
    }
  }
}
// TODO：高性能知识点：为保证滑动流畅，可采用 cachedCount 缓存前后节点
.cachedCount(this.cachedCountNumber)
```

List 中使用的 oneMoment 组件的示例代码如下。

```
/**
 * 列表子组件
 */
//TODO：性能知识点：@Reusable 复用组件优化
@Reusable
@Component
export struct OneMoment { //…
```

上面的代码使用了 LazyForEach+cacheCount+ @Reusable 实现长列表不卡顿滑动。

组件复用机制如下。

此机制提供可复用组件对象的缓存资源池，通过重复利用已经创建过并缓存的组件对象，降低组件短时间内频繁创建和销毁的开销，以提升组件渲染效率。

在滑动场景下，常常会对同一类自定义组件的实例进行频繁的创建与销毁。此时，开发者可以考虑通过组件复用减少频繁创建与销毁的能耗。通过组件复用，可以提高列表页面的加载速度和响应速度。

组件复用机制的渲染步骤如下。

（1）标记为@Reusable 的组件从组件树上被移除时，组件和其对应的 JSView 对象都会被放入复用缓存中。

（2）当列表滑动新的 ListItem 将要被显示，List 组件树上需要新建节点时，将会从复用缓存中查找可复用的组件节点。

（3）找到可复用节点并对其进行更新后添加到组件树中，从而节省了组件节点和 JSView 对象的创建时间。

组件复用的场景如下。

（1）列表滚动：大量数据时滚动导致的卡顿。

（2）动态布局：频繁更新视图结构和样式导致的掉帧。

（3）地图渲染：拖动地图时，频繁创建视图导致的地图卡顿。

组件复用机制的原理如图 12-12 所示。

组件复用机制的原理说明如下。

（1）如图 12-12 中①所示，ListItem N-1 滑出可视区域即将销毁时，如果标记了@Reusable，就会进入这个自定义组件所在父组件的复用缓存区。注意，在自定义组件首次显示时，不会触发组件复用。后续创建新组件节点时，会复用缓存区中的节点，以节约组件重新创建的时间。尤其是该复

用组件具有相同的布局结构，仅有某些数据差异时，通过组件复用可以提高列表页面的加载速度和响应速度。

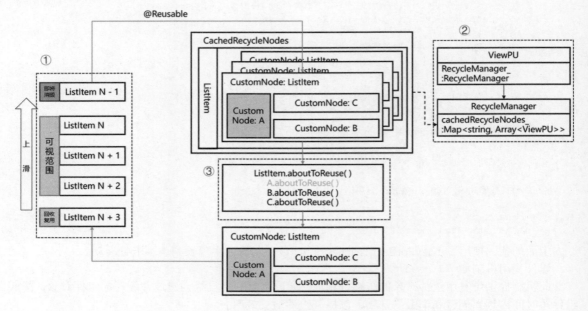

图 12-12　组件复用机制的原理

（2）如图 12-12 中②所示，复用缓存池是一个 Map 套 Array 的数据结构，以 reuseId 为 key，具有相同 reuseId 的组件在同一个 Array 中。如未设置 reuseId，则 reuseId 默认是自定义组件的名字。

（3）如图 12-12 中③所示，发生复用行为时，会自动递归调用复用池中取出的自定义组件的 aboutToReuse 回调，应用可以在这个时候刷新数据。

针对组件复用中的精细优化如下。

（1）减少复用组件的嵌套层级。

（2）优化状态管理，精准控制刷新范围。

（3）复用组件的嵌套结构会变更的场景，如有条件语句控制组件结构，需要使用 reuseId 标记不同结构的组件构成，提升复用性能。

（4）不要使用函数作为复用组件的入参。在复用时会触发组件的构造，如果函数入参中存在耗时操作，会影响复用性能。

优先使用 @Builder 替代自定义组件，在日常组件复用场景下，过深的自定义组件的嵌套会增加组件复用的使用难度。例如，需要逐个实现所有嵌套组件中 aboutToReuse 回调实现数据更新，因此，推荐优先使用 @Builder 替代自定义组件，以减少嵌套层级，从而利于提升页面速度。下面通过截取真实案例的部分代码来展示如何进行组件的复用，代码如下。

优化前的代码如下。

```
@Reusable
@Component
```

```
struct ComponentA {
@State desc: string = '';
aboutToReuse(params: ESObject):void { this.desc = params.desc as string;}
build() {
    // 在复用组件中嵌套使用自定义组件
     ComponentB({ desc: this.desc })
    }
}
@Component
struct ComponentB {
@State desc: string = '';
    // 嵌套的组件中也需要实现 aboutToReuse 来进行 UI 的刷新
    aboutToReuse(params: ESObject): void {this.desc = params.desc as string;}
    build() {
        Column() {
            Text('子组件' + this.desc)
            .fontSize(30)
            .fontWeight(30)
        }
    }
}
```

优化后的代码如下。

```
@Reusable
@Component
struct ChildComponent {
    @State desc: string = '';
    aboutToReuse(params: Record<string, Object>): void {
        this.desc = params.desc as string;
    }
    build() {
        Column() {
            // 使用@Builder
            this.childComponentBuilder({ paramA: this.desc })
        }
    }
}

class Temp {
    paramA: string = '';
}
@Builder childComponentBuilder($$:Temp) {
    Column() {
        Text('子组件' + $$.paramA)
        .fontSize(30)
        .fontWeight(30)
        }
}
```

使用 Builder 和使用自定义组件的耗时对比如图 12-13 所示。

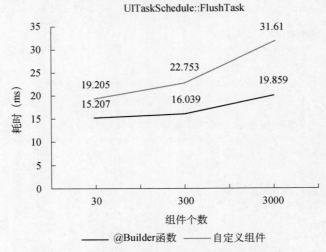

图 12-13 使用 Builder 和使用自定义组件的耗时对比

第三篇　HarmonyOS SDK 开放能力集

第 13 章　应用服务

第 13 章 应用服务

HarmonyOS SDK 开放能力集是随 NEXT 版本内置到系统中的华为生态各种应用服务的开发包，它可以帮助开发者更好地集成华为用户生态相关的服务。例如，本章提到的华为账号服务、应用内支付服务、推送服务、华为支付、游戏登录服务、地图服务等，这些服务包在提升用户黏性、方便用户使用华为的各种专属服务，更快实现市场推广和盈利等应用运营方面提供了巨大的便利，值得开发者重视并研究使用。

13.1 华为账号服务

13.1.1 账号服务概述

华为账号的用户注册量已超过十亿，月活跃用户超过四亿，并支持七十多种语言。其流畅的登录体验有助于提升注册转化率。通过华为账号，用户可以一键登录应用，而应用开发者则可通过与华为账号的绑定快速吸引新用户并实现登录功能，进而利用华为账号的各项能力，包括提升转化率、增强用户黏性以及便捷地获取数据等。华为账号的开放遵循 OAuth 2.0 协议及 OpenID Connect 标准规范。

华为账号服务主要特性如下。

1）鸿蒙应用使用华为账号一键登录

开发者可以直接从华为账号获取隐匿账号 ID 作为用户标识，用户直接免授权登录 APP，如图 13-1 所示。

2）开发者按需获取用户的常用信息

获取华为账号头像/昵称信息和账号绑定的手机号分别如图 13-2 和图 13-3 所示。

可以发现，头像/昵称、手机号等常用信息，只需在华为账号维护，按需授权给开发者使用；对于已获取的头像/昵称和手机号，支持用户进行更新。

3）敏感操作可使用华为账号便捷的身份验证服务

华为账号身份验证服务如图 13-4 所示。

图 13-1 华为账号一键登录

第 13 章　应用服务

图 13-2　获取华为账号头像/昵称信息①

图 13-3　获取华为账号绑定的手机号

图 13-4　华为账号身份验证服务

既然华为账号能提供便捷的身份验证服务，那么我们在登录华为账号的基础上，可进一步使用身份验证服务，在用户进行敏感操作时可直接通过验证用户的华为账号关联的当前设备指纹/人脸或账号密码等方式对用户进行身份验证。此外，也可以使用华为账号的人脸核身功能，华为会将用户在华为账号已有的身份信息（姓名、证件类型、身份证号）和当前采集的人脸信息加密传输至权威身份认证机构，以验证用户的身份。指纹验证、刷脸验证、账号密码验证和人脸验证分别如图 13-5～图 13-8 所示。

可以看出，通过华为账号提供的这些能力，可以很大程度上降低这一块的成本，快速让应用接入这样的能力，同时不必担心信息的泄露。

4）华为账号采用多项措施提升设备账号登录率

开机即登录，在 OOBE（开箱体验）场景下，引导用户登录或注册华为账号以加强用户的账号登录意识，登录首页、账号密码登录页和初始化华为账号密码页分别如图 13-9～图 13-11 所示。

在使用安卓设备下载应用时，用户可以直接下载 APK 文件并安装应用，无须登录账号。然而，为了增强安全性，鸿蒙系统要求用户在华为应用市场下载应用时必须先登录华为账号。这一措施显著提升了设备的账号登录频率，并为应用吸引了更多潜在用户。

---

① 图 13-2 中的"帐"同"账"，后文不再赘述。

图 13-5　指纹验证　　　图 13-6　刷脸验证　　　图 13-7　账号密码验证　　　图 13-8　人脸验证

  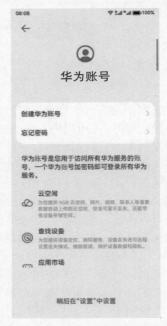

图 13-9　登录首页　　　图 13-10　账号密码登录页　　　图 13-11　初始化华为账号密码页

13.1.2 账号服务实战

为了帮助开发者掌握华为账号服务能力,下面我们通过一个案例进行讲解。

1. 快速登录的前置条件

快速登录的前置条件如下。

1)创建 HarmonyOS 工程

如果当前未打开任何工程,可以在 DevEco Studio 的欢迎页选择 Create Project 打开新工程创建向导。如果已打开新工程,可以在菜单栏选择"File → New → Create Project"打开新工程创建向导,如图 13-12 所示。

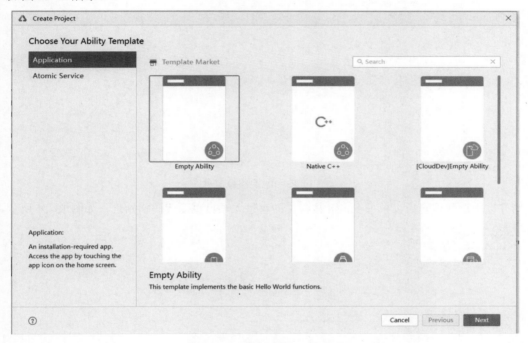

图 13-12 选择模板,创建工程

接下来在图 13-13 所示页面配置项目信息。首选,选中 Application,再选中 Empty Ability,最后单击 Next 按钮,进入到下一个页面。

我们可以自定义项目名称(Project name),图 13-13 中的项目名称自定义为 HuaWeiAccountKitDemo。应用 Bundle 名称(Bundle name)是应用的唯一标识,推荐采用反向域名形式命名法(如 com.example.demo,建议第一级为域名后缀如 com,第二级为厂商/个人名,第三级为应用名,也可以多级)。对于那些需要随系统源码一同编译的应用,建议以 com.ohos.demo 形式命名,其中的"ohos"标识系统应用。Save location 可以设置项目文件存放的目录;对于 Compatible SDK 版本,我们选择最新的 5.0 版本,支持 API 12 的能力,Module name 默认设置为 entry,设备类型(Device type）支持包括 phone、Tablet 及 2in1 设备。

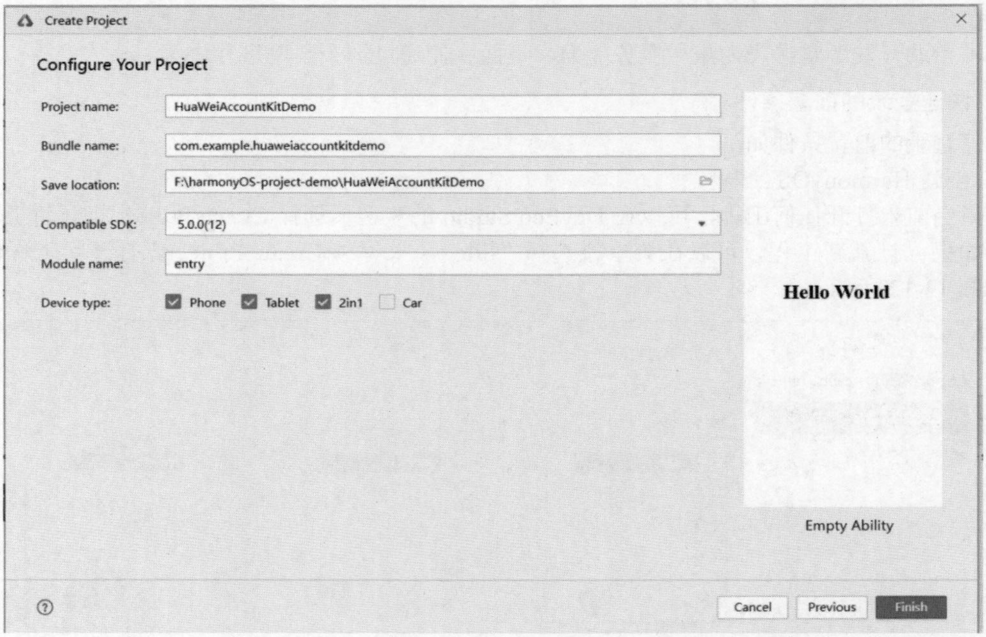

图 13-13　配置项目信息

填好以上这些信息后，单击 Finish 按钮，即可进入项目页面代码初始化，如图 13-14 所示。

图 13-14　项目页面代码初始化

第 13 章　应用服务

2）AGC 控制台创建应用

登录 AppGallery Connect（简称 AGC），地址为 https://developer.huawei.com/consumer/cn/service/josp/agc/index.html#。单击"我的项目"，在项目中单击"添加项目"，输入项目名称后，单击"创建并继续"。添加项目和添加应用页面参数设置页面分别如图 13-15 和图 13-16 所示。

图 13-15　添加项目页面

图 13-16　添加应用页面参数设置页面

项目创建完成后，单击项目设置页面中的"添加应用"按钮，在"添加应用"页面中设置参数后，单击"确认"按钮即可。

注意：当应用需要使用华为账号服务、Call Kit（通话服务）、Game Service Kit、Health Service Kit（运动健康服务）、IAP Kit、Live View Kit（实况窗服务，当需要使用 Push Kit 时必须执行此步骤）、Map Kit、Payment Kit（华为支付服务）、Push Kit 等开放能力中的一种或多种时，为了正常调试运行应用，我们需要预先添加公钥指纹，步骤如下。

（1）在 DevEco Studio 中对工程进行自动签名，以便自动生成调试证书并自动上传到 AGC。
（2）在 AGC 上对应的项目应用中添加公钥指纹，如图 13-17 中的链接。

3）配置 Client ID

步骤如下。

（1）登录 AppGallery Connect，在"我的项目"中选择目标应用，通过"项目设置→常规→应用"获取应用的 Client ID，如图 13-17 所示。

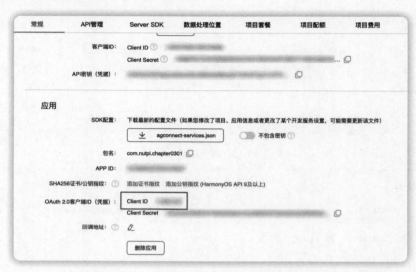

图 13-17　获取应用 Client ID

（2）在工程中 entry 模块下的 module.json5 文件中新增 metadata，配置 name 为 client_id，其 value 为上一步获取的 Client ID 的值，如图 13-18 所示。

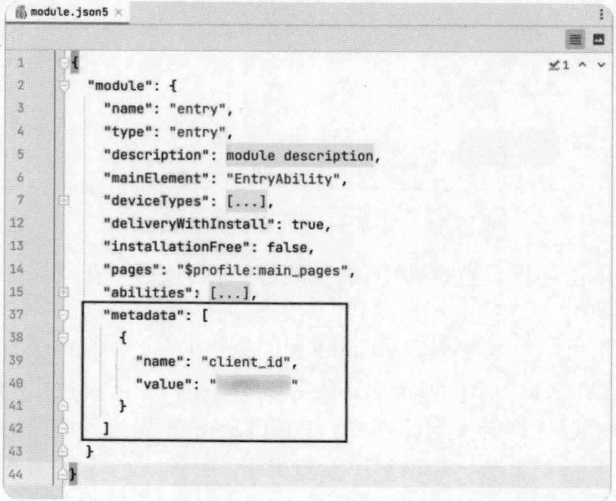

图 13-18　在 module.json5 中配置 Client ID

4）配置权限

步骤如下。

（1）登录华为开发者联盟，选择"管理中心→API 服务→授权管理"。

（2）选择目标应用的应用名称，服务选择"华为账号服务"，选择"敏感权限"，再根据应用的需要选择对应的权限，然后单击"申请"操作，如图 13-19 所示。

图 13-19　申请获取用户信息

（3）单击申请后选择对应的"服务类型"选项，开发者根据应用实际情况填写使用场景即可，如图 13-20 所示。

图 13-20　申请获取用户信息填写使用场景

（4）提交申请成功后查看状态为"待审核"，审核结果会在 5 个工作日内通过站内消息的形式发送到消息中心，开发者请注意查收，如图 13-21 所示。

图 13-21　查看申请状态页面

2. 华为账号服务开发指南

1）登录基础概念

登录基础概念如表 13-1 所示。

表 13-1　登录基础概念

ID 种类	定　　义	使 用 场 景
UnionID	UnionID 是华为账号用户在同一个开发者账号下产品的身份 ID，同一个用户的同一个开发者账号下管理的不同应用，其 UnionID 值相同	在同一个开发者账号下标识用户的唯一性，建议使用 UnionID
OpenID	OpenID 是华为账号用户在不同类型的产品的身份 ID，同一个用户不同应用，其 OpenID 值不同	在同一个应用下标识用户的唯一性

2）登录流程

登录流程如图 13-22 所示。

以上登录流程的说明如下。

（1）开发者调用华为账号登录组件或 API 获取 UnionID、临时登录凭证 Authorization Code，并传给应用服务器。

（2）使用 Client ID、Client Secret、Authorization Code 请求华为账号服务器获取 Access Token 和 Refresh Token，通过 AccessToken 请求获取用户的 UnionID 等信息。

（3）通过 UnionID、Access Token、Refresh Token 等创建业务凭证，开发通过业务凭证创建端云 session，用于后续业务逻辑中端云交互时用户身份的识别。

3）登录方式

登录方式、使用场景及使用方式如表 13-2 所示。

第 13 章 应用服务

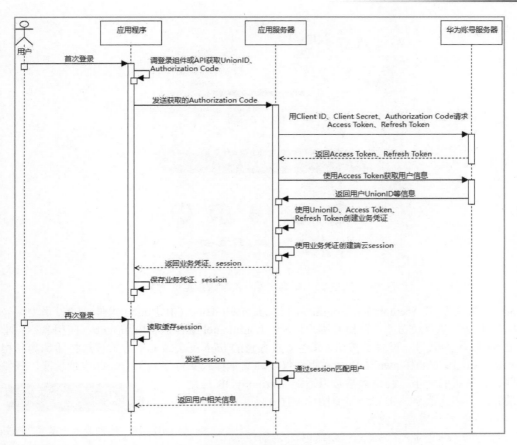

图 13-22 登录流程

表 13-2 登录方式、使用场景及使用方式

登 录 方 式	使 用 场 景	使 用 方 式
组件登录	提供满足华为设定的统一布局和快速登录规范，为开发者节约设计和开发时间。它支持华为账号一键登录和华为账号快速登录两种方式	直接调用组件，无须调用登录接口
API 登录	场景一：仅提供登录接口供开发者调用，需要开发者自行设计并开发满足华为账号快速登录规范的组件样式。 场景二：实现静默登录，该场景不需要设计和开发组件样式。	（1）先设计和开发满足华为账号快速登录规范的组件样式后触发调用登录接口。 （2）直接调用登录接口，通过传参实现静默登录

4）华为账号一键登录场景

华为账号一键登录预览页如图 13-23 所示。

229

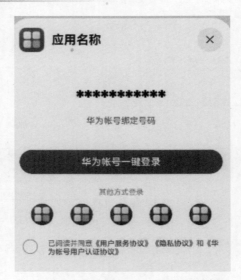

图 13-23　华为账号一键登录预览页 ①

推荐开发者使用 Account Kit LoginPanel、LoginWithHuaweiIDButton 组件，通过华为账号绑定的手机号实现一键登录功能，以提升用户体验。LoginPanel 组件包含应用 Icon、应用名称、华为账号绑定号码、华为账号一键登录按钮、其他方式登录的 Icon 列表或其他方式登录按钮和隐私相关文本等元素。Login WithHuaweiIDButton 组件仅以纯文本样式支持华为账号一键登录功能，开发者可以通过调整按钮的大小、圆角等参数以适配 HarmonyOS 应用的登录界面。华为账号一键登录按钮图标如图 13-24 所示。

图 13-24　华为账号一键登录按钮图标

5）华为账号一键登录流程

华为账号一键登录流程如下，如图 13-25 所示。

（1）调用 authentication 模块的 AuthorizationWithHuaweiIDRequest 请求获取华为账号的匿名手机号。

（2）展示华为账号的匿名手机号、"华为账号用户认证协议"等信息。

（3）用户同意协议后，单击"华为账号一键登录"按钮，应用可以获取 OpenID、UnionID、Authorization Code、ID Token 等数据。

6）LoginPanel 登录组件介绍

Account Kit 模块提供 LoginPanel 组件，用来为用户展示登录面板的 UI 组件，HarmonyOS 应用通过集成该组件完成华为账号登录功能。

LoginPanel 需要与 loginComponentManager（华为账号登录组件管理）配合一起使用，以完成华为账号登录功能。

---

① 图 13-23 中的"帐"同"账"。

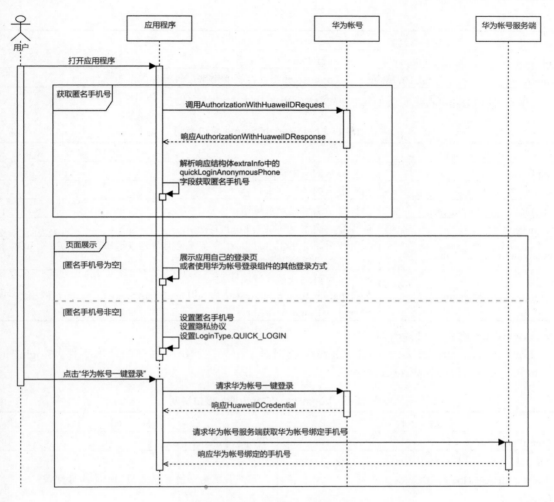

图 13-25　华为账号一键登录流程①

LoginPanel 登录组件的属性如表 13-3 所示。

表 13-3　LoginPanel 登录组件的属性

名　称	类　型	说　明
how	boolean	该参数用于控制 LoginPanel 组件是否展示。 • false：表示不展示该组件。 • true：表示展示该组件，当业务需要使用华为账号组件时，设置值为 true

① 图 13-25 中的"帐"同"账"。

续表

名称	类型	说明
params	LoginPanelParams	LoginPanel 组件参数
controller	LoginPanelController	LoginPanel 组件控制器用来接收组件的单击事件

用于创建 LoginPanel 对象的构造器和接口说明如表 13-4 所示。

表 13-4 LoginPanelParams 接口说明

名称	说明
appInfo	组件展示的应用信息
privacyText	组件展示的隐私文本内容
optionalLoginButtonAttrr	组件展示的可选登录按钮
loginType	应用登录类型，默认为 LoginType.ID
anonymousPhoneNumber	华为账号绑定的匿名手机号。当登录类型为 LoginType.QUICK_LOGIN 时，需要设置该参数
optionalLoginAreaAttr	华为账号可选登录区域属性。如果 optionalLoginButtonAttr 与 optionalLoginAreaAttr 同时存在，优先展示 optionalLoginAreaAttr

LoginPanel 登录接口说明如下。

LoginPanelController 是 LoginPanel 组件控制器，用来注册组件内部的单击事件。LoginPanelController 接口的说明如表 13-5 所示。

表 13-5 LoginPanelController 接口说明

属性	说明
LoginPanel	华为账号 Panel 登录组件
onClickLoginWithHuaweiIDButton(callback: AsyncCallback<HuaweiIDCredential>): LoginPanelController	注册华为账号一键登录按钮的单击事件回调
onClickOptionalLoginButton(callback: AsyncCallback<void>): LoginPanelController	注册可选登录按钮的单击事件回调
onClickPrivacyText(callback: AsyncCallback<string>): LoginPanelController	注册富文本类型隐私协议内容的单击事件回调
onClickCloseButton(callback: AsyncCallback<void>): LoginPanelController	注册关闭按钮的单击事件回调
onClickOptionalLoginIcon(callback: AsyncCallback<string>): LoginPanelController	注册可选登录 Icon 的单击事件回调
onChangeAgreementStatus(callback: AsyncCallback<AgreementStatus>): LoginPanelController	注册用户协议状态变化的事件回调

7）LoginPanel 登录开发指南

开发步骤如下。

（1）构建一个包含品牌信息、欢迎信息和不同登录方式的 UI 界面，"华为账号一键登录" 按钮的代码、华为账号登录服务示例的代码和 "华为账号一键登录" 按钮的预览效果分别如图 13-26～图 13-28 所示。

（2）创建 components 目录并创建自定义登录组件 LoginPanelComponent.ets，如图 13-29 所示。

```
Column() {
  Button('华为账号一键登录')
    .type(ButtonType.Normal)
    .borderRadius(8)
}
.width('100%')
.layoutWeight(1)
```

图 13-26 "华为账号一键登录" 按钮的代码

```
Column({ space: 10 }) {
  Image($r('app.media.startIcon'))
    .width(48)
    .height(48)
    .borderRadius(8)
  Text('华为账号登录服务示例')
    .fontSize(16)
}
.width('90%')
.height('30%')
.justifyContent(FlexAlign.Center)
.alignItems(HorizontalAlign.Start)
```

图 13-27 华为账号登录服务的示例代码

图 13-28 "华为账号一键登录" 按钮的预览效果

图 13-29 创建自定义 LoginPanelComponent.ets 组件文件

（3）在 LoginPanelComponent.ets 中导入 LoginPanel 模块及相关公共模块，代码如下。

```
import { LoginPanel, loginComponentManager, authentication } from '@kit.AccountKit';
import { JSON, util } from '@kit.ArkTS';
```

```
import { BusinessError } from '@kit.BasicServicesKit';
```

（4）定义接收匿名手机号变量 phoneNum，调用 authentication 模块的 AuthorizationWithHuaweiIDRequest 请求获取华为账号的匿名手机号，代码如下：

```
@State phoneNum: string = "";
  // 获取华为账号的匿名手机号
  async getQuickLoginAnonymousPhone() {
    // 创建授权请求，并设置参数
    let authRequest = new authentication.HuaweiIDProvider().
createAuthorizationWithHuaweiIDRequest();
    // 获取手机号需要传申请的 scope
    authRequest.scopes = ['quickLoginAnonymousPhone'];
    // 用于防跨站点请求伪造，非空字符即可
    authRequest.state = util.generateRandomUUID();
    authRequest.forceAuthorization = false;
    let controller = new authentication.AuthenticationController
(getContext(this));
    try {
      let response: authentication.AuthorizationWithHuaweiIDResponse = await
controller.executeRequest(authRequest);
      let anonymousPhone = response.data?.extraInfo?.quickLoginAnonymousPhone;
      if (anonymousPhone) {
        this.phoneNum = anonymousPhone as string;
      }
    } catch (error) {
      console.error('getQuickLoginAnonymousPhone failed. Cause: ' + JSON.stringify
(error));
    }
  }
```

（5）定义是否展示 LoginPanel 组件的变量 showPanel，定义 LoginPanel 展示的隐私文本，构造 LoginPanel 组件的控制器，代码如下：

```
    // 是否展示 LoginPanel 组件
    @Link showPanel: boolean;

    // 定义 LoginPanel 展示的隐私文本
    privacyText: loginComponentManager.PrivacyText[] = [{
      text: '已阅读并同意',
      type: loginComponentManager.TextType.PLAIN_TEXT
    }, {
      text: '《用户服务协议》',
      tag: '用户服务协议',
      type: loginComponentManager.TextType.RICH_TEXT
    }];

    // 构造 LoginPanel 组件的控制器
    controller: loginComponentManager.LoginPanelController = new loginComponentManager.
LoginPanelController()
      .onClickLoginWithHuaweiIDButton((error: BusinessError, response:
loginComponentManager.HuaweiIDCredential) => {
        if (error) {
          console.error("onClickLoginWithHuaweiIDButton failed. Cause: " +
```

```
JSON.stringify(error));
      return;
    }
    console.log("onClickLoginWithHuaweiIDButton ==> " + JSON. stringify (response));
  })
```

（6）在 aboutToAppear()函数调用 getQuickLoginAnonymousPhone()方法请求华为账号的匿名手机号码，同时构造 LoginPanel UI 组件，代码如下。

```
async aboutToAppear(): Promise<void> {
  await this.getQuickLoginAnonymousPhone();
}

build() {
  if (this.showPanel) {
    // 构造 LoginPanel UI 组件参数
    Stack({ alignContent: Alignment.Bottom }) {
      LoginPanel({
        show: this.showPanel,
        params: {
          appInfo: {
            appIcon: $r('app.media.app_icon'),
            appName: $r('app.string.app_name'),
            appDescription: $r('app.string.module_desc')
          },
          anonymousPhoneNumber: this.phoneNum,
          privacyText: this.privacyText,
          loginType: loginComponentManager.LoginType.QUICK_LOGIN
        },
        controller: this.controller
      })
    }
    .width('100%')
    .height('100%')
  }
}
```

（7）在 Index.ets 页面中引入自定义并使用一键登录组件，代码如下。

```
import { LoginPanelComponent } from '../components/LoginPanelComponent';
//…build方法中
LoginPanelComponent({ showPanel: this.showPanel })
```

（8）为"华为账号一键登录"按钮添加事件以更改 showPanel 变量的值，代码如下。

```
Button('华为账号一键登录')
    .type(ButtonType.Normal)
    .borderRadius(8)
    .onClick(() => {
      this.showPanel = true;
    })
```

（9）手动配置应用签名信息，并在 AGC 平台对应的项目中添加应用签名证书指纹，然后单击菜单栏中的调试图标进行应用调试。登录成功后，在日志控制台查看登录成功的信息或登录失败的原因。华为账号一键登录和日志控制台输出分别如图 13-30 和图 13-31 所示。

图 13-30　华为账号一键登录

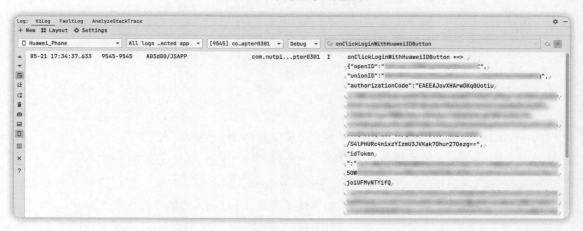

图 13-31　日志控制台输出

8）获取头像/昵称概述

Account Kit 开放了头像/昵称授权能力，当用户允许应用获取其头像/昵称后，可快速完成个人信息填写。获取华为账号/昵称信息流程如图 13-32 所示。

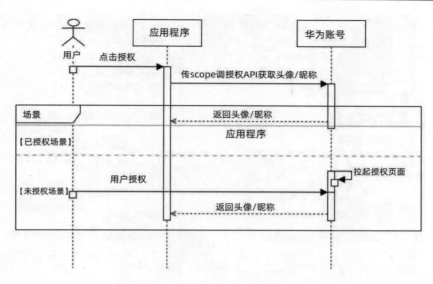

图 13-32 获取华为账号/昵称信息流程

具体的业务流程如下。
（1）开发者传递对应的 scope 调用授权 API 请求获取用户头像/昵称。
（2）若用户已为应用授权，则开发者能直接获取用户头像/昵称。
（3）若用户未授权，则授权请求会拉起授权页面；只有用户确认授权后，开发者才能获取到用户的头像/昵称。
（4）获取到头像信息后，开发者可以下载该 URL 并使用该头像。
获取头像/昵称接口的说明如表 13-6 所示。

表 13-6 获取头像/昵称接口的说明

接 口 名	描 述
createAuthorizationWithHuaweiIDReuquest(): AuthorizationWithHuaweiIDRequest	获取授权接口，通过 AuthorizationWithHuaweiIDRequest 传入头像/昵称的 scope：profile 及 Authorization Code 的 permission：serviceauthcode，即可在授权结果中获取到用户头像/昵称
constructor(context?: common.Context)	创建请求 Controller
executeRequest(request: AuthenticationRequest, callback: AsyncCallback<AuthenticationResponse, {[key: string]: Object}>): void	通过 Callback 方式执行操作。头像和昵称可从 AuthenticationResponse 的子类 AuthorizationWithHuaweiIDResponse 中解析

9）获取头像和昵称开发流程
获取头像和昵称的开发步骤如下。

（1）在 Index.ets 页构建用于请求用户头像和昵称的组件。获取昵称的预览和获取昵称的代码分别如图 13-33 和图 13-34 所示。

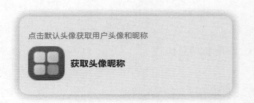

```
Column({ space: 10 }) {
  Text('点击默认头像获取用户头像和昵称')
    .fontSize(14)
    .fontColor(Color.Grey)

  Row({ space: 10 }) {
    Image(this.avatarUri)
      .width(64)
      .height(64)
      .borderRadius(8)
    Text(this.nickName)
      .fontSize(16)
      .fontWeight(FontWeight.Bolder)
  }
  .width('100%')
}
.width('90%')
.alignItems(HorizontalAlign.Start)
```

图 13-33　获取头像和昵称的预览　　　　图 13-34　获取头像和昵称的代码

（2）导入 authentication 模块及相关公共模块，代码如图 13-35 所示。

```
import { authentication } from '@kit.AccountKit';
import { util } from '@kit.ArkTS';
```

图 13-35　导入 authentication 模块及相关公共模块的代码

（3）创建授权请求并设置参数，代码如图 13-36 所示。

```
// 创建授权请求，并设置参数
let authRequest = new authentication.HuaweiIDProvider().createAuthorizationWithHuaweiIDRequest();
// 获取头像昵称需要的参数
authRequest.scopes = ['profile'];
// 用户是否需要登录授权，该值为true且用户未登录或未授权时，会拉起用户登录或授权页面
authRequest.forceAuthorization = true;
authRequest.state = util.generateRandomUUID();
```

图 13-36　创建授权请求并设置参数的代码

（4）调用 AuthenticationController 对象的 executeRequest 方法执行授权请求，并在 Callback 中处理授权结果，从授权结果中解析出头像/昵称并赋值给定义的头像 avatarUri 和昵称 nickName 变量，用于在页面中显示。获取用户头像信息的代码如图 13-37 所示。

```
try {
  let controller = new authentication.AuthenticationController(getContext(this));
  let response: authentication.AuthorizationWithHuaweiIDResponse = await controller.executeRequest(authRequest);
  if (response) {
    this.avatarUri = response.data?.avatarUri as string;
    this.nickName = response.data?.nickName as string;
  }
} catch (error) {
  console.error('getAvatarAndNickName failed. Cause: ' + JSON.stringify(error));
}
```

图 13-37　获取用户头像信息的代码

（5）为默认头像添加单击事件来调用获取头像/昵称的方法，代码如图 13-38 所示。

（6）单击 DevEco Studio 工具栏中的调试按钮运行应用程序，单击默认头像/昵称列表，弹出授权提示信息。用户单击"允许"按钮，表示同意授权，授权后，在页面中会显示用户的头像/昵称。获取头像/昵称的授权页面和获取头像/昵称的效果分别如图 13-39 和图 13-40 所示。

```
Row({ space: 10 }) {
  Image(this.avatarUri)
    .width(64)
    .height(64)
    .borderRadius(8)
  Text(this.nickName)
    .fontSize(16)
    .fontWeight(FontWeight.Bolder)
}
.width('100%')
.onClick(async () => {
  await this.getAvatarAndNickName();
})
```

图 13-38　获取头像/昵称方法的代码

图 13-39　获取头像/昵称的授权页面

图 13-40　获取头像/昵称的效果

13.2　应用内支付服务

通过应用内支付服务，用户可以在开发者的 APP 内购买各种类型的虚拟商品，包括消耗型商品、非消耗型商品和自动续期订阅商品。

13.2.1 应用内支付服务概述

在应用购买场景下，用户可选择一次性支付方式来购买商品，这些商品可以划分为消耗型商品和非消耗型商品。

- 消耗型商品：使用一次后即消耗，即随使用减少，因此需再次购买，如游戏货币、游戏道具等。
- 非消耗型商品：一次性购买、永久拥有，如游戏中额外的关卡、应用中无限时的高级会员等。

在实际的开发过程中，开发者可以结合实际业务场景选择提供的商品类型。非消耗型场景支付如图 13-41 所示。

订阅是指用户在购买自动续期订阅商品后，可以在一段时间访问 APP 的增值功能或内容，并且会在订阅周期结束后自动续期购买下一期服务的能力。若期间用户取消订阅，则在当期结束后订阅将不再自动续期。

自动续期订阅商品是指用户购买后，在一段时间内允许访问增值功能或内容，在周期结束后将自动续期购买下一期服务，例如应用中有时限的高级会员、视频的月度会员等。如果在这期间用户取消订阅，则在当期结束后，订阅将不再自动续期。订阅场景支付如图 13-42 所示。

图 13-41　非消耗型场景支付

图 13-42　订阅场景支付

13.2.2　IAP Kit 服务实战

1. 项目概述

"坚果学堂"是一款模拟在应用程序中使用 IAP Kit 购买消耗型商品的应用。该应用涵盖消耗型商品（【坚果派】鸿蒙实战课程）的展示和购买课程的功能，旨在帮助用户学习并应用程序中调用 IAP Kit 来购买消耗型商品。应用的功能如下。

● 启动应用后，显示加载 Loading，等待并返回消耗型商品数据。
● 展示消耗型商品数据，包括商品图片、商品名称和商品价格等。
● 单击商品价格按钮，将弹出"华为应用内支付通知"授权对话框，单击"同意"按钮后，将开启华为应用内支付，输入支付密码后，将显示支付成功的提示窗口。

相关概念如下。
● Stack 组件：通过 visibility 属性控制加载动效组件显示或者异常信息文本提示。
● List 组件：用于显示一系列相同宽度的消耗型商品信息。
● IAP Kit：为应用提供购买支付能力。

图 13-43 和图 13-44 所示为应用内支付案例效果。

图 13-43　应用内支付案例效果 1

图 13-44　应用内支付案例效果 2

2. 环境搭建

环境搭建步骤如下。
（1）开通商户服务。开发者需要开通商户服务，才能使用华为应用内支付服务。
（2）在 AppGallery Connect 控制台创建项目和应用。
（3）应用创建完成后，单击"API 管理"页签，搜索"应用内支付服务"并开启"应用内支付服务"开关，如图 13-45 所示。

图 13-45　API 管理开启"应用内支付服务"开关

（4）在图 13-46 中左侧导航栏选择"盈利→应用内支付服务",单击"设置"按钮。设置完成后在页面中会生成公钥信息。保存公钥的目的是用于 IAP Kit 系统级 API 返回数据验签,确保数据不被篡改。

图 13-46　设置生成公钥信息

1）AppGallery Connect 控制台创建应用

创建应用的步骤如下。

（1）登录 AppGallery Connect 添加项目,单击"我的项目",在项目中单击"添加项目",输入项目名称后,单击"创建并继续",如图 13-47 所示。

图 13-47 添加项目

（2）项目创建完成后，单击项目设置页面中的"添加应用"按钮，在"添加应用"页面中设置参数后，单击"确认"按钮。

注意：应用包名需与 DevEco Studio 创建 HarmonyOS 应用工程的 Bundle name 一致，例如本例中均为 com.nutpi.chapter0302。

2）创建 HarmonyOS 工程

创建工程的方式如下。

当前未打开任何工程，可以在 DevEco Studio 的欢迎页选择 Create Project 打开新工程创建向导。

当已打开新工程时，可以在菜单栏选择"File → New → Create Project"打开新工程创建向导。

注意：在工程配置页面配置工程信息时，其中 Bundle name（包名）需与 AppGallery Connect 控制台创建应用时的应用包名保持一致，如图 13-48 所示。

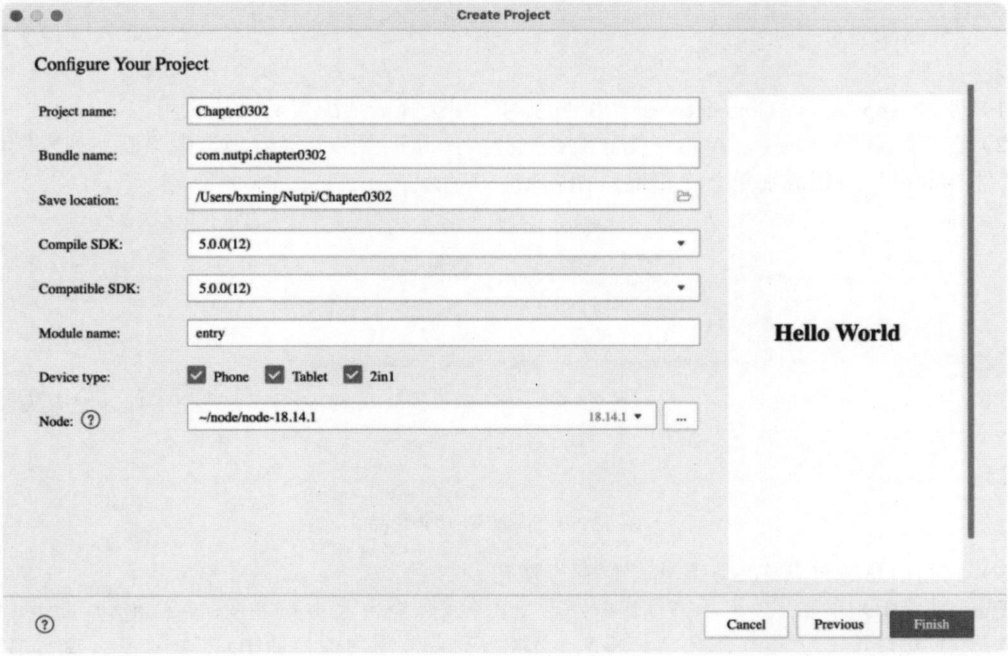

图 13-48 项目设置

3）配置应用身份信息

在 HarmonyOS 应用"entry/src/main/module.json5"的 module 节点增加 client_id 和 app_id 属性配置，如图 13-49 所示。

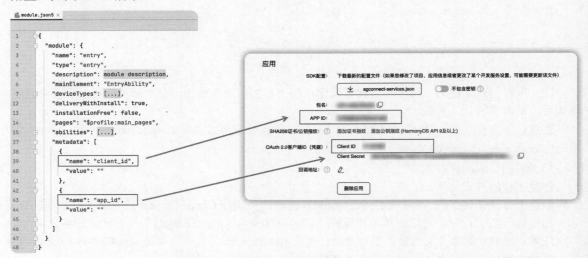

图 13-49　在 module.json5 中配置 client_id 和 app_id

4）配置商品信息

步骤如下。

（1）登录 AppGallery Connect，在"我的应用"中选择需要配置商品的应用。

（2）在"运营"页签中，单击左侧导航栏选择"产品运营→商品管理"中"商品列表"页签，单击"添加商品"按钮添加第一个商品，如图 13-50 所示。

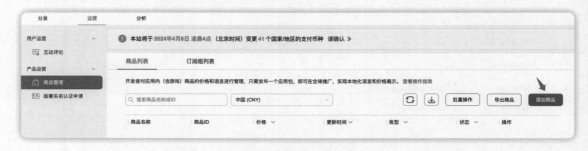

图 13-50　添加第一个商品

（3）商品信息配置完成后，单击"保存"按钮。

注意：商品 ID 必须以大小写字母或数字开头，并且只能由大小写字母（A-Z，a-z）、数字（0-9）、下画线（_）或句点（.）组成，且字符长度为 148。同一应用内的商品 ID 不能重复，商品 ID 保存后将无法修改（删除后也无法再次使用）。

下面添加第二个商品，如图 13-51 所示。

第 13 章 应用服务

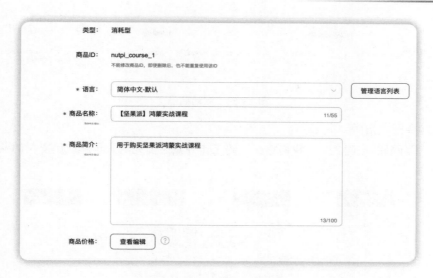

图 13-51 添加第二个商品

（4）单击商品编辑页面的"查看编辑"，配置商品的用户支付价格（含税），如图 13-52 所示。依次选择"汇率换算基准价格"类型、国家和币种，并配置基准价格。开发者应根据使用需要去选择排序规则，在列表中选择使用汇率刷新价格的"国家/地区"，单击"刷新"同步更新商品的用户支付价格（含税）。

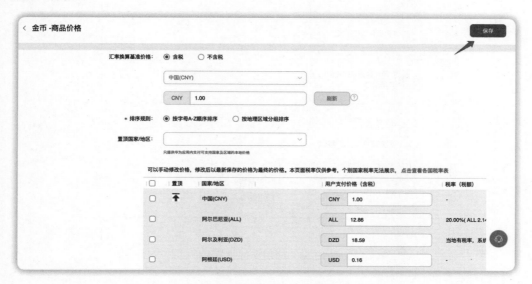

图 13-52 配置商品的用户支付价格（含税）

（5）返回商品列表，单击需要生效商品对应"操作"列的"激活"按钮即可激活商品，如图 13-53 所示。

图 13-53 激活商品

3. 接入购买开发指南

在完成工程环境的搭建之后,我们将在编码工作开始之前先深入了解应用支付的业务流程,如图 13-54 所示。

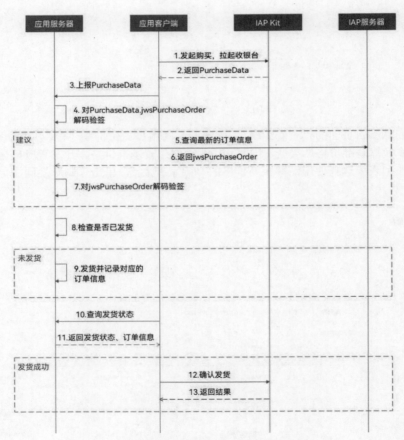

图 13-54 应用支付业务流程

4. 代码编写

1)判断当前登录的华为账号所在服务地是否支持应用内支付

在使用应用内支付之前,你的应用需要向 IAP Kit 发送 queryEnvironmentStatus 请求,以此判断用户当前登录的华为账号所在的服务地是否在 IAP Kit 支持结算的国家/地区中，示例代码如下。

```
// pages/Index.ets
import { common } from '@kit.AbilityKit'
import { iap } from '@kit.IAPKit';
import { JSON } from '@kit.ArkTS';
import { BusinessError } from '@kit.BasicServicesKit';
import { promptAction } from '@kit.ArkUI';

@Entry
@Component
struct Index {
  private context: common.UIAbilityContext = {} as common.UIAbilityContext;
  @State querying: boolean = true;
  @State queryingFailed: boolean = false;
  @State productInfoArray: iap.Product[] = [];
  @State queryFailedText: string = "查询失败！";

  showLoadingPage() {
    this.queryingFailed = false;
    this.querying = true;
  }

  showFailedPage(failedText?: string) {
    if (failedText) {
      this.queryFailedText = failedText;
    }
    this.queryingFailed = true;
    this.querying = false;
  }

  showNormalPage() {
    this.queryingFailed = false;
    this.querying = false;
  }

  aboutToAppear(): void {
    this.showLoadingPage();
    this.context = getContext(this) as common.UIAbilityContext;
    this.onCase();
  }

  async onCase() {
    this.showLoadingPage();
    const queryEnvCode = await this.queryEnv();
    if (queryEnvCode !== 0) {
      let queryEnvFailedText = "当前应用不支持 IAP Kit 服务！";
      if (queryEnvCode === iap.IAPErrorCode.ACCOUNT_NOT_LOGGED_IN) {
        queryEnvFailedText = "请通过桌面设置入口登录华为账号后再次尝试！";
      }
      this.showFailedPage(queryEnvFailedText);
      return;
    }
  }
```

```
// 判断当前登录的华为账号所在服务地是否支持应用内支付
async queryEnv(): Promise<number> {
  try {
    console.log("IAPKitDemo queryEnvironmentStatus begin.");
    await iap.queryEnvironmentStatus(this.context);
    return 0;
  } catch (error) {
    promptAction.showToast({
      message: "IAPKitDemo queryEnvironmentStatus failed. Cause: " + JSON.stringify(error)
    })
    return error.code;
  }
}
build() {...}
```

2）确保权益发放

在用户购买商品后，开发者需要及时发放相关权益。但在实际的应用场景中，若出现异常（网络错误、进程被中止等），将导致应用无法获知用户实际是否支付成功，从而无法及时发放权益，即出现掉单情况。为了确保权益正常发放，开发者需要在以下场景检查用户是否存在"已购未发货"的商品。

● 应用启动时。
● 购买请求返回 1001860001 时。
● 购买请求返回 1001860051 时。

如果存在"已购未发货"的商品，则发放相关权益，然后向 IAP Kit 确认发货，以完成购买，示例代码如下。

```
import { common } from '@kit.AbilityKit'
import { iap } from '@kit.IAPKit';
import { JSON } from '@kit.ArkTS';
import { BusinessError } from '@kit.BasicServicesKit';
import { promptAction } from '@kit.ArkUI';

@Entry
@Component
struct Index {
  private context: common.UIAbilityContext = {} as common.UIAbilityContext;
  @State querying: boolean = true;
  @State queryingFailed: boolean = false;
  @State productInfoArray: iap.Product[] = [];
  @State queryFailedText: string = "查询失败！";

  showLoadingPage() {...}

  showFailedPage(failedText?: string) {...}

  showNormalPage() {...}

  aboutToAppear(): void {...}
```

```
  async onCase() {
    ...
    await this.queryPurchase();
  }

  // 判断当前登录的华为账号所在服务地是否支持应用内支付
  async queryEnv(): Promise<number> {...}

  async queryPurchase() {
    console.log("IAPKitDemo queryPurchase begin.");
    const queryPurchaseParam: iap.QueryPurchasesParameter = {
      productType: iap.ProductType.CONSUMABLE,
      queryType: iap.PurchaseQueryType.UNFINISHED
    };
    const result: iap.QueryPurchaseResult = await iap.queryPurchases(this.context, queryPurchaseParam);
    // 处理订单信息
    if (result) {
      const purchaseDataList: string[] = result.purchaseDataList;
      if (purchaseDataList === undefined || purchaseDataList.length <= 0) {
        console.log("IAPKitDemo queryPurchase, list empty.");
        return;
      }
      for (let i = 0; i < purchaseDataList.length; i++) {
        const purchaseData = purchaseDataList[i];
        const jwsPurchaseOrder = (JSON.parse(purchaseData) as PurchaseData).jwsPurchaseOrder;
        if (!jwsPurchaseOrder) {
          console.log("IAPKitDemo queryPurchase, jwsPurchaseOrder invalid.");
          continue;
        }
        const purchaseStr = JWTUtil.decodeJwtObj(jwsPurchaseOrder);
        const purchaseOrderPayload = JSON.parse(purchaseStr) as PurchaseOrderPayload;
      }
    }
  }

  build() {...}
}
```

3）查询商品信息

我们可以通过 queryProducts 获取在 AppGallery Connect 上配置的商品信息。发起请求时，开发者需在请求参数 QueryProductsParameter 中携带相关的商品 ID，并根据实际配置指定其 productType。

当接口请求成功时，IAP Kit 将返回商品信息 Product 的列表。开发者可以使用 Product 列表中包含的商品价格、名称和描述等信息，以向用户展示可供购买的商品列表。

```
// pages/Index.ets
import { common } from '@kit.AbilityKit'
import { iap } from '@kit.IAPKit';
import { JSON } from '@kit.ArkTS';
import { BusinessError } from '@kit.BasicServicesKit';
import { promptAction } from '@kit.ArkUI';
```

```
@Entry
@Component
struct Index {
  private context: common.UIAbilityContext = {} as common.UIAbilityContext;
  @State querying: boolean = true;
  @State queryingFailed: boolean = false;
  @State productInfoArray: iap.Product[] = [];
  @State queryFailedText: string = "查询失败! ";

  showLoadingPage() {...}

  showFailedPage(failedText?: string) {...}

  showNormalPage() {...}

  aboutToAppear(): void {...}

  async onCase() {
    ...
    await this.queryProducts();
  }

  // 判断当前登录的华为账号所在服务地是否支持应用内支付
  async queryEnv(): Promise<number> {...}

  // 查询商品信息
  async queryProducts() {
    try {
      console.log("IAPKitDemo queryProducts begin.");
      const queryProductParam: iap.QueryProductsParameter = {
        productType: iap.ProductType.CONSUMABLE,
        productIds: ['nutpi_course_1']
      };
      const result: iap.Product[] = await iap.queryProducts(this.context, queryProductParam);
      this.productInfoArray = result;
      this.showNormalPage();
    } catch (error) {
      this.showFailedPage();
    }
  }

  async queryPurchase() {...}

  build() {...}
}
```

4）构建商品列表 UI

示例代码如下。

```
// pages/Index.ets
import { common } from '@kit.AbilityKit'
import { iap } from '@kit.IAPKit';
import { JSON } from '@kit.ArkTS';
```

```
import { BusinessError } from '@kit.BasicServicesKit';
import { promptAction } from '@kit.ArkUI';

@Entry
@Component
struct Index {
  private context: common.UIAbilityContext = {} as common.UIAbilityContext;
  @State querying: boolean = true;
  @State queryingFailed: boolean = false;
  @State productInfoArray: iap.Product[] = [];
  @State queryFailedText: string = "查询失败!";

  showLoadingPage() {...}

  showFailedPage(failedText?: string) {...}

  showNormalPage() {...}

  aboutToAppear(): void {...}

  async onCase() {...}

  // 判断当前登录的华为账号所在服务地是否支持应用内支付
  async queryEnv(): Promise<number> {...}

  // 查询商品信息
  async queryProducts() {...}

  async queryPurchase() {...}

  build() {
    Column() {
      Column() {
        Text('应用内支付服务示例-消耗型')
          .fontSize(18)
          .fontWeight(FontWeight.Bolder)
      }
      .width('100%')
      .height(54)
      .justifyContent(FlexAlign.Center)
      .backgroundColor(Color.White)

      Column() {
        Column() {
          Row() {
            Text('Consumables')
              .fontSize(28)
              .fontWeight(FontWeight.Bold)
              .margin({ left: 24, right: 24 })
          }
          .margin({ top: 16, bottom: 12 })
          .height(48)
          .justifyContent(FlexAlign.Start)
```

```
        .width('100%')

      // 商品列表信息
      List({ space: 0, initialIndex: 0 }) {
        ForEach(this.productInfoArray, (item: iap.Product) => {
          ListItem() {
            Flex({ direction: FlexDirection.Row, alignItems: ItemAlign.Center }) {
              Image($r('app.media.app_icon'))
                .height(48)
                .width(48)
                .objectFit(ImageFit.Contain)

              Text(item.name)
                .width('100%')
                .height(48)
                .fontSize(16)
                .textAlign(TextAlign.Start)
                .padding({ left: 12, right: 12 })

              Button(item.localPrice)
                .width(200)
                .fontSize(16)
                .height(30)
                .onClick(() => {
                   this.createPurchase(item.id, item.type)
                })
                .stateEffect(true)
            }
            .borderRadius(16)
            .backgroundColor('#FFFFFF')
            .alignSelf(ItemAlign.Auto)
          }
        })
      }
      .divider({ strokeWidth: 1, startMargin: 2, endMargin: 2 })
      .padding({ left: 12, right: 12 })
      .margin({ left: 12, right: 12 })
      .borderRadius(16)
      .backgroundColor('#FFFFFF')
      .alignSelf(ItemAlign.Auto)
    }
    .backgroundColor('#F1F3F5')
    .width('100%')
    .height('100%')
    .visibility(this.querying || this.queryingFailed ? Visibility.None : Visibility.Visible)

    // 加载进度组件
    Stack() {
      LoadingProgress()
        .width(96)
        .height(96)
    }
    .backgroundColor('#F1F3F5')
```

```
        .width('100%')
        .height('100%')
        .visibility(this.querying ? Visibility.Visible : Visibility.None)

        // 异常文本提示
        Stack({ alignContent: Alignment.Center }) {
          Text(this.queryFailedText)
            .fontSize(28)
            .fontWeight(FontWeight.Bold)
            .margin({ left: 24, right: 24 })
        }
        .backgroundColor('#F1F3F5')
        .width('100%')
        .height('100%')
        .visibility(this.queryingFailed ? Visibility.Visible : Visibility.None)
        .onClick(() => {
          this.onCase();
        })
      }
      .width('100%')
      .layoutWeight(1)
    }
    .width('100%')
    .height('100%')
    .backgroundColor(0xF1F3F5)
  }
}
```

5）发起购买

当用户发起购买时，开发者的应用可通过向 IAP Kit 发送 createPurchase 请求来拉起 IAP Kit 收银台。当发起请求时，需在请求参数 PurchaseParameter 中携带开发者此前已在华为 AppGallery Connect 网站上配置并生效的商品 ID，并根据实际配置指定其 productType，示例代码如下。

```
// pages/Index.ets
import { common } from '@kit.AbilityKit'
import { iap } from '@kit.IAPKit';
import { JSON } from '@kit.ArkTS';
import { BusinessError } from '@kit.BasicServicesKit';
import { promptAction } from '@kit.ArkUI';

@Entry
@Component
struct Index {
  private context: common.UIAbilityContext = {} as common.UIAbilityContext;
  @State querying: boolean = true;
  @State queryingFailed: boolean = false;
  @State productInfoArray: iap.Product[] = [];
  @State queryFailedText: string = "查询失败！";

  showLoadingPage() {...}

  showFailedPage(failedText?: string) {...}
```

```
showNormalPage() {...}

aboutToAppear(): void {...}

async onCase() {...}

// 判断当前登录的华为账号所在服务地是否支持应用内支付
async queryEnv(): Promise<number> {...}

// 查询商品信息
async queryProducts() {...}

async queryPurchase() {...}

/**
 * 发起购买
 * @param id AppGallery Connect 控制台配置的商品 ID
 * @param type 商品类型
 */
createPurchase(id: string, type: iap.ProductType) {
  console.log("IAPKitDemo createPurchase begin.");
  try {
    const createPurchaseParam: iap.PurchaseParameter = {
      productId: id,
      productType: type
    };
    iap.createPurchase(this.context, createPurchaseParam).then(async (result) => {
      console.log("IAPKitDemo createPurchase success. Data: " + JSON.stringify (result));
      // 获取 PurchaseOrderPayload 的 JSON 字符串
      const purchaseData: PurchaseData = JSON.parse(result.purchaseData) as PurchaseData;
      const jwsPurchaseOrder: string = purchaseData.jwsPurchaseOrder;
      // 解码 JWTUtil 为自定义类，可参见 Sample Code 工程
      const purchaseStr = JWTUtil.decodeJwtObj(jwsPurchaseOrder);
      const purchaseOrderPayload = JSON.parse(purchaseStr) as PurchaseOrderPayload;
      // 处理发货

    }).catch((error: BusinessError) => {
      promptAction.showToast({
        message: "IAPKitDemo createPurchase failed. Cause: " + JSON.stringify (error)
      })
      if (error.code === iap.IAPErrorCode.PRODUCT_OWNED || error.code === iap.IAPErrorCode.SYSTEM_ERROR) {
        // 参考权益发放检查是否需要补发货，确保权益正常发放
        this.queryPurchase();
      }
    })
  } catch (err) {
    promptAction.showToast({
      message: "IAPKitDemo createPurchase failed. Error: " + JSON.stringify (err)
    })
  }
}
```

```
  build() {...}
}
```

6）完成购买

对 PurchaseData.jwsPurchaseOrder 进行解码并验签成功后，若 PurchaseOrderPayload.PurchaseOrderRevocationReasonCode 为空，代表购买成功，即可发放相关权益。

发货成功后，开发者需在应用中发送 finishPurchase 请求确认发货，以此通知 IAP 服务器更新商品的发货状态，以完成购买流程。在发送 finishPurchase 请求时，需在请求参数 FinishPurchaseParameter 中携带 PurchaseOrderPayload 中的 productType、purchaseToken 和 purchaseOrderId。请求成功后，IAP 服务器会将相应商品标记为"已发货"。

对于消耗型商品，应用成功执行 finishPurchase 之后，IAP 服务器会将相应商品重新设置为"可购买"状态，即用户可再次购买该商品。

```
// pages/Index.ets
import { common } from '@kit.AbilityKit'
import { iap } from '@kit.IAPKit';
import { JSON } from '@kit.ArkTS';
import { BusinessError } from '@kit.BasicServicesKit';
import { promptAction } from '@kit.ArkUI';

@Entry
@Component
struct Index {
  private context: common.UIAbilityContext = {} as common.UIAbilityContext;
  @State querying: boolean = true;
  @State queryingFailed: boolean = false;
  @State productInfoArray: iap.Product[] = [];
  @State queryFailedText: string = "查询失败！";

  showLoadingPage() {...}

  showFailedPage(failedText?: string) {...}

  showNormalPage() {...}

  aboutToAppear(): void {...}

  async onCase() {...}

  // 判断当前登录的华为账号所在服务地是否支持应用内支付
  async queryEnv(): Promise<number> {...}

  // 查询商品信息
  async queryProducts() {...}

  async queryPurchase() {...}

  /**
   * 发起购买
   * @param id AppGallery Connect 控制台配置的商品 ID
   * @param type 商品类型
```

```
      */
    createPurchase(id: string, type: iap.ProductType) {
      console.log("IAPKitDemo createPurchase begin.");
      try {
        const createPurchaseParam: iap.PurchaseParameter = {
          productId: id,
          productType: type
        };
        iap.createPurchase(this.context, createPurchaseParam).then(async (result) => {
          console.log("IAPKitDemo createPurchase success. Data: " + JSON.stringify (result));
          // 获取 PurchaseOrderPayload 的 JSON 字符串
          const purchaseData: PurchaseData = JSON.parse(result.purchaseData) as PurchaseData;
          const jwsPurchaseOrder: string = purchaseData.jwsPurchaseOrder;
          // 解码 JWTUtil 为自定义类，可参见 Sample Code 工程
          const purchaseStr = JWTUtil.decodeJwtObj(jwsPurchaseOrder);
          const purchaseOrderPayload = JSON.parse(purchaseStr) as PurchaseOrder Payload;
          // 处理发货
          this.finishPurchase(purchaseOrderPayload);
        }).catch((error: BusinessError) => {
          promptAction.showToast({
            message: "IAPKitDemo createPurchase failed. Cause: " + JSON.stringify (error)
          })
          if (error.code === iap.IAPErrorCode.PRODUCT_OWNED || error.code === iap.IAPErrorCode.SYSTEM_ERROR) {
            // 参考权益发放检查是否需要补发货，确保权益发放
            this.queryPurchase();
          }
        })
      } catch (err) {
        promptAction.showToast({
          message: "IAPKitDemo createPurchase failed. Error: " + JSON.stringify (err)
        })
      }
    }

    finishPurchase(purchaseOrder: PurchaseOrderPayload) {
      console.log("IAPKitDemo finishPurchase begin.");
      const finishPurchaseParam: iap.FinishPurchaseParameter = {
        productType: purchaseOrder.productType,
        purchaseToken: purchaseOrder.purchaseToken,
        purchaseOrderId: purchaseOrder.purchaseOrderId
      };
      iap.finishPurchase(this.context, finishPurchaseParam).then((result) => {
        console.log("IAPKitDemo finishPurchase success");
      }).catch((error: BusinessError) => {
        promptAction.showToast({
          message: "IAPKitDemo finishPurchase failed. Cause: " + JSON.stringify (error)
        })
      })
    }

    build() {...}
}
```

13.3 推送服务

13.3.1 Push Kit 服务概述

Push Kit 是由华为提供的消息推送平台，建立了一条从云端到终端的消息推送通道。所有 HarmonyOS 应用都可通过集成 Push Kit，得以实时向应用推送消息，确保信息迅速呈现，从而构建良好的用户联系。华为致力于提供稳定、及时、高效的消息推送服务，助力应用精准触达用户，有效提升用户的感知度和活跃度。目前，Push Kit 支持的设备有手机、平板及二合一。

1. Push Kit 功能介绍

Push Kit 的具体功能如下。
1) 通道可靠，保障及时送达，整体功耗最低
推送服务的原理如图 13-55 所示。

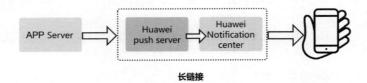

图 13-55　推送服务的原理

如图 13-55 所示，华为将 Push Kit 集成到系统中并作为一个长链接存在，无须一个后台进程常驻，我们的 APP Server 直接调用 Push Kit 服务端（Push Cloud）发送推送消息请求，Push Kit 服务端下发消息到 Push Kit，然后 Push Kit 进行消息的处理。借助系统持续的长连接，即使应用不在进程，也能实时推送消息。

2) 标准样式，统一用户体验
Push Kit 支持标准的纯文本样式和带右侧图片样式等，提供鸿蒙特色的通知体验。纯文本推送效果和带右侧图片推送效果分别如图 13-56 和图 13-57 所示。

图 13-56　纯文本推送效果　　　图 13-57　带右侧图片推送效果

3) 场景消息，按需灵活发送
支持 IM/指分/oIP 消息，满足开发者在不同场景下的消息发送需求。
4) 消息回执，掌握发送状态
提供消息回执反馈消息发送情况，开发者可以及时掌握消息的发送状态，如图 13-58 所示。

2. Push Kit 服务场景

Push Kit 服务场景如下。

- 社交聊天：提供实时文字、表情互动，加强用户间的沟通与协作，打破沟通障碍，满足不同社交、办公场景的需求。
- 音视频通话：提供一键接听音视频通话能力，避免用户因多次单击错过通话，提升用户的接听体验。
- 语音播报：在商家有新订单或收款场景时，唤醒应用执行语音播报，提醒商家最新的订单和收款信息，并提供个性化服务。

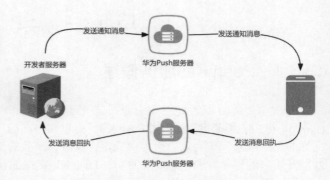

图 13-58 消息回执流程

- 线上购物：在购物类 APP 中，可实现向用户推送心仪商品的降价通知或促销信息，并在下单后及时告知用户商品的物流状态，提高用户的购买意愿和转化率。
- 出行旅游：应用于出行、旅游类 APP 中，推送航班动态、酒店预订状态等，方便用户的出行安排和旅游计划。
- 动账提醒：应用于金融、支付类应用 APP 中，通过实时推送交易信息等，帮助用户及时核对交易信息。

3. Push Kit 推送消息提示场景

推送消息指的是，应用通过 Push Kit 发送的，在华为终端设备上显示的通知消息。推送消息显示场景主要包括通知中心、锁屏通知、横幅通知、桌面图标角标和通知图标，如图 13-59 所示。

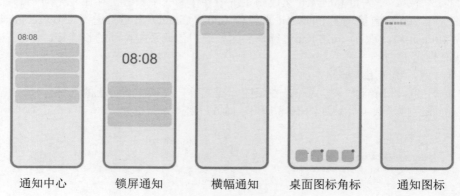

图 13-59 推送消息显示场景

（1）通知中心：通知浏览界面，通知在通知中心根据类别排序，每个类别内按时间排序，如图 13-60 所示。

第 13 章　应用服务

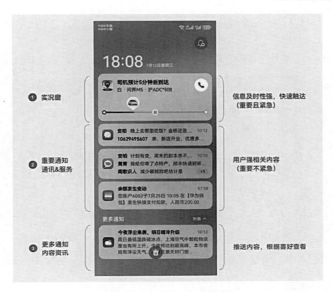

图 13-60　通知中心场景

（2）锁屏通知：锁屏上仅显示本次锁屏期间接收的通知，显示样式默认为底部图标和数量，可展开成列表，如图 13-61 所示。

（3）横幅通知：该通知在界面顶部显示 5s 后消失，在非沉浸态下显示 3 行的高度，在沉浸态下显示 1 行的高度，如图 13-62 所示。

图 13-61　锁屏通知场景

（a）非沉浸态　　　（b）沉浸态

图 13-62　横幅通知场景

259

（4）桌面图标角标：角标表示本应用或元服务有消息，但消息与通知中心的内容不对应，由服务方自己定义，如图 13-63 所示。

（5）通知图标：通知以图标形式显示在状态栏、AOD 界面，如图 13-64 所示。

图 13-63　桌面图标角标场景　　　图 13-64　通知图标场景

4. Push Kit 约束和限制

使用 Push Kit 的一些约束和限制如下：

（1）影响送达率的因素说明。Push Kit 致力于提供安全可靠的、系统级消息发送通道，保障消息成功送达。影响消息送达率的因素如下。

- 终端设备是否在线。若离线，Push Kit 将缓存消息，待设备上线后推送。
- 终端设备上应用是否被卸载。
- 终端设备的网络状况是否稳定。
- 终端设备的安全控制策略。

（2）推送消息的及时性。在终端设备网络条件良好且不拥堵的情况下，Push Kit 将使用智能推送策略来减少推送消息的时延。

（3）推送消息的长度和数量限制。

- 消息体最大不能超过 4096B（不包括 Token）。
- 消息发送量，测试消息每个项目限制所有应用共享 1000 条/天，正式消息区分场景有不同的配额。

（4）网络受限说明。如果终端设备连接的网络配置了防火墙，也会影响消息的送达率，因此，需要检查端口号 5223 和 423 是否被禁用。

（5）支持的国家/地区。Push Kit 当前仅支持中国大陆。

5. Push Kit 与相关 Kit 的关系

Push Kit 建立了从云端到终端的消息推送通道，支持开发者从云端实时推送消息。如果开发者希望从本地推送通知，可通过 Notification Kit（用户通知服务）创建本地通知。

开发者推送卡片刷新消息时，需要通过 Form Kit（卡片开发服务）提前创建应用的服务卡片。

开发者推送实况窗更新消息时，需要通过 Live View Kit（实况窗服务）提前创建本地实况窗。

开发者推送 VoIP 呼叫消息时，需要通过 Call Kit（通话服务）管理应用通话能力。

13.3.2 Push Kit 服务实战

1．实战介绍

"坚果通知"是一款模拟 Push Kit 在应用程序中实现通知消息推送的示例，具体包括如下功能。
- 启动应用，弹出"是否允许应用发送通知"弹窗，告知用户需要允许接收通知消息。
- 单击"发送通知消息"，显示等待通知发送加载动画以及按钮不可单击。
- 通知发送完成后，在设备顶部下拉查看通知。

相关概念介绍如下。
- Stack 组件：通过 visibility 属性控制加载动效组件显示或者异常信息文本提示。
- List 组件：用于显示一系列相同宽度的消耗型商品信息。
- Push Kit：为应用提供推送通知消息的能力。

2．环境搭建

要求如下。
- 设备类型：华为真机或模拟器。
- 系统类型：HarmonyOS NEXT。

3．配置 AppGallery Connect

配置步骤如下。

（1）在 AppGallery Connect 控制台创建项目和应用。

（2）应用创建完成后，在左侧导航栏选择"增长→推送服务"，单击"立即开通"按钮，然后在弹出的提示框中单击"确定"按钮。至此，开发者可以向应用推送通知消息，如图 13-65 所示。

图 13-65　开通推送服务

4. 创建 HarmonyOS 工程

方式一：当前未打开任何工程时，开发者可以在 DevEco Studio 的欢迎页选择 Create Project 打开新工程创建向导。

方式二：若当前已打开新工程，开发者可以在菜单栏选择"File → New → Create Project"打开新工程创建向导。

注意：在工程配置页面配置工程信息时，其中，Bundle name（包名）需与 AppGallery Connect 控制台创建应用时的应用包名一致。工程配置页面如图 13-66 所示。

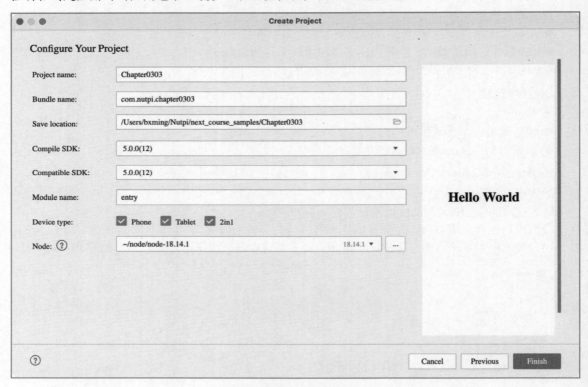

图 13-66　工程配置

5. 配置应用身份信息

在 HarmonyOS 应用 entry/src/main/module.json5 的 module 节点增加如下 client_id 属性配置，如图 13-67 所示。

6. 代码编写

代码编写的流程如下。

1）请求通知授权

为确保应用可正常接收消息，建议开发者在应用发送通知前调用 requestEnableNotification() 方法弹出提醒，告知用户需要允许接收通知消息，示例代码如下。

```
{
  "module": {
    "name": "entry",
    "type": "entry",
    "description": module description,
    "mainElement": "EntryAbility",
    "deviceTypes": [...],
    "deliveryWithInstall": true,
    "installationFree": false,
    "pages": "$profile:main_pages",
    "abilities": [...],
    "metadata": [
      {
        "name": "client_id",
        "value": "xxxxxx"
      }
    ]
  }
}
```

图 13-67　module.json5 中配置 client_id

```
// entryability/EntryAbility.ets
import { AbilityConstant, UIAbility, Want } from '@kit.AbilityKit';
import { hilog } from '@kit.PerformanceAnalysisKit';
import { window } from '@kit.ArkUI';
import { BusinessError } from '@kit.BasicServicesKit';
import { JSON } from '@kit.ArkTS';
import { notificationManager } from '@kit.NotificationKit';

export default class EntryAbility extends UIAbility {
  async onCreate(want: Want, launchParam: AbilityConstant.LaunchParam): Promise<void> {
    hilog.info(0x0000, 'testTag', '%{public}s', 'Ability onCreate');
    // 请求通知授权
    await this.requestNotification();
  }

  async requestNotification() {
    try {
      console.info("requestNotification: 请求通知授权开始。");
      // 查询通知是否授权
      const notificationEnabled: boolean = await notificationManager.isNotificationEnabled();
      console.info("requestNotification: " + (notificationEnabled ? '已' : '未') + "授权");
      if (!notificationEnabled) {
```

```
      // 请求通知授权
      await notificationManager.requestEnableNotification();
    }
  } catch (error) {
    const e: BusinessError = error as BusinessError;
    console.error("requestNotification failed. Cause: " + JSON.stringify(e));
  }
}
```

2）获取 Push Token

导入 pushService 模块。建议在应用的 UIAbility（如 EntryAbility）的 onCreate()方法中调用 getToken()接口来获取 Push Token 并上报到开发者的服务端，方便开发者的服务端向终端推送消息。为了便于应用端测试发送通知消息请求，本示例将 Push Token 的获取放置在 Index.ets 页面。

代码如下。

```
// pages/Index.ets
import { pushService } from '@kit.PushKit';
import { BusinessError } from '@kit.BasicServicesKit';
import { JSON } from '@kit.ArkTS';
import { http } from '@kit.NetworkKit';
import { promptAction } from '@kit.ArkUI';

@Entry
@Component
struct Index {

  @State pushToken: string = "";

  async aboutToAppear(): Promise<void> {
    try {
      // 获取 Push Token
      const pushToken: string = await pushService.getToken();
      console.log("getToken succeed. Token: " + pushToken);
      const now = new Date();
      const timestamp = now.getTime();

      console.log("getToken succeed. Time: " + Math.floor(timestamp / 1000));
      console.log("getToken succeed. Time: " + (Math.floor(timestamp / 1000) + 3600));
      this.pushToken = pushToken;
      // 此处需要上报 Push Token 到应用服务端
    } catch (error) {
      const e: BusinessError = error as BusinessError;
      console.error("getToken failed. Cause: " + JSON.stringify(e));
    }
  }
  build() {...}
}
```

3）获取项目 ID

登录 AppGallery Connect 控制台，选择"我的项目"，在项目列表中选择对应的项目，左侧导航栏选择"项目设置",获取项目 ID,如图 13-68 所示。

图 13-68 获取项目 ID

4) 创建服务账号密钥文件

开发者需要在华为开发者联盟的 API Console 上创建并下载推送服务 API 的服务账号密钥文件。单击"管理中心→API 服务→API 库",在 API 库页面的"选择项目名称",在展开的 App Services 列表中单击"推送服务"。推送服务 API 入口如图 13-69 所示。

图 13-69 推送服务 API 入口

单击推送服务页面中的"启用"按钮,即可完成 API 的添加,如图 13-70 所示。

图 13-70 启用推送服务

单击"管理中心→API 服务→凭证",在凭证页面单击"服务账号密钥"卡片中的"创建凭证"按钮,如图 13-71 所示。

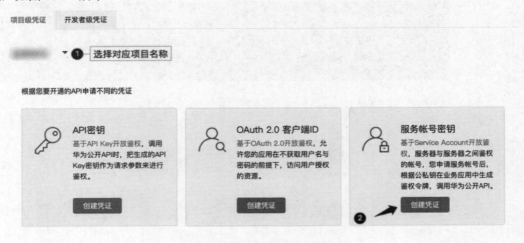

图 13-71 创建推送服务凭证[①]

在"创建服务账号密钥"页面输入信息并选择"生成公私钥",然后单击"创建并下载 JSON"按钮,完成"服务账号密钥"凭证创建。注意:开发者需要保存"支付公钥"的信息,以便用于后期生成 JWT 鉴权令牌。详情如图 13-72 所示。

---

① 图 13-71 中的"帐"同"账"。

第 13 章　应用服务

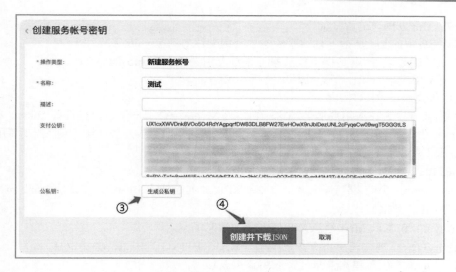

图 13-72　生成推送公私钥①

5）生成 JWT Token

在正式开发前调试功能时，开发者可使用在线生成工具获取 JWT Token（见图 13-73）。需要注意的是，在生成 JWT Token 时，Algorithm 处请选择 RS256 或 PS256。对于正式环境的使用，为了便于开发者生成服务账号的鉴权令牌，华为推出了 JWT 开源组件。开发者可根据使用的编程语言，选择相应的组件并进行开发。

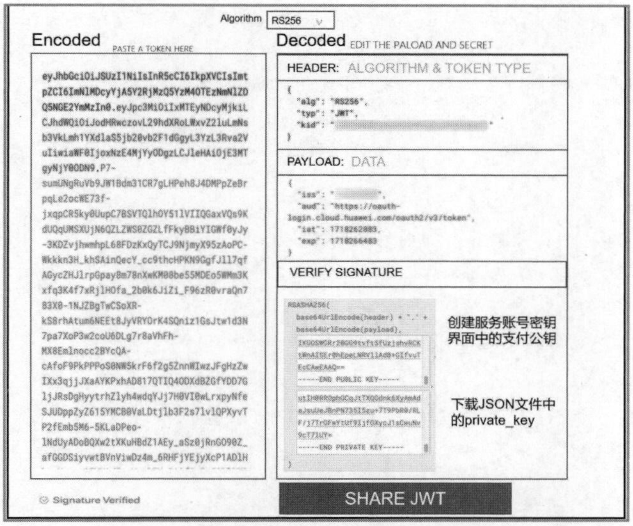

图 13-73　在线生成 JWT Token

---

① 图中的"帐"同"账"。

图 13-73 中部分模块的解释如下。

- HEADER 中的 kid 是指下载的服务账号密钥文件中的 key_id 字段。
- PAYLOAD 数据中 iss 是指下载的服务账号密钥文件中的 sub_account 字段。
- VERIFY SIGNATURE 中复制/粘贴公钥和私钥。

6）调用推送服务 REST API

该模块需要开发者在应用的服务端进行自主开发，并结合用户信息留存设备 Token。在本书中，该功能位于应用端，仅作为学习用途展示，在实际应用中不推荐该方法。当应用服务端调用 Push Kit 服务端的 REST API 推送通知消息时，需要传递的参数说明如下。

- projectId：项目 ID。
- Authorization：JWT 格式字符串，在 JWT Token 前应加上 Bearer。注意，Bearer 与 JWT 格式字符串中间的空格不能丢。
- push-type：0 表示 Alert 消息，此处为通知消息场景。
- category：表示通知消息自分类的类别，MARKETING 为资讯营销类消息。
- actionType：0 表示单击消息打开应用首页。
- token：Push Token。
- testMessage：测试消息标识，true 表示为测试消息。
- notifyId：选填，自定义消息标识字段，仅支持数字，取值为[0, 2147483647]，若要用于消息撤回，则该字段需必填。

调用推送服务 REST API 示例如图 13-74 所示。

```
// Request URL
POST https://push-api.cloud.huawei.com/v3/[projectId]/messages:send

// Request Header
Content-Type: application/json
Authorization: Bearer eyJr*****OiIx---****.eyJh*****iJodHR--***.QRod*****4Gp---****
push-type: 0

// Request Body
{
  "payload": {
    "notification": {
      "category": "MARKETING",
      "title": "普通通知标题",
      "body": "普通通知内容",
      "clickAction": {
        "actionType": 0
      },
      "notifyId": 12345
    }
  },
  "target": {
    "token": ["IQAAAA**********4Tw"]
  },
  "pushOptions": {
    "testMessage": true
  }
}
```

图 13-74　调用推送服务 REST API 示例

在应用端按钮组件 Button 的单击事件 onClick 中，通过数据请求 API 可实现发送通知消息的功能，示例代码如下。

```
// pages/Index.ets
import { pushService } from '@kit.PushKit';
import { BusinessError } from '@kit.BasicServicesKit';
import { JSON } from '@kit.ArkTS';
import { http } from '@kit.NetworkKit';
import { promptAction } from '@kit.ArkUI';

@Entry
@Component
struct Index {

  @State pushToken: string = "";
  @State isLoading: boolean = false;
  // 生成的 JWT Token
  authorization: string = "Bearer ****";

  async aboutToAppear(): Promise<void> {
    try {
      // 获取 Push Token
      const pushToken: string = await pushService.getToken();
      console.log("getToken succeed. Token: " + pushToken);
      const now = new Date();
      const timestamp = now.getTime();

      console.log("getToken succeed. Time: " + Math.floor(timestamp / 1000));
      console.log("getToken succeed. Time: " + (Math.floor(timestamp / 1000) + 3600));
      this.pushToken = pushToken;
      // 上报 Push Token
    } catch (error) {
      const e: BusinessError = error as BusinessError;
      console.error("getToken failed. Cause: " + JSON.stringify(e));
    }
  }

  async deletePushTokenFunc() {
    try {
      await pushService.deleteToken();
    } catch (error) {
      const e: BusinessError = error as BusinessError;
      console.error("deleteToken failed. Cause: " + JSON.stringify(e));
    }
  }

  build() {
    Column() {
      Row() {
        Text('推送服务示例')
          .fontSize(18)
```

```
          .fontWeight(FontWeight.Bolder)
      }
      .width('100%')
      .height(54)
      .justifyContent(FlexAlign.Center)
      .alignItems(VerticalAlign.Center)

      Column({ space: 16 }) {

        Row() {
          LoadingProgress()
          Text('等待通知发送完成')
            .fontSize(16)
        }
        .width('100%')
        .height(64)
        .justifyContent(FlexAlign.Center)
        .visibility(this.isLoading ? Visibility.Visible : Visibility.Hidden)

        Button('发送通知消息')
          .type(ButtonType.Normal)
          .borderRadius(8)
          .enabled(!this.isLoading)
          .onClick(async () => {
            try {
              this.isLoading = true;
              const url = "https://push-api.cloud.huawei.com/v3/388421841222199046/messages:send";
              const httpRequest = http.createHttp();
              const response: http.HttpResponse = await httpRequest.request(url, {
                header: {
                  "Content-Type": "application/json",
                  "Authorization": this.authorization,
                  "push-type": 0
                },
                method: http.RequestMethod.POST,
                extraData: {
                  "payload": {
                    "notification": {
                      "category": "MARKETING",
                      "title": "普通通知标题",
                      "body": "普通通知内容",
                      "clickAction": {
                        "actionType": 0
                      },
                      "notifyId": 12345
                    }
                  },
                  "target": {
                    "token": [this.pushToken]
                  },
```

```
              "pushOptions": {
                "testMessage": true
              }
            }
          })
          if (response.responseCode === 200) {
            const result = response.result as string;
            const data = JSON.parse(result) as ResultData;
            promptAction.showToast({
              message: data.msg
            })
          }
        } catch (error) {
          const e: BusinessError = error as BusinessError;
          console.error("getToken failed. Cause: " + JSON.stringify(e));
        } finally {
          this.isLoading = false;
        }
      })
    }
    .width('100%')
    .layoutWeight(1)
  }
  .height('100%')
  .width('100%')
 }
}

// 接口返回数据类
interface ResultData {
  code: string;
  msg: string;
  requestId: string;
}
```

推送服务的最终效果如图 13-75 所示。

图 13-75　推送服务的最终效果

13.4　定位服务

移动终端设备已经深入人们日常生活的方方面面，无论是查询所在城市的天气和新闻，还是叫车出行、旅行导航、运动记录等，都离不开基于定位用户终端设备的位置。当应用需要实现基于设备位置的功能，如驾车导航、运动轨迹记录等，可以通过调用该模块的 API 来获取所需的位置信息。位置子系统综合利用了多种定位技术来提供服务，包括 GNSS 定位、基站定位以及 WLAN/蓝牙定位（以下将基站定位、WLAN/蓝牙定位统称为"网络定位技术"）。通过这些定位技术，无论用户设备在室内还是在户外，都可以准确地确定设备的位置。定位服务（Location Kit）不仅提供了基础的定位服务，还提供了地理围栏、地理编码、逆地理编码、国家码等功能和接口。

1. 运行机制

位置能力作为系统为应用提供的一种基础服务,需要应用在所使用的业务场景中主动向系统发起请求,并在业务场景结束时主动结束此请求。在此过程中,系统会将实时的定位结果上报给应用。

2. 约束与限制

使用设备的位置能力需要用户进行确认,并主动开启位置开关。如果位置开关没有开启,系统不会向任何应用提供定位服务。设备位置信息属于用户敏感数据,所以,即使用户已经开启位置开关,应用在获取设备位置前仍需向用户申请位置访问权限。只有在用户确认允许访问后,系统才会向应用提供定位服务。

13.4.1 Location Kit 开发指南

本节讲解 Location Kit 开发的步骤。

1. 申请位置权限

(1)开发者可以在应用配置文件中声明所需要的权限并向用户申请授权。

(2)当 APP 运行在前台且需要访问设备位置信息时,申请位置权限的方式如表 13-7 所示。

表 13-7 申请位置权限的方式

target API level	申请位置权限	申请结果	位置的精确度
大于等于 9	ohos.permission.APPROXIMATELY_LOCATION	成功	获取到模糊位置,精确度为 5 公里
大于等于 9	同时申请 ohos.permission.APPROXIMATELY_LOCATION 和 ohos.permission.LOCATION	成功	获取到精准位置,精准度在米级别

示例代码如下。

```
{
  "name": "ohos.permission.APPROXIMATELY_LOCATION",
  "reason": "$string:fuzzy_location_permission",
  "usedScene": {
    "abilities": [
      "EntryAbility"
    ],
    "when": "inuse"
  }
},
{
  "name": "ohos.permission.LOCATION",
  "reason": "$string:location_permission",
  "usedScene": {
    "abilities": [
      "EntryAbility"
    ],
    "when": "inuse"
```

```
    }
}
```

(3)当 APP 运行在后台时,申请位置权限的方式如下。

如果应用在后台运行时也需要访问设备的位置,除了按照(2)所示申请权限外,还需要申请 ohos.permission.LOCATION_IN_BACKGROUND 权限或申请 LOCATION 类型的长时任务,示例代码如下。

```
{
  "name": "ohos.permission.LOCATION_IN_BACKGROUND",
  "reason": "$string:background_location_permission",
  "usedScene": {
    "abilities": [
      "EntryAbility"
    ],
    "when": "inuse"
  }
}
```

2. 获取设备的位置信息

开发者可以调用 HarmonyOS NEXT 的位置相关接口来获取设备实时位置或最近的历史位置,以及监听设备的位置变化。对于位置敏感的应用业务,建议开发者获取设备的实时位置信息。如果不需要设备的实时位置信息,并且希望尽可能节省耗电,开发者可以考虑获取最近的历史位置。

开发步骤如下。

(1)获取设备的位置信息时需要具有位置权限,示例代码如下。

```
atManager.requestPermissionsFromUser(this.context, CommonConstants.REQUEST_PERMISSIONS).
then((data) => {
    if (data.authResults[0] !== 0 || data.authResults[1] !== 0) {
      return;
    }
}
```

(2)导入 geoLocationManager 模块,示例代码如下。

```
import geoLocationManager from '@ohos.geoLocationManager';
```

(3)实例化 LocationRequest 对象,用于告知系统该向应用提供何种类型的定位服务,以及位置结果上报的频率。

为了面向开发者提供贴近其使用场景的 API 使用方式,系统定义了几种常见的位置能力使用场景,并针对使用场景做了适当的优化处理。应用可以直接匹配使用,简化了开发的复杂度。系统当前支持场景有如下几种。

● 导航场景(NAVIGATION):适用于在户外定位设备实时位置的场景,如车载、步行导航。在此场景下,为保证系统提供位置结果精度最优,主要使用 GNSS 定位技术提供定位服务。结合场景特点,在导航启动之初,用户很可能在室内、车库等遮蔽环境,GNSS 技术很难提供定位服务。为解决此问题,会在 GNSS 提供稳定位置结果之前,使用系统网络定位技术向应用提供定位服务,以在导航初始阶段提升用户体验。此场景默认以最小 1s 间隔上报定位结果,使用此场景的应用必须申请 ohos.permission.LOCATION 权限,同时获得用户授权。

● 轨迹跟踪场景（TRAJECTORY_TRACKING）：适用于记录用户位置轨迹的场景，如运动类应用，主要使用 GNSS 定位技术提供定位服务。此场景默认以最小 1s 间隔上报定位结果，使用此场景的应用必须申请 ohos.permission.LOCATION 权限，同时获得用户授权。

● 出行约车场景（CAR_HAILING）：适用于用户出行打车时定位当前位置的场景，如网约车类应用。此场景默认以最小 1s 间隔上报定位结果，使用此场景的应用必须申请 ohos.permission.LOCATION 权限，同时获得用户授权。

● 生活服务场景（DAILY_LIFE_SERVICE）：适用于不需要定位用户精确位置的使用场景，如新闻资讯、网购、点餐类应用，做推荐、推送时定位用户大致位置即可。此场景默认以最小 1s 间隔上报定位结果，使用此场景的应用至少需要申请 ohos.permission.LOCATION 权限，同时获得用户授权。

● 无功耗场景（NO_POWER）：适用于不需要主动启动定位业务的使用场景。系统在响应其他应用启动定位业务并上报位置结果时，会同时向请求此场景的应用程序上报定位结果，当前的应用程序不会产生定位功耗。 此场景默认以最小 1s 间隔上报定位结果，使用此场景的应用需要申请 ohos.permission.LOCATION 权限，同时获得用户授权。

示例代码如下。

```
export enum LocationRequestScenario {
    UNSET = 0x300,
    NAVIGATION,
    TRAJECTORY_TRACKING,
    CAR_HAILING,
    DAILY_LIFE_SERVICE,
    NO_POWER,
}
```

以导航场景为例，代码如下。

```
let requestInfo:geoLocationManager.LocationRequest = {'scenario':
geoLocationManager.LocationRequestScenario.NAVIGATION, 'timeInterval': 0,
'distanceInterval': 0, 'maxAccuracy': 0};
```

如果定义的现有场景类型不能满足所需的开发场景，系统还提供了基本的定位优先级策略类型。

定位优先级策略类型说明如下。

● 定位精度优先策略（ACCURACY）：主要以 GNSS 定位技术为主，在开阔场景下可以提供米级的定位精度，具体的性能指标依赖于用户设备的定位硬件能力。但在室内等强遮蔽定位场景下，无法提供准确的定位服务。

● 快速定位优先策略（FIRST_FIX）：该策略会同时使用 GNSS 定位、基站定位和 WLAN、蓝牙定位技术，以便在室内和户外场景下，通过此策略都可以获得位置结果。当各种定位技术都有提供位置结果时，系统会选择其中精度较好的结果返回给应用。由于对各种定位技术同时使用，对设备的硬件资源消耗较大，功耗也较大。

● 低功耗定位优先策略（LOW_POWER）：该策略主要使用基站定位和 WLAN、蓝牙定位技术，也可以同时提供室内和户外场景下的定位服务。由于其依赖周边基站、可见 WLAN、蓝牙设备的分布情况,因此定位结果的精度波动范围较大。如果对定位结果精度要求不高,或者使用场景多在有基站、可见 WLAN、蓝牙设备高密度分布的情况下,则推荐使用该策略,以有效节省设备功耗。

示例代码如下。

```
export enum LocationRequestPriority { UNSET = 0x200, ACCURACY, LOW_POWER, FIRST_FIX, }
```

以定位精度优先策略为例,代码如下。

```
let requestInfo:geoLocationManager.LocationRequest = {'priority':
geoLocationManager.LocationRequestPriority.ACCURACY, 'timeInterval': 0,
'distanceInterval': 0, 'maxAccuracy': 0};
```

下面实例化 Callback 对象,用于向系统提供位置上报的途径。应用需要自行实现系统定义好的回调接口,并将其实例化。系统在定位成功确定设备的实时位置结果时,会通过该接口上报给应用。应用程序可以在接口的实现中完成自己的业务逻辑,具体代码如下。

```
LocationUtil.geolocationOn((location: geoLocationManager.Location) => {
    if (this.latitude === location.latitude && this.longitude === location.longitude) {
      return;
    }
    this.latitude = location.latitude;
    this.longitude = location.longitude;
}
```

启动定位,代码如下。

```
geoLocationManager.on('locationChange', requestInfo, locationChange);
```

3. 地理编码转换与逆地理编码转换

使用坐标来描述一个位置虽然非常精确,但是对于普通用户而言并不直观,面向用户表达也并不够友好。为了提升用户体验,系统为开发者提供了以下两种转换能力。

● 地理编码转换:将地理描述转换为具体坐标。

● 逆地理编码转换:将坐标转换为地理描述。其中,地理编码包含多个属性来描述位置,包括国家、行政区划、街道、门牌号、地址描述等。这样的信息更便于用户理解。

开发步骤如下。

(1) 导入 geoLocationManager 模块。

(2) 查询地理编码与逆地理编码服务是否可用。

(3) 获取转换结果(使用 getAddressesFromLocation 将坐标转换为地理位置信息,用 getAddressesFromLocationName 将位置描述转换为坐标)。

4. 地理围栏

地理围栏是一种虚拟的地理边界,它能够在设备进入或离开某个特定地理区域时,接收自动通知(来自服务端)和警告。目前,系统仅支持圆形围栏,并且这一功能依赖于 GNSS 芯片的地理围栏功能。需要注意的是,仅在室外开阔区域才能准确识别用户进出围栏事件。应用场景举例:开发者可以使用地理围栏,在企业周围创建一个区域进行广告定位,以此在不同的地点,通过移动设备上推送有针对性的促销优惠。

开发步骤如下。

（1）使用地理围栏功能，需要具备权限 ohos.permission.APPR-OXIMATELY_LOCATION。

（2）导入 geoLocationManager 模块、wantAgent 模块和 BusinessError 模块。

（3）创建 WantAgentInfo 信息（场景一，创建拉起 Ability 的 WantAgentInfo 信息；场景二，创建发布公共事件的 WantAgentInfo 信息）。

（4）调用 getWantAgent()方法创建 WantAgent，并在获取到 WantAgent 对象之后调用地理围栏接口添加围栏，当设备进入或者退出该围栏时，系统会自动触发 WantAgent 的动作。

13.4.2 案例实操

位置服务案例的效果如图 13-76 所示。

示例代码如下。

图 13-76 位置服务

```
requestPermissions(): void {
    let atManager = abilityAccessCtrl.createAtManager();
    try {
      atManager.requestPermissionsFromUser(this.context, CommonConstants.REQUEST_PERMISSIONS).then((data) => {
        if (data.authResults[0] !== 0 || data.authResults[1] !== 0) {
          return;
        }
        //实例化 Callback 对象，用于向系统提供位置上报的途径。应用需要自行实现系统定义好的回调接口，并将其实例化。系统在定位成功并确定设备的实时位置结果时，会通过该接口上报给应用。应用程序可以在接口的实现中完成自己的业务逻辑
        LocationUtil.geolocationOn((location: geoLocationManager.Location) => {
          if (this.latitude === location.latitude && this.longitude === location.longitude) {
            return;
          }
          this.latitude = location.latitude;
          this.longitude = location.longitude;
          let reverseGeocodeRequest: geoLocationManager.ReverseGeoCodeRequest = {
            'locale': this.locale.toString().includes('zh') ? 'zh' : 'en',
            'latitude': this.latitude,
            'longitude': this.longitude
          };
          geoLocationManager.getAddressesFromLocation(reverseGeocodeRequest).then(data => {
            if (data[0].placeName) {
              this.currentLocation = data[0].placeName;
              this.GeoAddress = data[0]
            }
          }).catch((err: Error) => {
            Logger.error(TAG, 'GetAddressesFromLocation err ' + JSON.stringify(err));
          };
        });
```

```
    }).catch((err: Error) => {
      Logger.error(TAG, 'requestPermissionsFromUser err' + JSON.stringify (err));
    })
  } catch (err) {
    Logger.error(TAG, 'requestPermissionsFromUser err' + JSON.stringify (err));
  }
}
```

13.5 统一扫码服务

统一扫码服务是由华为推出的软硬协同的系统级扫码服务，旨在帮助开发者的应用快速构建针对各种场景的码图识别与生成能力，以及扫码即达的便捷体验。Scan Kit 融合了多项计算机视觉技术和 AI 算法，不仅能实现远距离的自动扫码，还针对多种复杂的扫码场景（如暗光、污损、模糊、小角度、曲面码等）进行了深度优化，显著提高了扫码的准确率和用户的操作体验。

具体的功能如下。

（1）支持 13 种码格式：QR Code、Data Matrix、PDF417、Aztec、EAN-8、EAN-13、UPC-A、UPC-E、Codabar、Code 39、Code 93、Code 128、ITF-14。

（2）通用扫码界面：提供默认界面扫码能力和自定义界面扫码能力，满足开发者的个性化定制需求。

（3）生成码图：基于开发者提供的字符串生成条形码或二维码。

（4）图片识别：支持识别本地图片中的条形码和二维码。

（5）复杂场景识别增强：通过智能扫码模式和计算机视觉（CV）技术，有效提升暗光、污损、模糊、小角度、曲面码等复杂场景的码图识别成功率。

（6）扫码直达：用户可通过系统各扫码入口扫描开发者的二维码，一步直达开发者指定的应用服务。

与使用第三方库相比，直接使用 ScanKit 有以下优点。

- 一行代码，接入简单；系统级接口，包体零增加。
- 系统相机权限预授权，保护用户信息安全。
- 应用多项 CV 技术，提升扫码的成功率与速度。
- 应用端侧 AI 算法技术，实现远距离识码。

扫码服务的应用场景如下。

（1）支付转账：应用于银行、购物类 APP 中，生成付款码、收款码，实现扫码付款、转账、支付账单。

（2）自助服务：应用于点餐、骑车、充电等 O2O 商业模式中，扫码享受指定服务，实现线上与线下结合的运营模式。

（3）用户拉新：应用于社交场景中，生成名片、课程、商品等含二维码的邀请卡，好友可扫码添加好友或查看信息。

（4）验证登录：应用于计算机、手表、显示器等不同设备的扫码登录，提升账号登录的便捷性及安全性。

（5）设备绑定：应用于扫码绑定摄像头、投影仪、车机等智能设备，实现远程操控。

（6）扫码查物：应用于电商、信息查询类 APP 中，扫描商品条形码、二维码，查询商品信息。

13.5.1 默认界面扫码

默认界面扫码能力提供系统级体验一致的扫码界面，包含相机预览流、相册扫码入口、暗光环境闪光灯开启提示，且 Scan Kit 对系统相机权限进行预授权，调用接口时，无须开发者再次申请相机权限。集成简单，适用于不同扫码场景的应用开发。

默认界面扫码能力提供了系统级体验一致的扫码界面以及相册扫码入口，支持单码和多码识别，支持多种识码类型，如常见的二维码、条形码等。无须使用三方库，即可帮助开发者应用快速处理各种扫码场景。

默认界面扫码能力暂不支持悬浮屏和分屏场景，相册扫码只支持单码识别。

默认界面扫码业务的开发步骤如下，如图 13-77 所示。

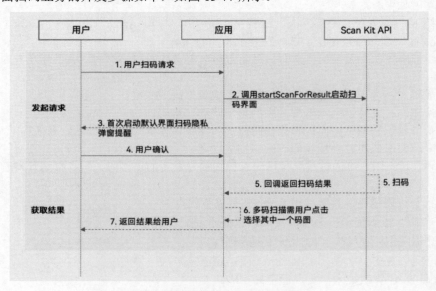

图 13-77　默认界面扫码业务流程

（1）用户向开发者的应用发起扫码请求。

（2）开发者的应用通过调用 Scan Kit 的 startScanForResult 接口启动扫码界面。

（3）首次使用应用的默认界面扫码功能时，会向用户弹出隐私提醒。

（4）用户需单击确认已了解隐私提醒，才能进行下一步操作。若用户不同意隐私内容，可左滑关闭应用。

（5）Scan Kit 通过 Callback 回调函数或 Promise 方式返回扫码结果。

（6）用户进行多码扫描时，需点击选择其中一个码图获取扫码结果并返回。单码扫码则可直接返回扫码结果。

（7）应用向用户返回扫码结果。

默认界面扫码接口说明如表 13-8 所示。

表 13-8　默认界面扫码接口说明

接 口 名	描 述
startScanForResult(context: common.Context, options?: ScanOptions): Promise<ScanResult>	启动默认界面扫码，通过 ScanOptions 进行扫码参数设置，使用 Promise 异步回调返回扫码结果
startScanForResult(context: common.Context, options: ScanOptions, callback: AsyncCallback<ScanResult>): void	启动默认界面扫码，通过 ScanOptions 进行扫码参数设置，使用 Callback 异步回调返回扫码结果
startScanForResult(context: common.Context, callback: AsyncCallback<ScanResult>): void	启动默认界面扫码，通过 Callback 回调返回扫码结果

接口的返回值有两种返回形式：Callback 和 Promise 回调。表 13-8 中为默认界面扫码的 Callback 和 Promise 形式接口。需要注意的是，Callback 和 Promise 仅仅是返回值方式不同，其功能是完全相同的。startScanForResult 接口负责打开应用内呈现的扫码界面样式。

Scan Kit 提供了默认界面扫码的能力，通过扫码接口直接控制相机，实现最优的相机放大控制、自适应的曝光调节、自适应对焦调节等操作，确保扫码过程流畅，大幅减轻开发者的负担。具体的实现步骤如下。

（1）导入默认界面扫码模块和相关模块。scanCore 负责提供扫码类型定义，而 scanBarcode 则提供拉起默认界面扫码的方法和参数，代码如下。

```
import { scanCore, scanBarcode } from '@kit.ScanKit';
import { BusinessError } from '@kit.BasicServicesKit';
import { JSON } from '@kit.ArkTS';
```

（2）调用 startScanForResult 方法拉起默认扫码界面，并通过 Promise 方法得到扫码结果，代码如下。

```
Button('默认界面扫码')
    .type(ButtonType.Normal)
    .borderRadius(8)
    .onClick(async () => {
      console.info("[ScanKitDemo] 默认界面扫码开始。");
      // 定义扫码参数 options
      const options: scanBarcode.ScanOptions = {
        scanTypes: [scanCore.ScanType.ALL],
        enableMultiMode: true,
        enableAlbum: true
      };
      try {
        const result: scanBarcode.ScanResult = await scanBarcode. startScanForResult(getContext (this), options);
```

```
                    console.info("[ScanKitDemo] Succeed. Data: " + JSON.stringify (result));
                    promptAction.showToast({
                      message: JSON.stringify(result),
                      duration: 5000
                    })
                  } catch (error) {
                    const e: BusinessError = error as BusinessError;
                    console.error("[ScanKitDemo] Failed. Cause: " + JSON.stringify(e));
                  }
                })
```

（3）单击"默认界面扫码"按钮时，会弹出"扫描二维码/条形码"窗口，将其对准二维码/条形码进行扫描，然后用 toast 组件弹出扫码信息。示例首页如图 13-78 所示。

13.5.2　自定义界面扫码

自定义界面扫码能力提供了相机流控制接口，开发者可根据自身需求自定义扫码界面，非常适合那些对扫码界面有定制化需求的应用开发。

自定义界面扫码能力不仅提供了扫码相机流控制接口，支持相机流的初始化、开启、暂停和释放功能；还提供了闪光灯的状态获取、开启与关闭功能。此外它还支持获取和设置变焦比，以及调整相机焦点和启用连续自动对焦。该功能可以识别条形码、二维码以及多功能码，并获得码类型、码值、码位置信息和相机预览流（YUV）。该能力可用于单码和多码的扫描识别。

开发者通过集成自定义界面扫码能力，可以自行定义扫码的界面样式，请遵循业务流程，完成扫码接口的调用，以实现实时的扫码功能。

为了使用扫码功能，需要向用户请求相机的使用权限，开发者需要自行实现扫码的人机交互界面。例如，在多码识别的场景中，可能需要暂停相机流，以便用户选择一个码图进行识别。

图 13-78　示例首页

自定义界面扫码的业务流程如下，如图 13-79 所示。

（1）用户向开发者的应用发起扫码请求，此时，应用拉起已定义好的扫码界面。

（2）应用需要向用户申请相机权限的授权。若用户未同意授权，将无法使用扫码功能。

（3）在扫码前，必须调用 init 接口来初始化自定义扫码界面并加载相关资源。待相机流初始化结束后，再调用 start 接口开始扫码。

（4）开发者可以配置自定义界面扫码的相机操作参数，以调整相应的功能，包括闪光灯、变焦、焦距、暂停、重启扫码等。例如，根据当前码图位置，若当前码图太远或太近时，可调用 getZoom 获取变焦比，并通过 setZoom 接口设置合适的变焦比，从而调整焦距，以优化用户的扫码体验。

（5）Scan Kit API 在扫码完成后会返回扫码结果。同时，根据开发者的需求，Scan Kit API 也可返回每帧相机预览流数据。完成扫码后，请确保调用 release 接口来释放扫码所占用的资源。

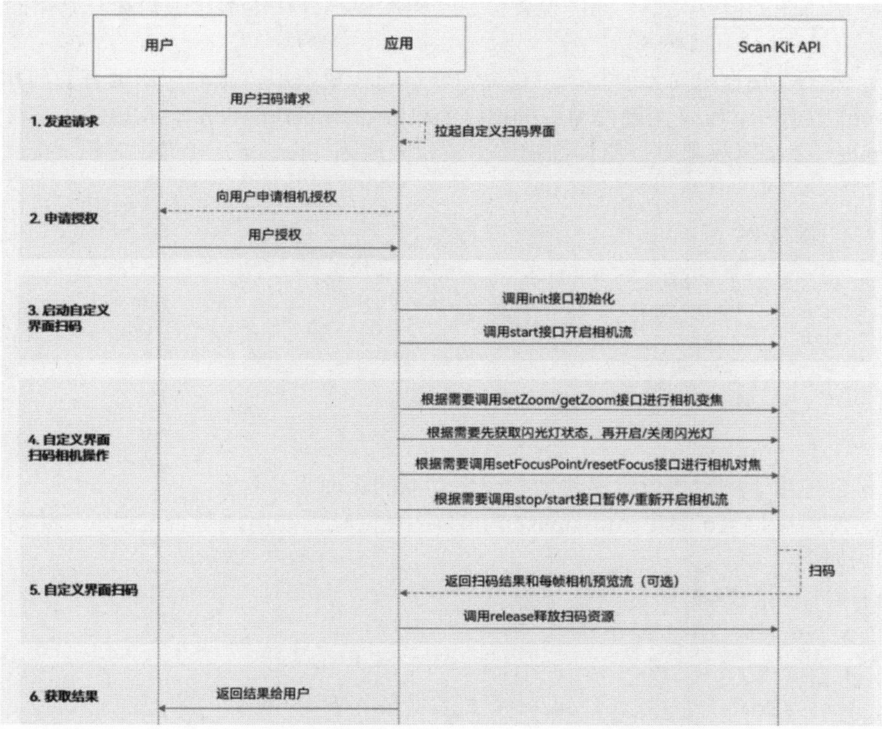

图 13-79　自定义界面扫码业务流程

（6）应用将扫码结果返回给用户。

自定义界面扫码提供 init、start、stop、release、openFlashLight、closeFlashLight、getFlashLightStatus、setZoom、getZoom、setFocusPoint、resetFocus、on('lightingFlash')、off('lightingFlash') 接口。其中，部分接口返回值有 Callback 和 Promise 回调两种返回形式。需要注意的是，Callback 和 Promise 回调函数仅仅是返回值方式不同，其功能是相同的。自定义界面扫码接口如表 13-9 所示。

表 13-9　自定义界面扫码接口

接口名	描述	接口名	描述
init	初始化自定义界面扫码并加载资源，无返回结果	getFlashLightStatus	获取闪光灯状态，true 表示打开，false 表示关闭
start	启动扫码相机流	openFlashLight	开启闪光灯
stop	暂停扫码相机流	setFocusPoint	设置相机焦点
release	释放扫码相机流	resetFocus	设置连续自动对焦模式
setZoom	设置变焦比	on(type: 'lightingFlash')	注册闪光灯打开时回调
getZoom	获取当前的变焦比	off(type: 'lightingFlash')	注销闪光灯打开时回调

自定义界面扫码接口允许开发者自定义 UI 界面，能够识别相机流中的条形码，二维码以及多功能码，并返回码图的值、类型、码的位置信息（码图最小外接矩形左上角和右下角的坐标）以及相机预览流。

步骤一：为了实现自定义界面扫码，首先需要申请相机权限，确保应用拥有访问相机的权限。在 module.json5 文件中，配置允许使用相机扫码的权限 ohos.permission.CAMERA。该权限的授权方式为 user_grant。在配置权限时，应详细描述申请权限原因（reason）和调用时机（usedScene）。示例代码如下。

```
"requestPermissions": [
    {
      "name": "ohos.permission.CAMERA",
      "reason": "$string:camera_desc",
      "usedScene": {
        "when": "inuse"
      }
    }
]
```

步骤二：创建用于实现"自定义界面扫码"功能的页面。

步骤三：使用接口 requestPermissionsFromUser 去校验当前用户是否已授权，并动态向用户申请，示例代码如下。

```
// 校验当前用户是否已授权
  async checkPermissions(): Promise<void> {
    const atManager: abilityAccessCtrl.AtManager = abilityAccessCtrl.
 createAtManager();
    let grantStatus: abilityAccessCtrl.GrantStatus = abilityAccessCtrl.
GrantStatus.PERMISSION_DENIED;
    // 获取应用程序的 accessTokenID
    let tokenId: number = 0;
    try {
      const bundleInfo: bundleManager.BundleInfo = bundleManager
        .getBundleInfoForSelfSync(bundleManager.BundleFlag.GET_BUNDLE_INFO_WITH_APPLICATION);
      const appInfo: bundleManager.ApplicationInfo = bundleInfo.appInfo;
      tokenId = appInfo.accessTokenId;
      grantStatus = atManager.checkAccessTokenSync(tokenId, GlobalConstants.PERMISSIONS[0]);
      if (grantStatus === abilityAccessCtrl.GrantStatus.PERMISSION_GRANTED) {
        // 已经授权，可以继续访问目标操作
        this.userGrant = true;
      } else {
      // 相机权限判断
        console.log("[ScanKitDemo] reqPermissionsFromUser start.");
        const permissionRequestResult: PermissionRequestResult = await
 atManager.requestPermissionsFromUser(getContext(this), GlobalConstants.
PERMISSIONS);
        const authResults: number[] = permissionRequestResult.authResults;
        for (let i = 0; i < authResults.length; i++) {
          if (authResults[i] === 0) {
            // 用户授权，可继续访问目标操作
```

```
            this.userGrant = true;
          } else {
            // 用户拒绝授权，提示用户必须授权后才能访问当前页面的功能，并引导用户在系统设置中打开相应
的权限
            this.userGrant = false;
          }
        }
      }
    } catch (error) {
      const err: BusinessError = error as BusinessError;
      console.error('[ScanKitDemo] checkPermissions failed. Cause: ' + JSON.stringify(err));
    }
  }
```

向用户申请授权代码运行结果如图 13-80 所示。

步骤四：定义相机控制参数 ScanOptions，并调用 init 初始化接口。示例代码如下。

```
// 自定义界面扫码参数
options: scanBarcode.ScanOptions = {
  scanTypes: [scanCore.ScanType.ALL], // 扫码类型，可选参数
  enableMultiMode: true, // 是否开启多码识别，可选参数
  enableAlbum: true      // 是否开启相册扫码，可选参数
};

async onPageShow(): Promise<void> {
  // 校验相机授权
  await this.checkPermissions();
  // 计算预览流的宽高
  this.setDisplay();
  // 初始化接口
  customScan.init(this.options);
}
```

图 13-80　向用户申请授权

步骤五：获取 XComponent 组件的 surfaceId，调用扫码接口 start 并处理扫码结果，通过 on 监听事件监听闪光灯。示例代码如下。

```
XComponent({
      id: 'componentId',
      type: 'surface',
      controller: this.mXComponentControl
    }).onLoad(async () => {
      console.info('[ScanKitDemo] Succeeded in loading, onLoad is called.');
      // 获取 XComponent 组件的 surfaceId
      this.surfaceId = this.mXComponentControl.getXComponentSurfaceId();
      try {
        // 相机控制参数
        const viewControl: customScan.ViewControl = {
          width: this.cameraWidth,
          height: this.cameraHeight,
          surfaceId: this.surfaceId
```

```
      };
      // 请求扫码接口
      customScan.start(viewControl).then(async (result: Array<scanBarcode.ScanResult>) => {
        // 处理扫码结果
        await this.showScanResult(result);
      })
      // 闪光灯监听接口
      customScan.on('lightingFlash', (error, isLightingFlash) => {
        if (error) {
          console.error('[ScanKitDemo] Filed to on lightingFlash. Cause: ' + JSON.stringify(error));
          return;
        }
        if (isLightingFlash) {
          this.isFlashLightEnable = true;
        } else {
          if (!customScan.getFlashLightStatus()) {
            this.isFlashLightEnable = false;
          }
        }
        this.isSensorLight = isLightingFlash;
      })
    } catch (error) {
      const err: BusinessError = error as BusinessError;
      console.error('[ScanKitDemo] onload failed. Cause: ' + JSON.stringify(err));
    }
  })
  .width(this.cameraWidth)
  .height(this.cameraHeight)
  .position({ x: this.cameraOffsetX, y: this.cameraOffsetY })
```

步骤六：当单击"自定义界面扫码"按钮时，会进入自定义扫码界面，并弹出相机授权弹窗，单击"允许"按钮允许应用使用相机。将相机对准二维码/条形码进行扫码，扫码成功后会返回二维码信息。我们也可以单击"重新扫码"按钮，重新扫描二维码/条形码。

运行效果如图 13-81 所示。

13.6 游戏登录服务

图 13-81 自定义界面扫码

游戏登录服务致力于为开发者提供快速、低成本构建游戏基本能力与游戏场景优化服务，有效提高游戏开发效率，帮助开发者开展游戏运营。开发者应用允许用户使用华为账号登录游戏，从而迅速推广游戏，共享华为庞大的用户资源。开发者可以快速实现实名认证、游戏资产转移、防沉迷等功能，以低成本在本地构建游戏基本能力，并基于用户和内容的本地化需求,深入进行游戏运营。

场景如下。

(1)游戏登录:玩家可利用华为账号快速、便捷地登录游戏,省去烦琐的注册和验证步骤。

(2)游戏优化:根据游戏场景优化游戏性能,进一步提升玩家的游戏体验。

(3)游戏运营:接入游戏服务后,可与华为游戏中心合作开展各种游戏宣传活动,激发用户活跃度,提高付费转化率。

(4)游戏推广:通过详细的游戏数据分析和华为游戏中心强大的分发能力,助力游戏有效触达优质玩家,实现快速推广游戏。

功能如下。

(1)快捷登录:允许玩家使用华为账号,轻松完成游戏登录、登出及欢迎语等操作。

(2)游戏实名认证:无须额外开发,自动对接国家新闻出版署实名认证系统并开启实名认证。

(3)硬件供给均衡:系统感知游戏场景信息,主动调度硬件资源,降低功耗。

(4)游戏画质自适应:系统通知游戏负载信息,游戏实时调整画质,提升玩家体验。

(5)未成年人防沉迷:内置未成年人游戏时间自动监测功能。

优势如下。

- 本地运营:提供基于用户的本地化运营服务。
- 快速集成:支持开发者快速、低成本地构建游戏基础功能。
- 优化体验:基于华为账号登录,用户一触即达,无须复杂操作。

13.6.1 开发前置条件

接下来讲解开发的前置条件。

1. AGC 控制台创建应用

步骤如下。

(1)登录 AGC,单击"我的项目",在项目中单击"添加项目",输入项目名称后,单击"创建并继续"。AGC 控制台创建项目如图 13-82 所示。

图 13-82　AGC 控制台创建项目

(2)项目创建完成后,单击项目设置页面的"添加应用"按钮,在"添加应用"页面中设置参数后单击"确认"按钮。注意,"应用包名"需与 DevEco Studio 创建 HarmonyOS 应用工程的 Bundle name 一致,例如此处均为"com.nutpi.chapter0306",且"应用分类"选择"游戏",如图 13-83 所示。

图 13-83　添加应用

2. 创建 HarmonyOS 工程

接下来以 Chapter0306 工程为例进行说明，以帮助开发者掌握推送服务。注意，在使用时，包名应与 AGC 上创建应用时使用的包名一致。

当前未打开任何工程，可以在 DevEco Studio 的欢迎页选择 Create Project 打开新工程创建向导。创建工程如图 13-84 所示。

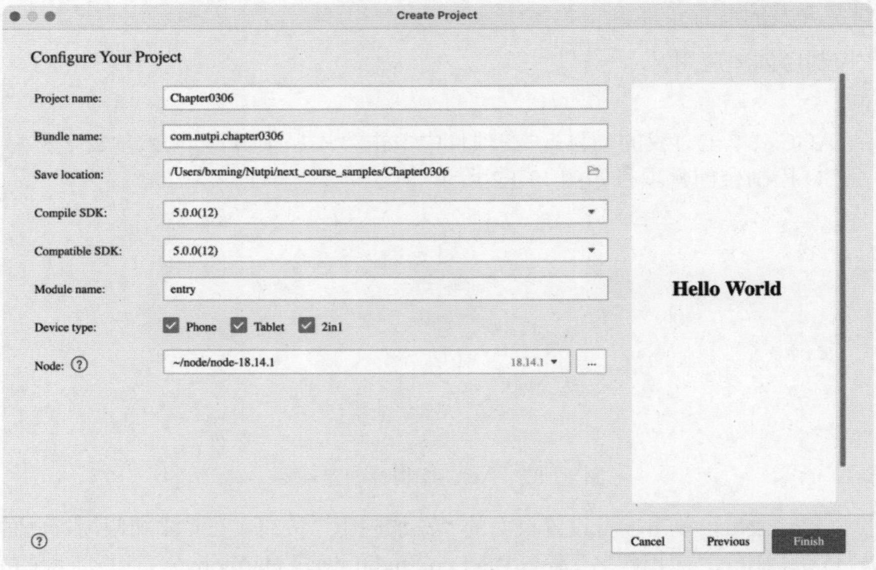

图 13-84　创建工程

3. 添加公钥指纹

游戏登录服务同样需要在 AGC 的对应项目上添加公钥指纹。

4. 配置 APP ID 和 Client ID

登录 AGC 平台，在"我的项目"中选择目标应用，并获取"项目设置→常规 →应用"的 APP ID 和 Client ID。获取 APP ID 和 Client ID 如图 13-85 所示。

图 13-85　获取 APP ID 和 Client ID

在工程的 entry 模块下的 module.json5 文件中新增 metadata 并配置 client_id 和 app_id，如图 13-86 所示。

```
"module": {
  "name": "entry",
  "type": "xxx",
  "description": "xxxx",
  "mainElement": "xxxx",
  "deviceTypes": [],
  "pages": "xxxx",
  "abilities": [],
  "metadata": [ // 配置如下信息
    {
      "name": "client_id",
      "value": "xxxxxx"    //配置为前面步骤中获取的Client ID
    },
    {
      "name": "app_id",
      "value": "xxxxxx"    //配置为为前面步骤中获取的APP ID
    }
  ]
}
```

图 13-86　配置 client_id 和 app_id

5．配置商品信息

若开发者的游戏涉及虚拟商品，则需要接入华为应用内支付服务（参见 13.2 节内容）。建议开发者在 AGC 中提前录入商品信息，这样，在调用支付接口时即可直接传入商品 ID，无须自动管理商品价格。

对于新增的消耗型商品或非消耗型商品，请参见非订阅类商品的添加指南。

若需为消耗型商品或非消耗型商品设置促销价格，请参考设置促销价格的相关指引。

若需新增自动续期订阅商品，请参考订阅类商品的相关指引。

若需为自动续期订阅商品设置促销，请参考设置促销价格的相关指引。

6．实名认证

发布地为中国大陆的游戏必须进行用户账号实名认证。根据国家新闻出版署的明确规定，所有网络游戏必须接入国家新闻出版署的网络游戏防沉迷实名验证系统。Game Service Kit 提供了华为账号登录时的实名认证功能，开发者只需向当地的新闻出版局申请接入网络游戏防沉迷实名认证系统，并获取 bizID（游戏备案识别码）。随后，再将 bizID 配置至 AppGallery Connect，华为将自动为开发者的游戏对接国家新闻出版署的实名认证系统，并开启强制实名认证流程，无须进行额外的开发工作。

13.6.2　游戏登录的开发步骤

完成接入游戏登录后，在游戏启动时将会进行初始化操作，并向玩家呈现华为账号与游戏官方账号的联合登录对话框。玩家可以选择任意一种登录方式进入游戏。登录界面如图 13-87 所示。

图 13-87　登录界面

1．基本概念

参数的基本概念如表 13-10 所示。

2．接口说明

接口说明如表 13-11 所示。

表 13-10　参数的基本概念

名 称	说 明
gamePlayerId	新系统下的游戏玩家 ID。玩家使用华为账号登录游戏时，Game Service Kit 为当前游戏生成唯一的玩家标识，一般用于使用华为账号登录的转移场景。针对同一游戏，同一玩家的 gamePlayerId 相同
teamPlayerId	新系统下的团队玩家 ID。玩家使用华为账号登录游戏时，Game Service Kit 为当前开发者生成唯一的玩家标识，一般用于使用华为账号登录的关联场景。针对同一开发者账号下的不同游戏，同一玩家的 teamPlayerId 相同
openId	由华为账号与应用唯一标识组合生成的加密玩家标识。这类 ID 应用于华为的老系统渠道包
unionId	由华为账号与开发者账号组合生成的加密玩家标识。这类 ID 应用于华为的老系统渠道包
playerId	华为游戏服务为华为账号封装处理后的对外开放的游戏玩家标识。这类 ID 应用于华为的老系统渠道包

表 13-11　接口说明

接 口 名	描 述
init(context: common.UIAbilityContext): Promise<void>	游戏初始化接口，使用默认的上下文信息
unionLogin(context: common.UIAbilityContext, loginParam: UnionLoginParam): Promise<UnionLoginResult>	华为账号与游戏官方账号联合登录接口
bindPlayer(context: common.UIAbilityContext, thirdOpenId: string, teamPlayerId: string): Promise<void>	华为账号对应的 teamPlayerId 与游戏官方账号绑定接口
unbindPlayer(context: common.UIAbilityContext, thirdOpenId: string, teamPlayerId: string): Promise<void>	华为账号对应的 teamPlayerId 与游戏官方账号解绑接口
verifyLocalPlayer(context: common.UIAbilityContext, thirdUserInfo: ThirdUserInfo): Promise<void>	合规校验接口，校验当前设备登录的华为账号的实名认证、游戏防沉迷信息
savePlayerRole(context: common.UIAbilityContext, request: GSKPlayerRole): Promise<void>	保存玩家角色信息至游戏服务器，使用默认的上下文信息
on(type: 'playerChanged', callback: Callback<PlayerChangedResult>): void	玩家变化事件监听接口

3．业务流程

接下来介绍两种登录场景。

（1）联合登录场景一：玩家选择"华为账号快速登录"方式，如图 13-88 所示。

（2）联合登录场景二：玩家选择"游戏官方账号登录"方式，如图 13-89 所示。

4．开发步骤

开发步骤如下。

（1）导入 Account Kit 模块、Game Service Kit 模块及相关公共模块，代码如下。

```
import { AbilityConstant, UIAbility, Want, common } from '@kit.AbilityKit';
import { hilog } from '@kit.PerformanceAnalysisKit';
```

```
import { window } from '@kit.ArkUI';
import { JSON, util } from '@kit.ArkTS';
import GameKitUtil from '../utils/GameKitUtil';
```

（2）在导入相关模块后，游戏首先需要调用 init 接口来完成初始化过程。在初始化阶段，Game Service Kit 将会弹出隐私协议弹框，玩家必须同意隐私协议后，游戏才能调用其他接口。否则，在调用其他接口时将会返回错误码 1002000011。调用 init 接口时，必须严格要求继承 UIAbility，并且上下文的获取应当在 onWindowStageCreate 生命周期的页面加载成功后进行。代码如下。

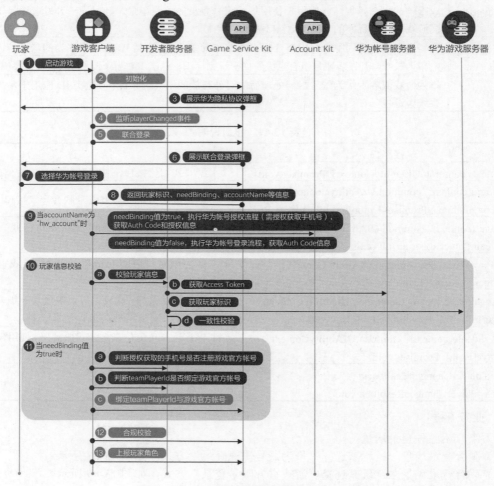

图 13-88　联合登录场景一 ①

```
onWindowStageCreate(windowStage: window.WindowStage): void {
    windowStage.loadContent('pages/Index', (err) => {
```

---

① 图 13-88 中的"帐"同"账"。

```
    if (err.code) {
      return;
    }
    // 游戏服务初始化
    GameKitUtil.init(this.context);
  });
}
```

代码运行结果如图 13-90 所示。

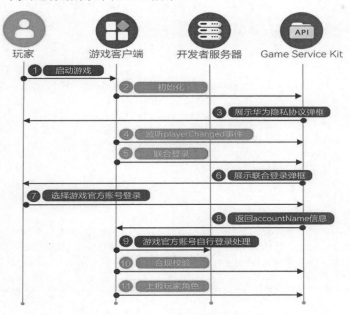

图 13-89　联合登录场景二 ①　　　　　　　图 13-90　隐私协议弹框

（3）初始化成功后，游戏调用 on 接口注册 playerChanged 事件监听。当玩家信息变化后，如游戏号切换等，将会执行 playerChanged 事件回调方法，以通知开发者进行本地缓存清理和再次调用 unionLogin 接口等操作。代码如下。

```
gamePlayer.on('playerChanged', (result: gamePlayer.PlayerChangedResult) => {
        if (result.event === gamePlayer.PlayerChangedEvent.SWITCH_GAME_ ACCOUNT) {
            // 游戏号已切换，完成本地缓存清理工作后，再次调用 unionLogin 接口等
            AppStorage.setOrCreate("LoginStatus", 0);
        }
    })
```

（4）初始化成功后，游戏可调用 unionLogin 接口进行联合登录，Game Service Kit 向玩家展示联合登录弹窗，并通过联合登录接口获取到 accountName。具体代码如下。

```
// 游戏联合登录
  public unionLogin(context: common.UIAbilityContext, showLoginDialog?: boolean): void
```

---

① 图 13-89 中的"帐"同"账"。

```typescript
{
    hilog.info(0x0000, 'testTag', 'Enter unionLogin.');
    const thirdAccountInfo: gamePlayer.ThirdAccountInfo = {
      accountName: 'NutpiGameAccountName',             // 游戏官方账号名
      accountIcon: $r('app.media.nutpi_logo')          // 游戏官方账号图标资源信息
    };
    const unionLoginParam: gamePlayer.UnionLoginParam = {
      showLoginDialog: true,
                              // 默认为 false, 当需要切换账号或进行其他操作时，该值为 true
      thirdAccountInfos: [
        thirdAccountInfo // 游戏官方账号图标大小总和最大支持 35KB
      ]
    };
    try {
      gamePlayer.unionLogin(context, unionLoginParam).then((result: gamePlayer.UnionLoginResult) => {
          hilog.info(0x0000, 'testTag', 'Succeeded in union login.');
          this.gamePlayerId = result.localPlayer?.gamePlayerId ?? '';
          this.teamPlayerId = result.localPlayer?.teamPlayerId ?? '';
          const accountName = result.accountName;
          if (accountName === 'hw_account') {
            promptAction.showToast({
              message: "玩家选择使用华为账号登录方式！"
            })
            if (result.needBinding) {
              // 当 needBinding 为 true 时（关联场景），华为玩家标识需与游戏官方账号进行关联绑定
              // 应调用 createAuthorizationWithHuaweiIDRequest 接口创建授权请求（授权获取手机号）
              this.createAuthorizationAndVerifyPlayer(context);
            } else {
              // 当 needBinding 为 false 时（转移场景），调用 createLoginWithHuawei IDRequest 接口创建登录请求
              this.createLoginAndVerifyPlayer(context);
            }
          } else if (accountName === 'official_account' || accountName === thirdAccountInfo.accountName) {
            // 1.进行游戏官方账号自行登录处理
            // 2.登录完成后，则调用 verifyLocalPlayer 接口进行合规校验
            // 3.当合规检验成功后，在玩家创建角色时，游戏必须调用 savePlayerRole 将玩家角色信息上报
            promptAction.showToast({
              message: "玩家选择使用游戏官方账号登录方式！"
            })
            // 玩家选择游戏官方账号成功登录后，调用合规校验接口
            // thirdOpenId 表示游戏官方账号 ID
            // this.thirdOpenId = '123xxxx';
            // this.verifyLocalPlayer(context);
          }
      }).catch((error: BusinessError) => {
          hilog.error(0x0000, 'testTag', 'Failed to union login. Cause: %{public}s', JSON.stringify(error) ?? '');
      })
    } catch (error) {
```

```
        const err = error as BusinessError;
        hilog.error(0x0000, 'testTag', 'Failed to union login. Cause: %{public}s', JSON.stringify(err) ?? '');
    }
}
```

代码的运行结果如图 13-91 所示。

（5）华为账号认证与授权。通过联合登录接口获取到 accountName，若值为 hw_account，通过 Account Kit 对应的创建授权/登录请求接口，获取用于服务器校验的 Authorization Code 信息；若值为 unionLogin 接口传入的 thirdAccountInfo.accountName 或 official_account，则进行游戏官方账号自行登录处理。代码如下。

```
if (accountName === 'hw_account') {
    promptAction.showToast({
        message: "玩家选择使用华为账号登录方式！"
    })
    if (result.needBinding) {
        // 当 needBinding 为 true 时（关联场景），华为玩家标识需与游戏官方账号进行关联绑定
        // 应调用 createAuthorizationWithHuawei IDRequest 接口创建授权请求（授权获取手机号）
        this.createAuthorizationAndVerifyPlayer(context);
    } else {
        // 当 needBinding 为 false 时（转移场景），调用 createLoginWithHuawei IDRequest 接口创建登录请求
        this.createLoginAndVerifyPlayer(context);
    }
} else if (accountName === 'official_account' || accountName === thirdAccountInfo.accountName) {
    // 1.进行游戏官方账号自行登录处理
    // 2.登录完成后，则调用 verifyLocalPlayer 接口进行合规校验
    // 3.当合规检验成功后，在玩家创建角色时，游戏必须调用 savePlayerRole 将玩家角色信息上报
    promptAction.showToast({
        message: "玩家选择使用游戏官方账号登录方式！"
    })
    // 玩家选择游戏官方账号成功登录后，调用合规校验接口
    // thirdOpenId 表示游戏官方账号 ID
    // this.thirdOpenId = '123xxxx';
    this.verifyLocalPlayer(context);
}
// 合规校验
private verifyLocalPlayer(context: common.UIAbilityContext): void {
    hilog.info(0x0000, 'testTag', `Enter verifyLocalPlayer.`);
    let request: gamePlayer.ThirdUserInfo = {
        thirdOpenId: this.thirdOpenId, // 游戏官方账号 ID
        isRealName: true, // 玩家是否实名，该值为 true 时表示已实名；该值为 false 时表示未实名
    };
```

图 13-91 联合登录界面①

---

① 图 13-91 中的"帐"同"账"。

```
      try {
        gamePlayer.verifyLocalPlayer(context, request).then(() => {
          hilog.info(0x0000, 'testTag', `Succeeded in verifying local player.`);
          // 合规检验成功后，允许玩家进入游戏
        }).catch((error: BusinessError) => {
          hilog.error(0x0000, 'testTag', `Failed to verify local player. Cause: %{public}s`, JSON.stringify(error) ?? '');
          // 合规检验失败，不允许玩家进入游戏
        });
      } catch (error) {
        hilog.error(0x0000, 'testTag', `Failed to verify local player. Cause: %{public}s`, JSON.stringify(error) ?? '');
        // 合规检验失败，不允许玩家进入游戏
      }
    }
```

（6）需要华为玩家标识与游戏官方账号绑定（needBinding 为 true）。

调用 createAuthorizationWithHuaweiIDRequest 创建授权请求并设置参数。若需授权获取用户的手机号，应先完成"获取用户手机号"的 scope 权限申请，并在 authRequest.scopes 中传入 phone。

调用 AuthenticationController 对象的 executeRequest 方法执行授权请求，并在 Callback 中处理授权结果，从授权结果中解析出头像和昵称。代码如下。

```
  // 需要华为玩家标识与游戏官方账号绑定
    private createAuthorizationAndVerifyPlayer(context: common.UIAbilityContext): void {
      hilog.info(0x0000, 'testTag', 'Enter createAuthorizationAndVerifyPlayer.');
      // 创建授权请求，并设置参数
      let authRequest = new authentication.HuaweiIDProvider().createAuthorizationWithHuaweiIDRequest();
      // 获取头像和昵称、手机号需要传入如下 scope
      authRequest.scopes = ['profile', 'phone'];
      // 用户是否需要登录授权
      authRequest.forceAuthorization = true;
      authRequest.state = util.generateRandomUUID();
      try {
        // 执行授权请求
        let controller = new authentication.AuthenticationController(context);
        controller.executeRequest(authRequest, (err, data) => {
          if (err) {
            hilog.error(0x0000, 'testTag', 'Failed to auth. Cause: %{public}s', JSON.stringify(err) ?? '');
            return;
          }
          const response = data as authentication.AuthorizationWithHuaweiIDResponse;
          const state = response.state;
          if (state != undefined && authRequest.state != state) {
            hilog.error(0x0000, 'testTag', 'Failed to auth, state is different.');
            return;
          }
          hilog.info(0x0000, 'testTag', `Succeeded in authenticating.`);
          let authorizationWithHuaweiIDCredential = response.data!;
          let avatarUri = authorizationWithHuaweiIDCredential.avatarUri;
          let nickName = authorizationWithHuaweiIDCredential.nickName;
```

```
          let authorizationCode = authorizationWithHuaweiIDCredential.authorizationCode;
          promptAction.showToast({
            message: `登录用户信息：${nickName}`
          })
          // 开发者处理 vatarUri、nickName 和 authorizationCode 信息，并进行玩家信息校验
          // 1.游戏客户端将玩家信息（Authorization Code、玩家标识等）上传给游戏开发者服务器
          // 2.开发者服务器通过 authorizationCode 调用华为账号服务器的获取凭证 AccessToken 接口来获
取玩家的 AccessToken
          // 3.开发者服务器通过 AccessToken 调用华为账号服务器的获取用户信息接口来获取授权手机号
          // 4.开发者服务器调用华为游戏服务器的获取玩家信息接口并根据 AccessToken 获取服务器侧的玩家标识
          // 5.开发者服务器将客户端与服务器分别获取的玩家标识进行一致性核验

          // this.thirdOpenId = '123xxxx'; // thirdOpenId 表示游戏官方账号 ID
          // 游戏服务器校验玩家信息成功后，则进行如下操作：
          // 1.判断授权获取的手机号是否注册游戏官方账号，如未注册，则进行注册
          // 2.判断 teamPlayerId 是否绑定游戏官方账号，如未绑定，则进行绑定
          // 3.调用合规校验接口
          // 4.当合规检验成功后，在玩家创建角色时，游戏必须调用 savePlayerRole 将玩家角色信息上报
          // if (!this.isBinding(this.teamPlayerId)) {
          // 将玩家标识与游戏官方账号进行绑定
          //   this.bindPlayer(context, this.thirdOpenId, this.teamPlayerId);
          // }
          // 进行合规校验
          // this.verifyLocalPlayer(context);
        })
      } catch (error) {
        const err = error as BusinessError;
        hilog.error(0x0000, 'testTag', 'Failed to auth. Cause: %{public}s', JSON.stringify(err) ?? '');
      }
    }
```

（7）不需要华为玩家标识与游戏官方账号绑定（needBinding 为 false）。

调用 createLoginWithHuaweiIDRequest 创建登录请求并设置参数。调用 AuthenticationController 对象的 executeRequest 方法执行登录请求，并在 Callback 中处理登录结果，并获取 AuthorizationCode。代码如下。

```
    // 不需要华为玩家标识与游戏官方账号绑定
    private createLoginAndVerifyPlayer(context: common.UIAbilityContext): void {
      hilog.info(0x0000, 'testTag', `Enter createLoginAndVerifyPlayer.`);
      // 创建登录请求，并设置参数
      let loginRequest = new authentication.HuaweiIDProvider().createLogin
WithHuaweiIDRequest();
      // 当用户未登录华为账号时，是否强制拉起华为账号登录界面
      loginRequest.forceLogin = true;
      loginRequest.state = util.generateRandomUUID();
      try {
        // 执行授权请求
        let controller = new authentication.AuthenticationController(context);
        controller.executeRequest(loginRequest, (err, data) => {
          if (err) {
            hilog.error(0x0000, 'testTag', 'Failed to login. Cause: %{public}s', JSON.
```

```
stringify(err) ?? '');
          return;
        }
        const response = data as authentication.AuthorizationWithHuaweiIDResponse;
        const state = response.state;
        if (state != undefined && loginRequest.state != state) {
          hilog.error(0x0000, 'testTag', 'Failed to login, state is different.');
          return;
        }
        hilog.info(0x0000, 'testTag', `Succeeded in logining.`);
        let loginWithHuaweiIDCredential = response.data!;
        let code = loginWithHuaweiIDCredential.authorizationCode;
        promptAction.showToast({
          message: `登录用户 AuthorizationCode: ${code}`
        })
        // 开发者处理 authorizationCode
        // 1.游戏客户端将玩家信息（Authorization Code、玩家标识等）上传给游戏开发者服务器
        // 2.开发者服务器通过 authorizationCode 调用华为账号服务器的获取凭证 AccessToken 接口来获
取玩家的 AccessToken
        // 3.开发者服务器调用华为游戏服务器的获取玩家信息接口并根据 AccessToken 获取服务器侧的玩家标识
        // 4.开发者服务器将客户端与服务器分别获取的玩家标识进行一致性核验
        // 5.玩家选择游戏官方账号成功登录后，无须绑定，但需要调用合规校验接口
        // 6.当合规检验成功后，在玩家创建角色时，游戏必须调用 savePlayerRole 将玩家角色信息上报
        // this.thirdOpenId = ''; // thirdOpenId 表示游戏官方账号 ID，此处赋值为空字符串
        // this.verifyLocalPlayer(context);
      })
    } catch (error) {
      const err = error as BusinessError;
      hilog.error(0x0000, 'testTag', 'Failed to login. Cause: %{public}s', JSON.stringify
(err) ?? '');
    }
  }
```

（8）服务端能力。开发者服务器通过 authorizationCode 调用华为账号服务器的获取凭证 AccessToken 接口来获取玩家的 AccessToken，从而获取玩家的授权手机号和玩家标识，然后将客户端与服务器分别获取的玩家标识进行一致性核验。

（9）绑定玩家账号。当联合登录接口获取的 needBinding 值为 true 时，游戏可调用 bindPlayer 接口绑定华为玩家标识 teamPlayerId 与游戏官方账号。代码如下。

```
// 绑定玩家账号
  // thirdOpenId 表示游戏官方账号 ID
  // teamPlayerId 表示玩家华为账号对应的 teamPlayerId
  public bindPlayer(context: common.UIAbilityContext, thirdOpenId: string, teamPlayerId:
string): void {
    hilog.info(0x0000, 'testTag', `Enter bindPlayer.`);

    try {
      gamePlayer.bindPlayer(context, thirdOpenId, teamPlayerId).then(() => {
        hilog.info(0x0000, 'testTag', `Succeeded in binding player.`);
        // 开发者进行持久化绑定结果
      }).catch((error: BusinessError) => {
        hilog.error(0x0000, 'testTag', `Failed to bind player. Cause: %{public}s`,
```

```
JSON.stringify(error) ?? '');
      });
    } catch (error) {
      hilog.error(0x0000, 'testTag', `Failed to bind player. Cause: %{public}s`, JSON.stringify(error) ?? '');
    }
  }
```

（10）合规校验。调用 verifyLocalPlayer 接口进行账号实名认证和游戏防沉迷管控合规校验。如果玩家未完成实名认证，Game Service Kit 将向玩家弹出实名认证弹框并要求玩家进行实名认证；如果玩家取消实名认证，则返回错误码 1002000004，此时，则禁止玩家进入游戏。如果玩家账号实名认证为未成年人，Game Service Kit 将启动未成年人游戏时间自动检测功能。当玩家未在指定时间内登录游戏，Game Service Kit 将强制玩家退出游戏并返回错误码 1002000006。代码如下。

```
// 合规校验
  private verifyLocalPlayer(context: common.UIAbilityContext): void {
    hilog.info(0x0000, 'testTag', `Enter verifyLocalPlayer.`);
    let request: gamePlayer.ThirdUserInfo = {
      thirdOpenId: this.thirdOpenId, // 游戏官方账号 ID
      isRealName: true, // 玩家是否实名，该值为 true 时表示已实名；该值为 false 时表示未实名
    };

    try {
      gamePlayer.verifyLocalPlayer(context, request).then(() => {
        hilog.info(0x0000, 'testTag', `Succeeded in verifying local player.`);
        // 合规检验成功后，允许玩家进入游戏
      }).catch((error: BusinessError) => {
        hilog.error(0x0000, 'testTag', `Failed to verify local player. Cause: %{public}s`, JSON.stringify(error) ?? '');
        // 合规检验失败，不允许玩家进入游戏
      });
    } catch (error) {
      hilog.error(0x0000, 'testTag', `Failed to verify local player. Cause: %{public}s`, JSON.stringify(error) ?? '');
      // 合规检验失败，不允许玩家进入游戏
    }
  }
```

（11）提交玩家角色信息。游戏在登录成功后需要调用 savePlayerRole 接口将玩家角色信息提交到华为游戏服务器。请在用户登录并选择角色以及区服后调用。如果游戏没有角色系统，roleId 请传入 0，roleName 传入 default。代码如下。

```
// 提交玩家角色信息
  // 在玩家创建角色时，游戏必须调用 savePlayerRole 接口将玩家角色信息上报
  public savePlayerRole(context: common.UIAbilityContext): void {
    hilog.info(0x0000, 'testTag', `Enter savePlayerRole.`);
    let request: gamePlayer.GSKPlayerRole = {
      roleId: '123', // 玩家角色 ID，如游戏没有角色系统，请传入 0，务必不要传入""和 null
      roleName: 'Jason', // 玩家角色名，如游戏没有角色系统，请传入 default，务必不要传入""和 null
      serverId: '456',
      serverName: 'Zhangshan',
      gamePlayerId: this.gamePlayerId, // 根据实际获取到的 gamePlayerId 传值
```

```
      teamPlayerId: this.teamPlayerId,
      thirdOpenId: this.thirdOpenId
    };

    try {
      gamePlayer.savePlayerRole(context, request).then(() => {
        hilog.info(0x0000, 'testTag', `Succeeded in saving player info.`);
      });
    } catch (error) {
      hilog.error(0x0000, 'testTag', `Failed to save player info. Cause: %{public}s`,
JSON.stringify(error) ?? '');
    }
  }
}
```

13.7　通用文字识别

通用文字识别是指通过拍摄或扫描的方式，将票据、证件、表格、报纸、书籍等印刷品上的文字转换为图像信息。然后，利用先进的文字识别算法，将这些图像信息进一步转换为计算机和其他设备能够理解和处理的字符信息。

这项技术的应用范围非常广泛。例如，你可以对文档、街景等进行翻拍，然后利用它来检测和识别图片中的文字。此外，这项技术还可以集成到其他应用程序中，来提供文字检测和识别功能。根据识别结果，它还能提供翻译、搜索等相关服务。

无论是来自相机、图库还是来自其他图像数据，这项技术都能处理。它具备自动检测文本、识别图像中文本位置及内容的功能，这是一种开放的能力。

值得一提的是，这项技术在处理文本时具有很强的适应性。无论是文本倾斜、拍摄角度倾斜，还是复杂的光照条件和文本背景，它都能在这些特定场景下实现精准的文字识别。

13.7.1　开发步骤

开发者要想顺利使用通用文字识别技术，请遵循以下步骤进行配置。

（1）模块 JSON 中注册能力标识信息，即在 src/main/module.json5 配置文件的 requestPermissions 节点中，标识当前应用需要的能力集合，代码如下。

```
"requestPermissions": [
  {
    "name": "ohos.permission.CAMERA",
    "usedScene": {
      "abilities": [
        "EntryAbility"
      ],
      "when": "inuse"
    },
    "reason": "CAMERA"
```

```
}]
```

（2）添加相关类至工程文件。将负责图像识别、文字识别和支撑能力的相关类导入你的工程中，代码如下。

```
// 引入相机处理库
import { camera } from '@kit.CameraKit';
// 引入文本识别工具类
import { textRecognition } from '@kit.CoreVisionKit';
```

（3）配置用户界面布局。简单地设计一个用户界面，其中包括一个扫描显示区域，并为按钮组件添加单击事件，以便设备能够识别场景图片。

```
Row() {
    Column() {
      Row() {
        XComponent({id: 'xcomponent1',
          type: 'surface',
          controller: this.xcomponentController
        })
          .onLoad(async () => {
            await this.camera.releaseCamera();
            this.XComponentinit()
          })
          .width('100%')
          .height(this.xcomponentHeight)
      }
      .width('100%')
      .margin({ top: 30 })
      .flexGrow(1)

      Column() {
        Text('识别文字')
          .fontSize('14fp')
          .fontColor(Color.White)
          .margin({ top: 16 })
        Row()
          .backgroundColor("#0A59F7")
          .width(6).height(6)
          .border({
            radius: 3
          })
          .margin({
            top: 3, bottom: 20
          })
        Row() {
          Row()
            .backgroundColor(Color.White)
            .width(60)
            .height(60)
            .border({
              radius:37
            })
        }
        .onClick(async () => {
          await this.camera.takePicture()
```

```
            })
            .backgroundColor(Color.Black)
            .width(76)
            .height(76)
            .border({
              color: Color.White,
              width: 1,
              radius: 37
            })
            .justifyContent(FlexAlign.Center)
            .alignItems(VerticalAlign.Center)
        }
        .width('100%')
        .flexShrink(0)
        .height($r('app.float.camera_lower_height'))
        .backgroundColor(Color.Black)
        .alignItems(228)
      }
      .width('100%')
      .height('100%')
      .backgroundColor(Color.Black)
    }
    .height('100%')
```

（4）调用摄像头功能，实现图像场景扫描。当用户打开应用后，自动调用摄像头，并将读取到的场景展示在应用的显示区域。

```
// 释放场景化能力相关数据
async releaseCamera(): Promise<void> {
  // 如果存在相机输入（this.cameraInput），则关闭它并记录日志
  if (this.cameraInput) {
    await this.cameraInput.close();
    Logger.info(TAG, 'cameraInput release');
  }
  // 如果存在预览输出（this.previewOutput），则释放它并记录日志
  if (this.previewOutput) {
    await this.previewOutput.release();
    Logger.info(TAG, 'previewOutput release');
  }
  // 如果存在接收器（this.receiver），则释放它并记录日志
  if (this.receiver) {
    await this.receiver.release();
    Logger.info(TAG, 'receiver release');
  }
  // 如果存在照片输出（this.photoOutput），则释放它并记录日志
  if (this.photoOutput) {
    await this.photoOutput.release();
    Logger.info(TAG, 'photoOutput release');
  }
  // 如果存在捕获会话（this.captureSession），则释放它并记录日志，然后将捕获会话设置为未定义
  if (this.captureSession) {
    await this.captureSession.release();
    Logger.info(TAG, 'captureSession release');
    this.captureSession = undefined;
  }
  // 将图像接收器（this.imgReceive）设置为未定义
```

```
      this.imgReceive = undefined;
    }
    // 图形绘制和媒体数据的初始化
    async XComponentinit() {
      // 设置 XComponent 持有 Surface 的显示区域，仅当 XComponent 类型为 SURFACE ("surface")或
TEXTURE 时有效
      this.xcomponentController.setXComponentSurfaceRect({
        surfaceWidth: 1200,
        surfaceHeight: 2000
      });
      // 获取 XComponent 对应 Surface 的 ID，供@ohos 接口使用，用于摄像头进程的管理
      this.surfaceId = this.xcomponentController.getXComponentSurfaceId();
      // 初始化场景化相关数据
      await this.initCamera(this.surfaceId);
    }
```

13.7.2　实现效果

通用文字识别前和识别后的效果分别如图 13-92 和图 13-93 所示。

图 13-92　识别前

图 13-93　识别后

13.8　华为支付服务

在数字支付领域，华为支付服务（Payment Kit）无疑是一颗耀眼的新星，其不仅简化了交易过

程，还为用户带来了前所未有的便捷体验。接下来将介绍它的基本概念、前置条件以及基本流程。

1. 基本概念

华为支付服务是 HarmonyOS 下的一种支付解决方案，它利用系统级接口，提供了一系列强大的支付、营销和运营功能。这意味着开发者可以无缝集成这些功能到他们的应用或元服务中，从而让用户能够轻松购买实体商品或服务，并立即看到支付结果。

华为支付服务的重要性不言而喻。随着数字化转型的加速，为消费者提供一个简单、安全且高效的支付方式变得尤为重要。华为支付服务正是在这样的背景下应运而生，它不仅是一个支付工具，更是一个促进商业增长、提升用户体验的强大平台。

此项支付功能由花瓣支付（深圳）有限公司负责运营，旨在为 HarmonyOS 系统打造一个更安全、更便捷的支付环境，从而促进开发者业务的增长。

2. 前置条件

要成功接入华为支付服务，开发者需要满足一些基础条件。首先，必须拥有一个有效的 HarmonyOS 开发者账号。其次，根据业务需求选择合适的接入模式：商户模式、平台类商户模式和服务商模式。每种模式都有其特定的要求和优势，因此选择合适的模式对于实现最佳集成至关重要。

3. 基本流程

一旦选择了合适的接入模式并满足了所有前置条件，开发者就可以开始集成华为支付服务了。这个过程通常包括以下几个步骤：注册和配置支付服务账号、集成 SDK、设置支付参数、测试和验证支付流程。每一步都旨在确保支付过程的安全性、可靠性和用户友好性。

13.8.1　华为支付分类

在探讨华为支付服务时，我们了解到它为开发者提供了 3 种不同的接入模式：普通商户模式、服务商模式和平台类商户模式。

下面，我们将详细探讨每种模式的特点和适用场景。

1. 普通商户模式

作为开发者，如果你希望直接与华为支付系统对接，那么普通商户模式将是你的理想选择。在这种模式下，你直接成为华为支付服务的经营者，享受直接的支付服务体验。华为支付服务为你提供了一系列支付产品，包括签约代扣产品，这些都可以在你的 HarmonyOS 应用或元服务中得到支持。这种模式适合那些希望直接整合支付功能到自己应用中的开发者。

2. 服务商模式

如果你专注于为商户提供支付相关的综合解决方案，包括但不限于开户申请、支付接入和技术开发，那么服务商模式将是你的选择。在这种模式下，你充当华为支付与商户之间的桥梁，提供专业的服务。要采用这种模式，你需要在中国支付清算协会进行备案。华为支付服务在此模式下同样提供支付产品支持，适用于 HarmonyOS 应用和元服务等多种载体。

3. 平台类商户模式

平台类商户模式与服务商模式相似，其中，开发者作为一个连接者，为商户提供从开户申请到技术开发等支付相关的全套解决方案。这种模式也要求在中国支付清算协会进行备案。此模式适合那些运营平台类业务的开发者，他们可以通过华为支付服务提供的支付产品，为自己的商户打造一个完善的支付环境，也同样适用于支持 HarmonyOS 应用和元服务等多种载体。

13.8.2 华为支付服务场景

在日常生活中，我们经常会遇到不同的支付场景，其中最常见的 3 种场景为商城购物场景、会员包月场景和会员续费场景。下面，将介绍这 3 种场景的特点和区别。

（1）商城购物场景：这是最典型的支付场景之一。当用户在商户的应用中挑选商品后，他们可以直接在应用内完成订单的创建和支付过程。这种方式方便快捷，为用户提供了一站式的购物体验。

（2）会员包月场景：在这种场景中，用户在商户的应用或服务中开通会员服务。在支付过程中，用户不仅完成支付，还同时签订一个协议。一旦协议生效，商家就可以根据协议的规定，在每个周期自动发起无密码扣款请求，从而完成扣款续费，用户无须每月手动操作。

（3）会员续费场景：用户在商户的应用或服务中首次完成签约后，当会员服务到期时，商户系统可以自动发起无密码扣款请求，以完成扣款续费。这意味着用户无须再次进入支付界面或输入支付密码，从而简化了续费流程。

这 3 种支付场景各有特点，旨在为用户提供便捷、高效的支付体验，同时帮助商户提高交易效率和客户满意度。

1. 华为支付服务功能

华为支付服务提供了 3 种不同的支付方式，它们分别是移动支付、元服务支付和签约代扣。

下面详细介绍这 3 种支付方式的区别和特点。

（1）移动支付：这种方式允许商户在他们的手机应用中集成华为支付功能，使得收款过程变得简便快捷。用户可以在应用内使用银行卡或余额等多种支付工具进行支付，为商户提供了灵活的线上支付解决方案。

（2）元服务支付：与移动支付类似，元服务支付支持商户在他们的 HarmonyOS 元服务应用中集成华为支付功能。元服务支付也支持银行卡和余额等多种支付工具，让商户能够轻松地在元服务环境中接收款项。

（3）签约代扣：这是一个特别为周期性付款场景设计的支付功能。商户在与用户签订支付协议后，可以根据约定的规则自动发起扣款。这种方式适用于需要定期支付的服务，如订阅服务或分期付款。

华为支付服务通过提供这 3 种支付方式，满足了不同商户和用户的需求，无论是一次性支付还是定期代扣，都能提供便利性和灵活性。

2. 收银台服务展示

收银台服务流程如图 13-94 所示。

从左至右依次"支付方式选择面"->"支付页面"->"支付结果展示页面"效果展示

图 13-94 收银台服务流程

3. 华为支付服务优势

华为支付服务不断进步，其能力的提升体现在 4 个关键方面：产品多样、接入便捷、助力经营和安全稳定。具体说明如下。

● 产品多样：华为支付服务提供了多种灵活的支付资金产品，例如合单支付和资金分账等。同时，它也提供了全面的支付解决方案。这些多样化的产品满足了不同商家和消费者的支付需求。

● 接入便捷：通过统一的 API 和 SDK，华为支付服务确保了开发者可以方便、快速地接入支付系统。此外，华为还提供了专业和高效的团队支持，确保一站式服务，使得支付接入过程更加顺畅。

● 助力经营：华为支付服务加强了商家与消费者之间的联系，并支持商家进行多维度的体系化经营活动。这意味着商家可以更有效地管理自己的业务，提高销售效率。

● 安全稳定：基于稳固的 HarmonyOS，华为支付服务采用了多重安全验证机制，确保支付环境的安全性和可靠性。这为消费者提供了一个值得信赖的支付平台。

华为支付服务通过不断优化这 4 个方面，致力于为开发者和商家提供更优质的支付体验，同时保障了用户支付的安全性。

4. 华为支付服务设计规范

华为支付服务的设计规范是一份持续更新的指南，它会根据华为支付的最新要求定期进行修订。因此，开发者需要密切关注这些更新，以确保他们的应用或服务符合最新的标准。以下是两个关键设计方面的简要说明。

1）支付方式呈现

（1）使用正确的支付公司名称：在设计支付时，请确保使用"花瓣支付（深圳）有限公司"作为第三方支付公司的名称。这样做的目的是确保品牌一致性并避免用户混淆。

（2）统一的支付方式描述：无论是在中文环境还是在英文环境中，都应统一使用"华为支付"和"Huawei Pay"来描述支付方式。这样有助于提升用户对华为支付服务的认知度。

2）支付体验要求

为了提供流畅的支付体验，优化支付页面的呈现，建议在应用内的订单页或支付页直接启动华为支付的收银台，而不是通过跳转到空白页面来启动收银台。这样可以减少等待时间，提高用户的满意度。

遵守这些设计规范可以帮助开发者提供更加一致和高效的支付体验，从而吸引并保留用户。

13.8.3　开发前置条件

下面创建了一个名为 Chapter0806 的工程，旨在帮助开发者掌握华为支付服务的功能。

1．本地工程创建流程

当 DevEco Studio 没有打开任何工程时，可在欢迎页选择 Create Project 以打开新工程创建向导，如图 13-95 所示。

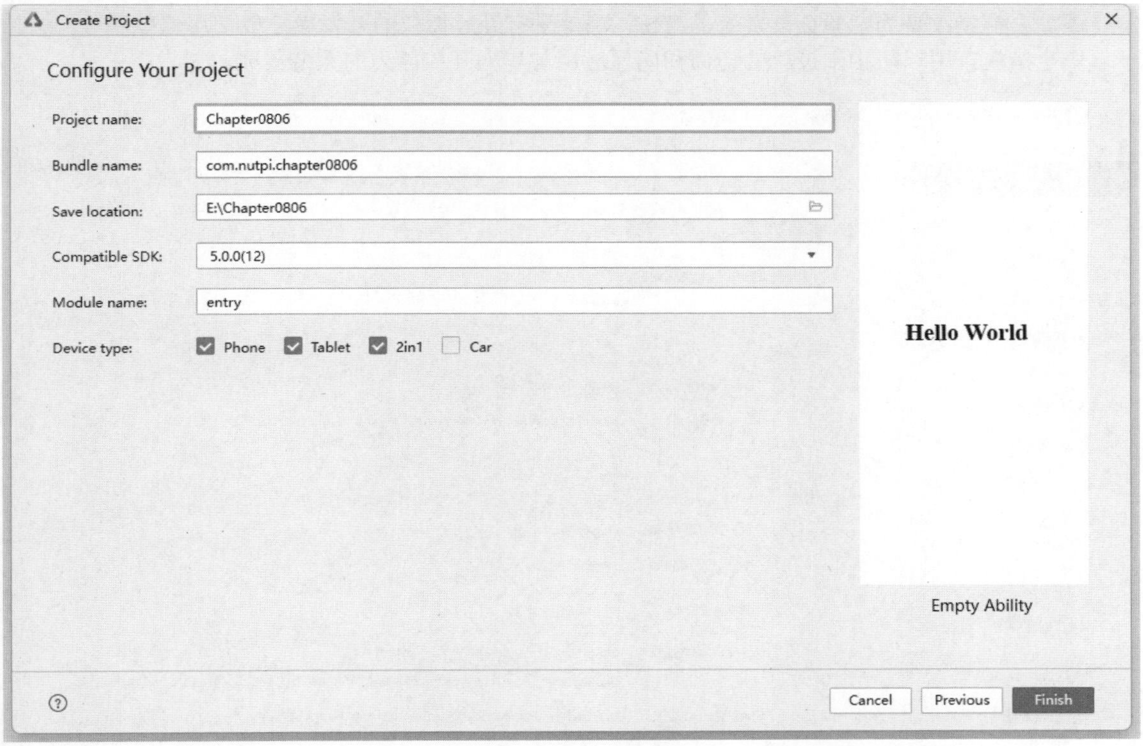

图 13-95　创建项目

如果已经打开了一个工程，可以通过菜单栏选择"File→New→Create Project"以打开新工程创建向导。

2. AGC 上对应的项目应用创建流程

（1）创建项目。登录到 AGC 平台。单击"我的项目"选项，进入项目列表页面。在项目列表页面中，单击"添加项目"按钮。输入项目名称，然后单击"创建并继续"以进入下一步。

（2）添加应用。项目创建完成之后，进入项目设置页面。在项目设置页面中，单击"添加应用"按钮。在"添加应用"页面中，设置相关的应用参数。

注意：确保所填写的应用包名与在 DevEco Studio 中创建的 HarmonyOS 应用工程的 Bundle name 一致，如 com.nutpi.chapter0806。在选择应用分类时，请选择"应用"。单击"确认"按钮以完成应用添加。

按照以上步骤可以顺利地在 AGC 上创建项目并添加应用，为在 HarmonyOS 平台上开发和发布应用做准备。AGC 项目常规页面和 AGC 应用创建页面分别如图 13-96 和图 13-97 所示。

3. 添加公钥指纹

当应用需要集成华为支付服务时，为了确保应用能够正常调试和运行，必须在开发者平台预先添加公钥指纹。

添加公钥指纹是为了验证开发者的身份，确保只有经过授权的开发者才能使用这些服务。这是一项安全措施，用以防止未授权的访问和确保应用与华为开放能力的无缝集成。

图 13-96　AGC 项目常规页面

第 13 章 应用服务

图 13-97　AGC 应用创建页面

4．开通 Payment Kit

（1）登录 AppGallery Connect 平台，选择"我的项目"。AGC 首页如图 13-98 所示。

图 13-98　AGC 首页

（2）在项目列表中找到项目，在项目下的应用列表中选择需要开通 Payment Kit 的应用。AGC 应用列表如图 13-99 所示。

图 13-99　AGC 应用列表

（3）在左侧导航栏选择"盈利→华为支付服务（非虚拟类）"，然后单击"立即开通"按钮，如图 13-100 所示。

图 13-100　AGC 华为支付服务

（4）单击"申请支付商户号"，详细介绍可参考华为支付商户入网。申请商户号后，还需为商户号申请绑定 AppID（详细介绍可参考商户号绑定 AppID）。注意，如果已有商户号，请忽略本步骤。

5．商户号绑定 AppID

在华为支付平台，商户的支付交易能力与其在 AGC 中创建的应用的 AppID 紧密相关。商户必须将其商户号与相应的 AppID 绑定，才能顺利进行支付交易。这一过程对于确保交易的安全性和正确性至关重要。下面将介绍如何进行 AppID 的绑定以及相关注意事项。

6．绑定 AppID

步骤如下。

（1）登录华为支付商户平台。作为商户，需要登录到华为支付商户平台。

（2）发起绑定申请。在平台内找到绑定 AppID 的选项，并发起绑定申请。如果商户号与 AppID 所关联的营业主体信息相同（同主体），则通常无须华为支付的人工审核。

（3）异主体绑定。如果尝试将商户号与不同主体的 AppID 绑定（异主体），则需要联系华为支付的产品侧进行沟通，申请绑定权限。在获得权限并经过华为支付人工审核后，应用管理员需要登录到 AGC 网站完成对商户号的 AppID 绑定授权。

（4）绑定确认。完成上述步骤后，确认 AppID 与商户号的绑定关系已经成功建立。

注意事项如下。
● 暂不支持的商户类型：平台子商户及特约商户目前无法自行发起绑定 AppID 的申请。
● 同主体与异主体：确认商户号与 AppID 是否属于同一营业主体。如果是，则绑定过程会更简单；否则，则需要更多的审核步骤。
● 安全性考虑：维护 AppID 的安全性是非常重要的，因为它与用户的商户号直接相关联，并用于处理支付交易。

通过以上步骤，可以确保组织或个人的商户号与 AppID 正确绑定，从而在华为支付平台上顺利开展支付交易。正确的绑定不仅保证了交易的安全执行，也有助于提升用户体验和管理效率。

7. 特定场景配置操作

在华为支付平台上，特定场景下的配置操作需要商户或服务商进行一些特别的设置和授权。

8. 生成及下载对账单

（1）开启对账单接口：商户的管理员需要在"华为支付商户平台"中进入"功能设置"，找到"对账单接口获取开关"并开启它。这样做是为了允许系统自动生成对账单。

（2）对账单生成时间：开启对账单接口后，系统将从次日开始生成前一日的对账单。例如，如果 3 月 10 日开启了此功能，则 3 月 11 日会生成 3 月 10 日的对账单。

（3）下载对账单：对账单生成后，管理员可以在指定的目录下载对账单文件，以便进行财务审计和记录保存。

特约商户退款授权操作如下。

（1）申请 API 退款授权：对于服务商代表特约商户发起的退款场景，服务商需要在华为支付商户平台上申请 API 退款授权。这样做是为了确保退款请求是由有权限的实体发出的。

（2）完成授权操作：在获得授权后，服务商可以代表特约商户执行退款操作。这通常涉及使用特定的 API 密钥或其他安全认证方法来确认退款请求的合法性。

（3）注意安全和合规性：在进行退款操作时，确保遵守所有相关的安全和合规性要求，以防止未授权的交易并保护消费者的资金安全。

通过遵循上述步骤和注意事项，商户和服务商可以在华为支付平台上有效地管理和执行特定场景下的支付、对账和退款操作。这些操作的正确配置是确保交易流程顺畅、安全和高效的关键。AGC 商户平台页面如图 13-101 所示。

9. 商户证书准备

商户证书是一份关键文件，由商户主动申请并包含商户号、公司名称及公钥信息。此证书必须以 pem 格式创建，同时支持 RSA 与 SM2 两种加密算法。商户需自行生成符合要求的公私密钥对，并将其上传至华为支付商户平台。

商户只有在将公钥证书成功提交至华为支付商户平台之后，才能获得一个证书 ID，此 ID 用于 HTTP 请求头中鉴权信息 PayMercAuth 对象的 authId 字段。完成商户入网流程后，可在商户中心的"证书管理"，通过"上传商户证书"功能来获取"证书 ID"。已上传证书列表如图 13-102 所示。

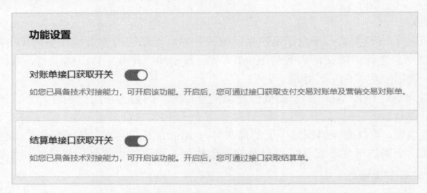

图 13-101　AGC 商户平台页面

图 13-102　已上传证书列表

商户私钥和华为支付证书的详细说明如下。

10．商户私钥

当商户自行生成或申请商户证书时，会同时生成一个商户私钥。这个私钥对于商户而言至关重要，因为它用于对 API 请求中的信息进行签名。商户必须确保私钥文件的安全，避免在任何公共场合暴露私钥，例如不应上传到公共平台如 GitHub，也不应将其写入客户端代码中。商户私钥的安全保管是保障交易安全的关键步骤。

11. 华为支付证书

华为支付证书是由华为支付平台提供的，其中包含了华为支付平台的标识和公钥信息，该证书使用的是 SM2 加密算法。商户需要从华为支付商户平台下载该证书，它主要用于验证回调通知的信息。具体而言，华为支付证书中的公钥使商户能够对接收到的回调通知进行验签，从而确认通知的真实性和有效性。

商户在处理与华为支付相关的证书和私钥时，必须严格遵守安全规范，确保所有敏感信息的安全，以防止未授权访问和潜在的安全风险。正确的证书和私钥管理是确保交易安全、保护用户数据和维持系统完整性的基础。商户证书的使用流程如图 13-103 所示。

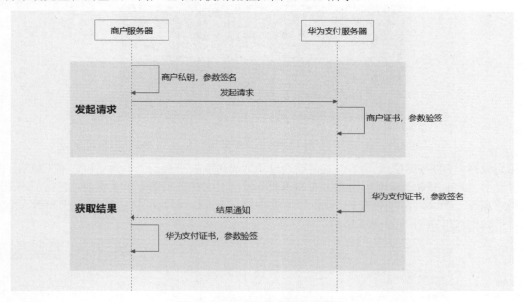

图 13-103　商户证书的使用流程

商户在生成公钥证书后，需要手动将其上传到华为支付商户平台。这一步骤至关重要，因为公钥证书将用于 Payment Kit 服务器对支付请求的签名进行验证。

商户证书的生成需要满足以下要求。

（1）文件格式：商户上传的公钥证书必须为"*.pem"格式，以确保与华为支付平台的兼容性。

（2）密钥规格：在生成 RSA 公私密钥对时，密钥长度必须至少为 3072 位，以确保安全性。同时，密钥格式应为 PKCS#8。

商户可以使用 JavaScript 的一个库在线下环境中生成所需的密钥，操作步骤如下。

（1）确保已经配置好 Node.js 执行环境。

（2）使用文本编辑器创建一个新的文件，并将提供的代码复制到该文件中，保存文件并命名为 generateKeyPair.js。

（3）打开命令行工具，导航到文件所在的目录，并执行 node generateKeyPair.js 命令。

（4）命令执行完毕后，从命令行工具的输出中复制生成的公私密钥，并将其妥善保存以备后续使用。

通过以上步骤，商户可以正确地生成和准备所需的证书和密钥，以确保与华为支付平台的无缝对接和交易的安全处理。

12. 商户证书上传与下载

为确保交易安全及系统对接的顺利进行，请登录华为支付商户平台，并前往"证书管理→上传商户证书"模块，按照指定的生成方式及要求上传商户证书公钥。这一步骤非常关键，因为它涉及后续支付请求的验证过程。证书公钥如图 13-104 所示。

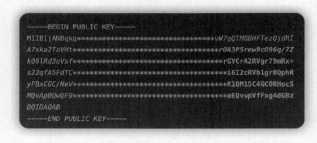

图 13-104　证书公钥

在完成商户证书公钥的上传后，还需要通过华为支付商户平台的"华为支付证书"模块下载华为支付证书。此证书对于验证华为支付向你的业务系统发送的各种信息至关重要，包括但不限于支付结果通知等。确保在你的系统中正确配置和使用该证书，以保障交易信息的准确性和安全性。华为支付平台模块页面如图 13-105 所示。

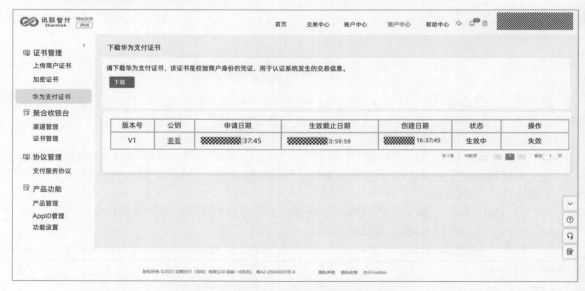

图 13-105　华为支付平台模块页面

在 HarmonyOS 应用/元服务的 entry/src/main/module.json5 文件中 module 的 metadata 节点下增加 client_id 和 app_id 属性配置。AGC 应用信息和项目模块增加 client_id 分别如图 13-106 和图 13-107 所示。

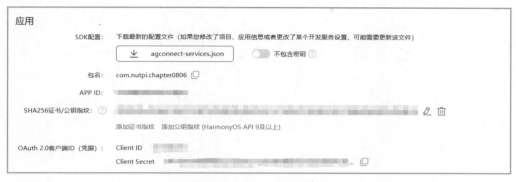

图 13-106　AGC 应用信息

```
"module": {
  "name": "entry",
  "type": "xxx",
  "description": "xxxx",
  "mainElement": "xxxx",
  "deviceTypes": [],
  "pages": "xxxx",
  "abilities": [],
  "metadata": [ // 配置如下信息
    {
      "name": "client_id",
      "value": "xxxxxx"  //配置为前面步骤中获取的Client ID
    },
    {
      "name": "app_id",
      "value": "xxxxxx"  //配置为为前面步骤中获取的APP ID
    }
  ]
}
```

图 13-107　项目模块增加 client_id

13.8.4　华为支付服务的基本流程

1. 单次支付业务流程

开发者可通过接入 Payment Kit 的单次支付功能，轻松且高效地为应用添加支付功能。以下是单次支付的具体业务流程，如图 13-108 所示。

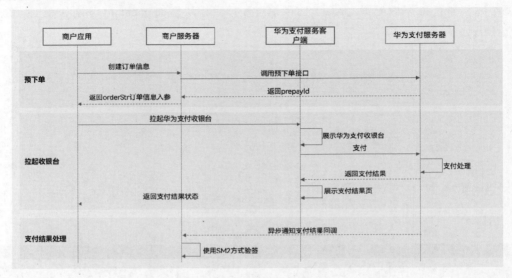

图 13-108　华为支付流程

（1）创建商品订单：商户客户端向商户服务器发起请求，以创建商品订单。这一步骤是支付流程的起点，确保购买请求的有效性和准确性。

（2）获取预下单号：商户服务器根据商户的业务模型，调用 Payment Kit 提供的 API（直连商户预下单或平台类商户/服务商预下单接口），以获取预下单号（prepayId）。此预下单号是后续支付流程中的关键标识。

（3）组建订单字符串：商户服务器将包括预下单号在内的订单信息组装成订单字符串（orderStr），并将其返回给商户客户端。这一步骤为客户端提供了必要的支付信息。

（4）调起 Payment Kit 客户端：商户客户端通过调用 requestPayment 接口唤起 Payment Kit 客户端收银台。此时，用户可以看到支付页面，进行支付操作。

（5）完成支付操作：用户在 Payment Kit 客户端收银台完成支付操作后，Payment Kit 客户端会接收到支付结果信息。这标志着用户已完成支付动作。

（6）展示支付结果：Payment Kit 客户端会展示支付结果页面，用户可查看支付状态。当用户关闭支付结果页面后，Payment Kit 客户端会将支付状态返回给商户客户端，以便其进行后续处理。

（7）支付结果回调：支付完成后，Payment Kit 服务器会通过回调接口将支付结果信息发送给商户服务器。这一步骤确保了商户服务器能够实时获取支付状态。

（8）验证支付结果：商户服务器收到支付结果回调响应后，使用 SM2 验签方式对支付结果进行验证。这一步骤是确保支付结果未被篡改且安全可靠。

2．单次支付接口说明

接口服务说明：用于拉起 Payment Kit 支付收银台。

接口信息如下。

```
·requestPayment(context: common.UIAbilityContext, orderStr: string): Promise<void>
·requestPayment(context:    common.UIAbilityContext,    orderStr:    string,    callback:
AsyncCallback<void>): void
```

3．单次支付功能的开发步骤

在开发华为支付的单次支付功能时，开发者可以按照以下步骤来确保支付流程的正确性和安全性。

1）预下单（服务器开发）

（1）获取预支付 ID：开发者根据商户的业务模型，通过调用直连商户预下单或平台类商户/服务商预下单接口，获取预支付 ID（prepayId），此 ID 是后续支付流程的关键标识。

（2）签名请求：为保证支付订单的安全性和可靠性，开发者需要对请求体（body）和请求头（PayMercAuth 对象）内的参数进行排序、拼接并签名。具体的排序、拼接和签名过程可以参考相关的示例代码。

（3）构建订单字符串：商户服务器需构建包含必要支付信息（如预支付 ID 等）的订单字符串（orderStr），并对该字符串进行签名，然后将其返回给客户端。

无参下单接口和带参下单接口代码参考分别如图 13-109 和图 13-110 所示。

2）拉起华为支付收银台（端侧开发）

（1）调用支付接口：在客户端，开发者调用 requestPayment 接口唤起 Payment Kit 支付收银台，让用户进行支付操作。

（2）处理支付结果：接口调用成功后，会通过 then()函数返回，表明当前订单支付成功。如果请求出现异常，可以通过 error.code 获取错误码以便进行问题的定位和处理。支付结果代码如图 13-111 所示。

```java
/**
 * 预下单接口调用
 */
public CommonResponse aggrPreOrderForAppV2() {
    // 组装对象
    PreOrderCreateRequestV2 preOrderReq = getPreOrderCreateRequestV2();
    PreOrderCreateResponse response = null;
    try {
        response = payClient.execute("POST", "/api/v2/aggr/preorder/create/app", PreOrderCreateResponse.class,
            preOrderReq);
    } catch (Exception e) {
        // todo 异常处理
        log.error("request error ", e);
        return CommonResponse.buildErrorRsp(e.getMessage());
    }
    if (!validResponse(response)) {
        // todo 异常处理
        log.error("response is invalid ", response);
        return CommonResponse.buildFailRsp(response);
    }
    return CommonResponse.buildSuccessRsp(payClient.buildOrderStr(response.getPrepayId()));
}
```

图 13-109　无参下单接口代码参考

```java
/**
 * 预下单接口请求参数组装，商户请根据业务自行实现
 * @return
 */
public static PreOrderCreateRequestV2() {
    return this.PreOrderCreateRequestV2.builder()
        //每次订单号都是唯一的，建议使用时间戳+随机数
        .merOrderNo('pay-example-') + System.currentTimeMills()
        //appId配置为与商户绑定的appId
        .appId(MerConfigUtil.APP_ID)
        .mercNo(MerConfigUtil.MERC_NO)  // 商户号
        .tradeSummary("请修改为对应的商品简称")
        .bizType("10002")
        //(10001:虚拟商品购买, 10002:实物商品购买, 10003:充值, 10004:航旅交通
        .totalAmount(2L)
        .callbackUrl("https://abc.com/hwpay/callback") // 回调地址
        .build();
}
```

图 13-110　带参下单接口代码参考

```typescript
import { BusinessError } from '@kit.BasicServicesKit';
import { paymentService } from '@kit.PaymentKit';
import { common } from '@kit.AbilityKit';

@Entry
@Component
struct Index {
  context: common.UIAbilityContext = getContext(this) as common.UIAbilityContext;

  requestPaymentPromise() {
    // use your own orderStr
    const orderStr =
      '{\'app_id\':\'***\',\'merc_no\':\'***\',\'prepay_id\':\'xxx\',\'timestamp\':\'1680259863114\',' +
      '\'noncestr\':\'1487b8a60ed9f9ecc0ba759fbec23f4f\',\'sign\':\'****\',\'auth_id\':\'***\'}';
    paymentService.requestPayment(this.context, orderStr)
      .then(() => {
        // pay success
        console.info('succeeded in paying');
      })
      .catch((error: BusinessError) => {
        // failed to pay
        console.error(`failed to pay, error.code: ${error.code}, error.message: ${error.message}`);
      });
  }

  build() {
    Column() {
      Button('requestPaymentPromise')
        .type(ButtonType.Capsule)
        .width('50%')
        .margin(20)
        .onClick(() => {
          this.requestPaymentPromise();
        })
    }
    .width('100%')
    .height('100%')
  }
}
```

图 13-111　支付结果代码

3）支付结果回调通知（服务器开发）

（1）接收支付信息：支付成功后，Payment Kit 服务器会调用开发者提供的回调接口，将支付信息返回给开发者的服务器。详细的回调信息格式请参考直连商户支付结果回调通知或平台类商户/服务商支付结果回调通知的相关文档。

（2）验证支付信息：为确保接收到的支付信息的合法性，商户服务器必须使用 SM2 算法对返回的支付信息进行验签。验签过程中，需要直接使用通知的完整内容进行验签，且在验签前对返回数据进行排序拼接，并确保 sign 字段（签名值）被排除在待验签内容之外。验签所需的公钥应从华为支付证书中获取。带参请求包如图 13-112 所示。

```
POST /hw/pay/callback HTTP/1.1
Content-Type: application/json;charset=UTF-8
{
  "callbackId": "ee8eee94b1ac43028eaed234d29f55c9",
  "callbackTime": "2023-03-29 09:29:14",
  "currency": "CNY",
  "dataType": "plain",
  "finishTime": "2023-02-23T10:02:04.000+0800",
  "mercOrderNo": "xxxxxx",
  "appId": "xxxxxx",
  "mercNo": "xxxxxx",
  "orderStatus": "TRX_SUCCESS",
  "payerAmount": 10000,
  "payload": "衣服裤子等2件商品",
  "paymentTools": "AGMT",
  "promotionAmount": 0,
  "sign": "MEYCIQDXutp78********************VlWyjA6p210xOqI2InX9w2SIYRx",
  "signType": "SM2",
  "certNo": "xxxxxx",
  "sysTransOrderNo": "xxxxxx",
  "totalAmount": 10000
}
```

图 13-112　带参请求包

完成以上步骤后，开发者可以继续调用其他 API，如查询支付订单、申请退款、查询退款订单等，以完成订单的其他相关操作。这样，开发者不仅能够实现完整的支付流程，还能确保整个流程的安全性和可靠性。

13.9　地图服务

地图服务（Map Kit）的应用场景广泛，涵盖了从基础的地图创建到高级的地点搜索和路径规划等多方面功能。以下是其核心应用场景的概述。

（1）创建地图：使用 Map Kit，开发者可以轻松创建个性化地图，展示包括建筑物、道路、水系等在内的各种地理要素。这不仅有助于提升应用的视觉效果，也能加强用户对地理位置和环境的理解。

（2）地点搜索：Map Kit 提供了强大的地点搜索功能，使开发者能够实现多种查询 Poi（兴趣点）信息的能力。无论用户想查找周边的餐厅、最近的地铁站，还是探索某个特定区域的景点，Map Kit 都能提供快速准确的搜索结果。

（3）路径规划：Map Kit 支持多种出行方式的路径规划，包括步行、骑行和驾车。开发者可以利用这一功能为用户提供从起点到终点的最优路径选择，帮助用户节省时间并提高出行效率。

地图服务的核心功能如下。

（1）地图交互：开发者可以控制地图的交互手势和交互按钮，如缩放、旋转、移动和倾斜等，以提供流畅的用户体验。这种高度的交互性使得用户能够以直观的方式探索地图和地点。

（2）在地图上绘制：Map Kit 支持开发者在地图上添加位置标记、覆盖物以及绘制各种形状等。这一功能不仅有助于高亮显示特定地理位置，还能增强地图的表现力和信息量，为用户提供更加丰富和个性化的地图体验。

（3）花瓣地图导航：利用花瓣地图，用户可以查看位置详情、路径规划，并发起导航或内容搜索。这为用户提供了一个全面的导航解决方案，无论是步行、骑行还是驾车出行，都能轻松找到最佳路线，并获取目的地的详细信息。

13.9.1 开发前置条件

创建了一个名为 chapter0807 的工程，旨在帮助开发者掌握地图服务的功能。

1. 创建工程

这里以 com.nutpi.chapter0807 为例进行说明。

当 DevEco Studio 没有打开任何工程时，可以在欢迎页选择 Create Project 来打开新工程创建向导。

如果已经打开了一个工程，可以通过菜单栏选择"File →New→Create Project"来打开新工程创建向导。

创建工程如图 13-113 所示。

AGC 创建流程如下。

1）创建项目

登录到 AGC 平台。单击"我的项目"选项，进入项目列表页面。在项目列表页面中，单击"添加项目"按钮。输入项目名称，然后单击"创建并继续"以进入下一步。

2）添加应用

项目创建完成之后，进入项目设置页面。在项目设置页面中，单击"添加应用"按钮。在"添加应用"页面中设置相关的应用参数。注意：确认所填写的应用包名与在 DevEco Studio 中创建的 HarmonyOS 应用工程的 Bundle name 一致，如 com.nutpi.chapter0807。在选择应用分类时，请选择"应用"。完成上述步骤后，单击"确认"按钮以完成应用的添加。

第 13 章 应用服务

图 13-113 创建工程

按照以上步骤操作，便可顺利在 AGC 上创建项目并添加应用，为接下来在 HarmonyOS 平台上开发和发布应用做好准备。AGC 平台和 AGC 应用添加页面分别如图 13-114 和图 13-115 所示。

图 13-114 AGC 平台

图 13-115　AGC 应用添加页面

2. 添加公钥指纹

当应用需要集成 Map Kit 时，为了确保应用能够正常调试和运行，必须在开发者平台预先添加公钥指纹。

3. 开通地图服务

在 AGC 平台上，为了启用地图服务并管理相关 API，可以按照以下步骤进行操作。

（1）登录到 AGC 平台，进入"我的应用"页面。

（2）寻找并单击需要开通地图服务的应用，然后进入该应用的管理页面。

（3）在应用管理页面中，找到并单击"API 管理"选项进入该应用的 API 管理界面，该界面会列出所有已启用和可用的 API。

（4）在 API 管理界面的搜索框中输入关键词 map，系统将会展示与地图服务相关的 API 选项。

（5）从搜索结果中找到"地图服务"相关的 API，根据实际需求单击相应的选项启用或管理该服务。

通过以上步骤，就可以轻松地在 AGC 平台上为指定应用开启和配置地图服务 API，进一步丰富应用功能并提升用户体验。AGC 平台上的 API 选项能力管理页如图 13-116 所示。

图 13-116　AGC 平台上的 API 选项能力管理页

13.9.2 地图开发指导

1. 地图呈现概述

MapComponent 作为地图组件，其主要功能是在应用页面中嵌入地图显示。通过使用 MapComponent，能够实现地图的展示和基础操作，从而提升用户的空间定位体验。

MapComponentController 是地图组件的核心功能入口类，它提供了一套完整的接口和方法，用于操作和管理地图。这个类涵盖了与地图相关的所有功能，为开发者提供了一个集中的处理点。其功能如下：

（1）地图类型切换：支持在不同的地图类型之间切换，例如从标准地图切换到卫星视图或空白地图等，满足不同场景下的地图显示需求。

（2）改变地图状态：支持开发者调整地图的中心点坐标和缩放级别，以控制地图的显示区域和细节层级。

（3）添加点标记（marker）：在地图上添加标记点，可用于标注特定位置，如商家、景点或用户自定义的地点。

（4）绘制几何图形：支持在地图上绘制各种几何形状，包括线条（mapPolyline）、多边形（mapPolygon）和圆形（mapCircle）等，这些功能适用于路径规划、区域划分等应用场景。

（5）各类事件监听：提供了一系列事件监听器，使得开发者可以响应用户的交互操作，如单击、缩放、拖动等，进一步增强应用的互动性。

通过继承 MapComponentController 类，开发者可以方便地集成和定制地图功能，打造出符合业务需求的地图应用。

2. MapComponent 接口说明

地图组件是 HarmonyOS 应用中用于展示和操作地图的核心部分，它为开发者提供了丰富的功能和接口，以便在应用中实现地理位置的可视化和相关操作。以下是地图组件的两个关键部分的详细解释。

（1）MapOptions：该类提供了 Map 组件初始化时所需的属性配置。通过这个类，开发者可以在创建地图时定义一系列的参数，如地图的中心点坐标、缩放级别、是否显示缩略图等。这些属性决定了地图初始化时的外观和行为，使得开发者能够根据具体的应用场景定制地图的初始状态。

（2）MapComponentController：地图组件的主要功能入口类。它集成了与地图操作相关的各种方法。作为一个中心化的接口，MapComponentController 支持开发者方便地访问和控制地图的各种功能，包括但不限于以下内容。

- 更改地图的视觉样式，如切换不同的地图类型（标准地图、卫星地图等）。
- 调整地图的显示状态，包括设置中心点坐标、缩放级别，以及旋转角度等。
- 绘制几何图形，如线条（polyline）、多边形（polygon）和圆形（circle），以表示路径、区域等。
- 管理地图上的覆盖物，如信息窗口（infoWindow）和自定义组件。
- 设置和响应地图的事件监听器，以处理用户的交互动作，如单击、拖动和缩放等。

通过使用这两个类，开发者可以完全掌控地图的初始化设置和后续的操作，实现个性化的地图应用，并最终提升用户的使用体验。

13.9.3 开发步骤

具体的开发步骤如下。

（1）导入 Map Kit 相关模块，代码如下。

```
import { map, mapCommon, MapComponent } from '@kit.MapKit';
import { AsyncCallback } from '@kit.BasicServicesKit';
```

（2）新建地图初始化参数 mapOption，设置地图中心点坐标及层级。通过 callback 回调的方式获取 MapComponentController 对象，用以操作地图。

调用 MapComponent 组件，传入 mapOption 和 callback 参数，初始化地图，代码如下。

```
import { promptAction } from '@kit.ArkUI';
@Entry @Component
  struct Index {
    options?: mapCommon.MapOptions
    callback?: AsyncCallback<map.MapComponentController>
    ctrl?: map.MapComponentController
    aboutToAppear(): void {
      this.options = {
        position: {
          target: {
            latitude: 2.922865,
            longitude: 101.58584
          },
          zoom: 10
        }
      this.callback = async (e, ctrl) => {
        if (!e) {
          this.ctrl = ctrl
          this.ctrl.on('mapLoad', () => {
            promptAction.showToast({
              message: '地图加载中',
              duration: 5000
            })
          })
        }
      }
    }
    build(){
      Row(){
        MapComponent({
          mapOptions: this.options
          ,mapCallback: this.callback
        })
          .width('100%')
          .height('100%')
      }
      .width('100%')
      .height('100%')
    }
  }
```

第四篇　鸿蒙特色案例实战

第 14 章　Day Matters
第 15 章　坚果单车
第 16 章　酷酷音乐

第 14 章 Day Matters

Day Matters APP 是一款融合了历史知识与互动体验的应用程序。它汇集了从古至今的丰富历史资料，它不仅能够帮助用户增长见识，更能激发用户对历史的兴趣与探索热情，使用户能够轻松回顾往昔，探索历史上的重要瞬间。无论是中华大地上的朝代更迭、文化瑰宝，还是全球范围内的重大战役、科技创新，这款应用都能为用户展现一幅清晰且生动的历史画卷。此外，它还能根据用户的兴趣偏好，智能推送相关的历史内容，为用户提供个性化的学习体验。

Day Matters 的主要功能如下。

（1）显示当天日期历史上的新闻。
（2）根据选择的日期显示相关的历史新闻。
（3）通过搜索关键字显示历史新闻。
（4）单击列表项跳转到新闻详情页面。
（5）提供 2×2 与 4×4 卡片界面布局。

14.1 使用开源三方库@nutpi/privacy_dialog 实现隐私协议对话框

@nutpi/privacy_dialog 是一个隐私协议对话框，使用 Static Library 静态共享库模块可以实现隐私协议对话框和隐私协议显示，对话框使用自定义的对话框实现，隐私协议显示在一个 Webview 组件页面上，支持本地 HTML 文件和 HTTP 或 HTTPS 返回 HTML 文件。

1. @nutpi/privacy_dialog 的安装

@nutpi/privacy_dialog 通过 ohpm 执行对应的指令，可以将 privacy_dialog 安装到项目中。具体的命令如下。

```
ohpm install @nutpi/privacy_dialog
```

2. @nutpi/privacy_dialog 的卸载

通过 ohpm 执行卸载指令，可以将 privacy_dialog 从项目中删除，其程序包和配置信息将会从项目中移除。具体的命令如下。

```
ohpm uninstall @nutpi/privacy_dialog
```

3. @nutpi/privacy_dialog 的使用

在 EntryAbility.ts 文件中创建首选项数据库，示例代码如下。

```
import { PreferencesUtil } from '@nutpi/privacy_dialog'
let preferencesUtil = new PreferencesUtil()

async onCreate(want: Want, launchParam: AbilityConstant.LaunchParam) {
  // 创建首选项数据库
  preferencesUtil.createPrivacyPreferences(this.context);
  // 设置隐私协议，默认不同意
  preferencesUtil.saveDefaultPrivacy(false);
}
```

在 Index.ets 页面调用对话框，示例代码如下。

```
import { CustomDialogPrivacy,PreferencesUtil,RouterParams } from '@nutpi/ privacy_dialog'
let preferencesUtil = new PreferencesUtil();
// 引入静态共享包中的命名路由页面
import('@nutpi/privacy_dialog/src/main/ets/components/PrivacyPage');

privacyDialogController = new CustomDialogController({
  builder: CustomDialogPrivacy({
    openPrivacy: this.openPrivacyPage
  }),
  autoCancel: false,
  alignment: DialogAlignment.Center,
  customStyle: true
})

onPageShow() {
  console.info('xx onPageShow 显示隐私协议')
  preferencesUtil.getChangePrivacy().then((value) => {
    console.info(`xx onPageShow 获取隐私协议状态：${value}`)
    if (!value) {
      this.privacyDialogController.open()
    }
  })
}
onPageHide() {
  console.info(`xx Index -> onPageHide Close Start`)
  this.privacyDialogController.close()
  console.info(`xx Index -> onPageHide Close End`)
}
aboutToDisappear() {
  console.info(`xx Index -> aboutToDisappear`)
  this.privacyDialogController.close()
}
// 结束显示隐私协议对话框
```

隐私协议对话框和隐私协议分别如图 14-1 和图 14-2 所示。

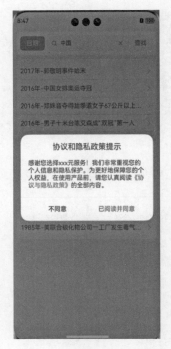
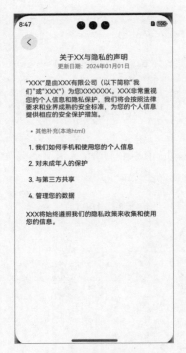

图 14-1　隐私协议对话框　　　　图 14-2　隐私协议

14.2　网络获取数据

HTTP 数据请求功能主要由 http 模块提供，包括发起请求、中断请求、订阅/取消订阅 HTTP Response Header 事件等。在进行网络请求前，需要在 module.json5 文件中声明网络访问权限，代码如下。

```
{
  "module": {
    "requestPermissions": [
      {
        "name": "ohos.permission.INTERNET"
      }
    ]
  }
}
```

导入 http 模块，代码如下。

```
import { http } from '@kit.NetworkKit'
```

接下来创建 httpRequest 对象。使用 createHttp() 函数创建一个 httpRequest 对象，在对象中应包含常用的一些网络请求方法，如 request、destroy、on('headerReceive')等，代码如下。

```
let httpRequest = http.createHttp()
```

接下来,发起 http 请求。http 模块支持常用的 POST 和 GET 等方法,封装在 RequestMethod 中。调用 request()方法发起网络请求时,需要传入两个参数:第一个是请求的 url 地址;第二个是可选参数,类型为 HttpRequestOptions,用于定义可选参数的类型和取值范围,包含请求方式、连接超时时间、请求头字段等。具体代码如下:

```
httpRequest.request(RequestConstants.EVENT_HISTORY_DETAIL_URL, {
    method: http.RequestMethod.POST,
    header: {
      'Content-Type': 'application/json'
    },
    extraData: {
      "token": RequestConstants.TOKEN_KEY,
      "id": id
    },
    expectDataType: http.HttpDataType.OBJECT
}, (err, res) => {
    this.loadingCtrl.close()
    if (!err) {
      // data.result 为 HTTP 响应内容,可根据业务需要进行解析
      console.info('xx Result:' + JSON.stringify(res.result));

      let standardResponse:ResponseObject = res.result as ResponseObject;
      console.info('xx Code:' + standardResponse.code);

      if (standardResponse.code === 200) {
        this.detailData = standardResponse.data;
      }

    } else {
      console.info('error:' + JSON.stringify(err));
      // 取消订阅 HTTP 响应头事件
      httpRequest.off('headersReceive');
      // 当该请求使用完毕时,调用 destroy 方法主动销毁
      httpRequest.destroy();
    }
})
```

14.3 鸿蒙多设备适配

本节实现单/双栏自动切换功能。开发者可以使用 Row、Column、RowSplit 等基础组件实现分栏显示,但都需要较多的开发工作量,因此改用 Navigation 组件最为简单。

Navigation 作为页面根容器,搭配 NavRouter(含导航项和详情)实现导航。其结构由 Navbar(标题栏)和 Content(内容区)组成。整个 Navigation 容器默认可以根据应用窗口的尺寸自动选择

显示模式。当窗口宽度小于 520vp 时，采用 Stack（堆叠式导航，内容区完全覆盖标题栏）；而当窗口宽度大于 520vp 时，则采用 Split（同时分栏显示）。相关代码如下。

```
Navigation() {
  HomeListView()
}
.navBarWidth('40%')
.width('100%')
.height('100%')
.backgroundColor($r("sys.color.ohos_id_color_sub_background"))
.hideTitleBar(true)
```

横屏展示效果如图 14-3 所示。

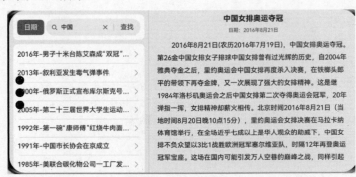

图 14-3　横屏展示效果

14.4　动　　画

transition 是基础的组件转场接口，用于实现一个组件出现或消失时的动画效果。通过 TransitionEffect 的组合使用，可以定义出各式效果。Day Matters 系统在显示新闻详情时，使用了出现/消失转场动画，具体的实现步骤如下。

（1）创建 TransitionEffect。
（2）将转场效果通过 transition 接口设置到组件。

相关代码如下。

```
private effect: TransitionEffect =
  // 创建默认透明度转场效果，并指定了 springMotion (0.6, 0.8) 曲线
  TransitionEffect.OPACITY.animation({ curve: curves.springMotion(0.6, 0.8) })
    // 通过 combine 方法，这里的动画参数会跟随上面的 TransitionEffect，即 springMotion(0.6, 0.8)
    .combine(TransitionEffect.scale({ x: 0, y: 0 }))
    // 添加旋转转场效果，这里的动画参数会跟随上面带 animation 的 TransitionEffect，即 springMotion(0.6, 0.8)
    .combine(TransitionEffect.rotate({ angle: 90 }))
    // 添加平移转场效果，这里的动画参数使用指定的 springMotion()
    .combine(TransitionEffect.translate({ y: 150 }).animation({ curve:
```

```
curves.springMotion() }))
            // 添加 move 转场效果，这里的动画参数会跟随上面的 TransitionEffect,
即 springMotion()
            .combine(TransitionEffect.move(TransitionEdge.END))


            // Detail
            DetailView({detailData: $newsInfo})
              // 将转场效果通过 transition 接口设置到组件
              .transition(this.effect)
```

动画效果如图 14-4 所示。

14.5 服务卡片

图 14-4 动画效果

创建一个新的工程后，可以为对应的模块（如 entry 模块）创建服务卡片。

（1）右键单击模块内任意文件，选择"File → New → Service Widget"。

（2）在"Choose a Template for Your Service Widget"界面中，选择卡片模板，单击 Next 按钮，如图 14-5 所示。

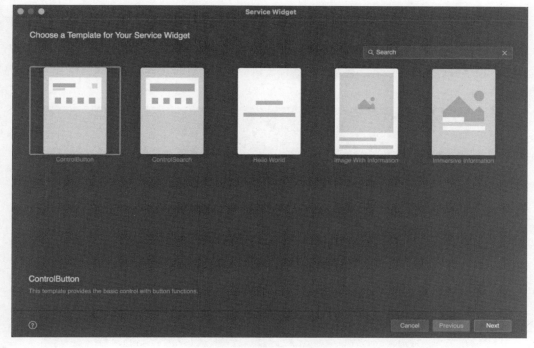

图 14-5 选择卡片模板

（3）在"Configure Your Service Widget"界面中，配置卡片的基本信息，如图 14-6 所示。

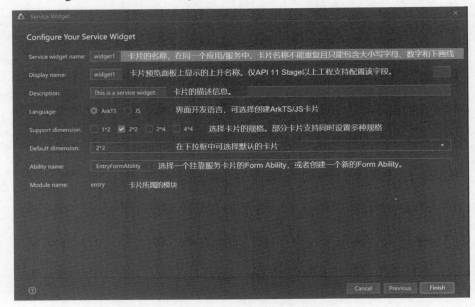

图 14-6　配置卡片的基本信息

（4）单击 Finish 按钮即可完成卡片的创建。

卡片创建完成后，工具会自动创建服务卡片的布局文件，并在 form_config.json 文件中写入服务卡片的属性字段。更多关于各字段的说明，读者可参考配置文件说明。服务卡片的属性字段截图如图 14-7 所示。

图 14-7　服务卡片的属性字段

第 14 章 Day Matters

本项目开发了两张卡片：2×2 卡片和 4×4 卡片，其中，2×2 卡片为一张 Logo 图片，4×4 卡片为新闻列表。2×2 卡片和 4×4 卡片分别如图 14-8 和图 14-9 所示。

图 14-8　2×2 卡片　　　　图 14-9　4×4 卡片

第 15 章 坚 果 单 车

随着人们健康意识的提高,越来越多的用户选择骑行。坚果单车旨在满足这一特定群体的需求,通过提供智能、舒适、安全的共享单车服务,助力用户实现骑行健身的目标,同时享受便捷的城市出行。

坚果单车主要服务于但不限于以下用户群体。
- 骑行健身爱好者:注重健康,享受骑行带来的运动乐趣,希望通过骑行达到健身效果。
- 上班族中的健身追求者:因工作原因需要骑行通勤,同时希望利用骑行进行日常锻炼。
- 休闲运动者:喜欢户外运动,将骑行作为休闲和放松的方式。

HarmonyOS 的技术要点如下。
(1)华为账号服务。
(2)位置服务。
(3)地图服务。
(4)统一扫码服务。
(5)推送服务。

15.1 应用开发准备

在开始应用开发前,需要先完成以下准备工作。

1. 注册成为开发者

需要在华为开发者联盟网站上注册成为开发者,并完成实名认证,从而享受联盟开放的各类能力和服务。

2. 创建应用

在 AGC 上,参考创建项目和创建应用的指南完成 HarmonyOS 应用的创建,从而使用各类服务。在 AGC 上创建项目和应用如图 15-1 所示。

3. 下载和安装 DevEco Studio

开发者可根据操作系统安装最新版的 DevEco Studio,如图 15-2 所示。

4. 创建工程

使用 DevEco Studio 开发工具,选择以下其中一种方式创建坚果单车工程。

若当前未打开任何工程时,我们可以在 DevEco Studio 的欢迎页选择 Create Project 打开新工程创建向导。

第 15 章 坚果单车

图 15-1 在 AGC 上创建项目和应用

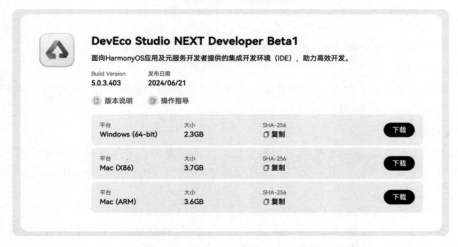

图 15-2 下载和安装 DevEco Studio

如果是已打开的新工程，可以在菜单栏通过选择"File → New → Create Project"打开新工程创建向导，如图 15-3 所示。

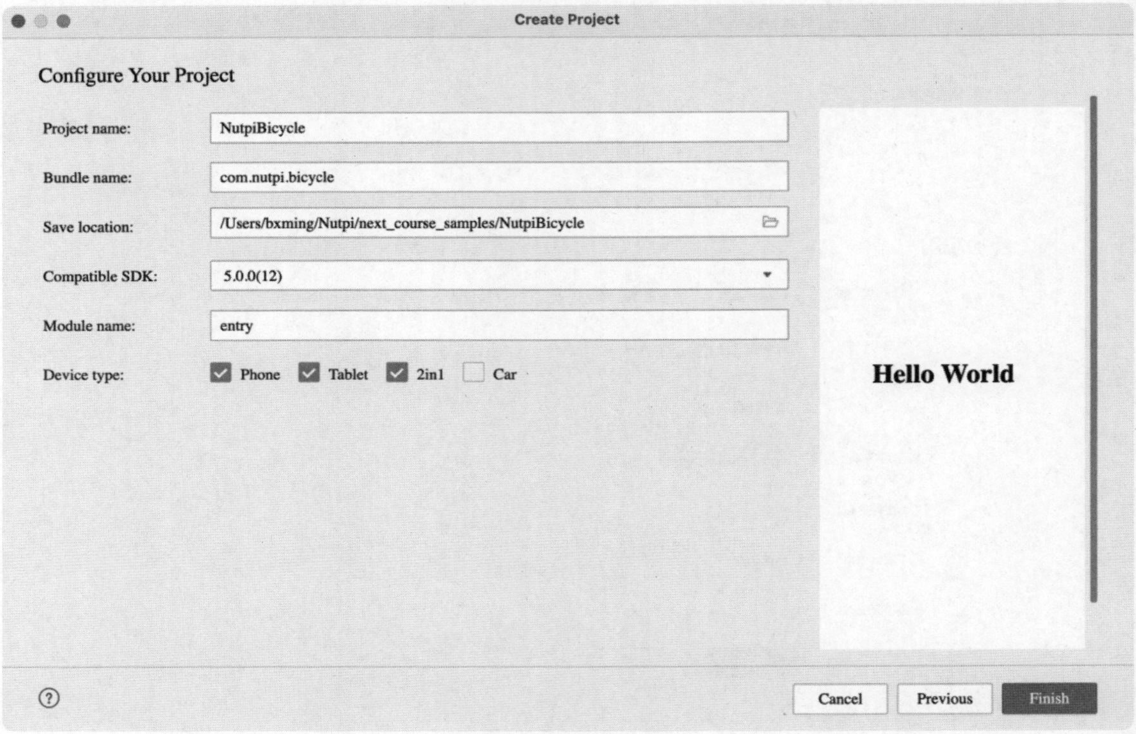

图 15-3　创建新工程

注意：创建工程时，Bundle name 需要与 AGC 平台创建应用时的应用包名一致。在坚果单车中的 Bundle name 均为 com.nutpi.bicycle。

5. 添加公钥指纹

坚果单车使用华为账号服务、地图服务、推送服务，为了正常调试和运行应用，需要预先添加公钥指纹（设置生效时间为 10 分钟）。

6. 配置 Client ID

为确保在坚果单车可以正常使用华为账号服务、地图服务、推送服务，需要登录 AGC 平台。在"我的项目"中选择目标应用，获取"项目设置→常规→应用"的 Client ID。查看 Client ID 如图 15-4 所示。

注意：需要获取的是应用的 Client ID，而不是项目的 Client ID。

在工程 entry 模块中的 module.json5 配置文件中，新增 metadata 标签，配置 name 为 client_id，value 为 Client ID 的值。具体代码如下。

图 15-4　查看 Client ID

```
{
  "module": {
    "name": "entry",
    "type": "entry",
    "description": "$string:module_desc",
    "mainElement": "EntryAbility",
    "deviceTypes": [
      "phone",
      "tablet",
      "2in1"
    ],
    "deliveryWithInstall": true,
    "installationFree": false,
    "pages": "$profile:main_pages",
    "abilities": [
      {
        "name": "EntryAbility",
        "srcEntry": "./ets/entryability/EntryAbility.ets",
        "description": "$string:EntryAbility_desc",
        "icon": "$media:nutpi_logo",
        "label": "$string:EntryAbility_label",
        "startWindowIcon": "$media:nutpi_logo",
        "startWindowBackground": "$color:start_window_background",
        "exported": true,
        "skills": [
          {
```

```json
          "entities": [
            "entity.system.home"
          ],
          "actions": [
            "action.system.home"
          ]
        }
      ]
    }
  ],
  "extensionAbilities": [
    {
      "name": "EntryBackupAbility",
      "srcEntry": "./ets/entrybackupability/EntryBackupAbility.ets",
      "type": "backup",
      "exported": false,
      "metadata": [
        {
          "name": "ohos.extension.backup",
          "resource": "$profile:backup_config"
        }
      ]
    }
  ],
  "metadata": [
    {
      "name": "client_id",
      "value": "111312417"
    }
  ]
}
}
```

7. 配置 scope 权限

坚果单车需要用到华为账号服务，因此需要登录开发者联盟。选择"管理中心→API 服务→授权管理"，选择目标应用的应用名称。在服务处选择"华为账号服务"，选择"敏感权限"，再根据应用的需要选择对应的权限，单击"申请"，然后选择对应的"服务类型"选项，并根据应用实际情况填写使用场景。提交申请成功后，查看状态为"待审核"，审核结果会在 5 个工作日内通过站内消息的形式发送到消息中心，请注意查收，如图 15-5 所示。

8. 开通地图服务

登录 AGC 平台，选择"我的项目"，在项目列表中找到目标项目，在项目下的应用列表中选择需要打开地图服务的应用。选择 API 管理，找到地图服务的开关，并打开开关，如图 15-6 所示。

9. 开通推送服务

登录 AGC 平台，选择"我的项目"，在项目列表中找到目标项目，在项目下的应用列表中选择需要打开推送服务的应用。在左侧导航栏选择"项目设置→增长→推送服务"，然后单击"立即开通"按钮（见图 15-7），在弹出的提示框中单击"确定"按钮。

第 15 章 坚果单车

图 15-5　授权管理界面获取授权

图 15-6　开通地图服务

图 15-7　开通推送服务

15.2　开 发 步 骤

开发步骤如下。

1. 向用户动态申请权限

位置服务需要申请 ohos.permission.LOCATION 和 ohos.permission.APPROXIMATELY_LOCATION

权限，并封装 PermissionsUtil 工具，类似动态向用户申请权限。具体代码如下。

```json
// module.json5 配置文件中配置权限
{
  "module": {
    "name": "entry",
    "type": "entry",
    ...
    "requestPermissions": [
      {
        "name": "ohos.permission.INTERNET"
      },
      {
        "name": "ohos.permission.LOCATION",
        "reason": "$string:location_reason",
        "usedScene": {
          "when": "inuse"
        }
      },
      {
        "name": "ohos.permission.APPROXIMATELY_LOCATION",
        "reason": "$string:location_reason",
        "usedScene": {
          "when": "inuse"
        }
      }
    ]
  }
}
```

检查是否授权的代码如下。

```typescript
// PermissionsUtil.ets
import { abilityAccessCtrl, bundleManager, common, PermissionRequestResult, Permissions } from '@kit.AbilityKit'
import { BusinessError } from '@kit.BasicServicesKit';
import { NBConstants } from '../constants/NBConstants';
import { JSON } from '@kit.ArkTS';

const context = getContext(this) as common.UIAbilityContext;

export class PermissionsUtil {
  // 检查是否授权
  static checkAccessToken(permission: Permissions): abilityAccessCtrl.GrantStatus {
    const atManager = abilityAccessCtrl.createAtManager();
    let grantStatus: abilityAccessCtrl.GrantStatus = abilityAccessCtrl.GrantStatus.PERMISSION_DENIED;
    let tokenId: number = 0;
    try {
      const bundleInfo: bundleManager.BundleInfo = bundleManager
        .getBundleInfoForSelfSync(bundleManager.BundleFlag.GET_BUNDLE_INFO_WITH_APPLICATION);
      const appInfo: bundleManager.ApplicationInfo = bundleInfo.appInfo;
```

```
        tokenId = appInfo.accessTokenId;
        grantStatus = atManager.checkAccessTokenSync(tokenId, permission);
      } catch (error) {
        const err = error as BusinessError;
        console.error(`${NBConstants.TAG} checkAccessToken Failed. Cause: ${JSON.stringify(err)}`);
      }
      return grantStatus;
    }

    // 动态申请权限
    static async reqPermissionsFromUser(permissions: Permissions[]): Promise< number[]> {
      console.info(`${NBConstants.TAG} reqPermissionsFromUser start.`);
      const atManager = abilityAccessCtrl.createAtManager();
      let result: PermissionRequestResult = { permissions: [], authResults: [] };
      try {
        result = await atManager.requestPermissionsFromUser(context, permissions);
      } catch (error) {
        const err = error as BusinessError;
        console.error(`${NBConstants.TAG} reqPermissionsFromUser Failed. Cause: ${JSON.stringify(err)}`);
      }
      return result.authResults;
    }
  }
```

2. 创建地图并定位到当前位置

使用地图组件 MapComponent 和地图组件功能入口类 MapComponentController 呈现地图。

地图组件 MapComponent 用于在开发者的页面中放置地图。MapComponentController 是地图组件的主要功能入口类，用来操作地图，与地图相关的所有方法均从此处接入。它所承载的工作包括：地图类型切换（如标准地图、空白地图）、改变地图状态（中心点坐标和缩放级别）、添加点标记（marker）、绘制几何图形（mapPolyline、mapPolygon、mapCircle）和各类事件监听等。

（1）导入 Map Kit 相关模块，代码如下。

```
// Index.ets
import { MapComponent, mapCommon, map } from '@kit.MapKit';
import { AsyncCallback } from '@kit.BasicServicesKit';
```

（2）新建地图初始化参数 mapOption，设置地图的中心点坐标及层级。通过 callback 回调的方式获取 MapComponentController 对象，用来操作地图。调用 MapComponent 组件并传入 mapOption 和 callback 参数，初始化地图，代码如下。

```
// Index.ets
import { NBConstants } from '../common/constants/NBConstants';
import { MapComponent, map, mapCommon } from '@kit.MapKit';
import { AsyncCallback } from '@kit.BasicServicesKit';

@Entry
@Component
struct Index {
```

```
    @State mapController?: map.MapComponentController | undefined = undefined;

    private mapOption?: mapCommon.MapOptions;
    private callback?: AsyncCallback<map.MapComponentController>;

    build() {
      Stack({ alignContent: Alignment.Top }) {
        // 调用 MapComponent 组件初始化地图
        MapComponent({
          mapOptions: this.mapOption,
          mapCallback: this.callback
        })
          .width($r('app.string.full_page'))
          .height($r('app.string.full_page'))
      }
      .width($r('app.string.full_page'))
      .height($r('app.string.full_page'))
    }

    async aboutToAppear(): Promise<void> {
      // 地图初始化参数，设置地图中心点坐标及层级
      this.mapOption = {
        position: {
          target: {
            latitude: 39.9,
            longitude: 116.4
          },
          zoom: 15
        }
      }
      // 地图初始化回调
      this.callback = async (err, mapController) => {
        if (!err) {
          // 获取地图控制器类，用来操作地图
          this.mapController = mapController;
          this.mapController.on('mapLoad', async () => {
            console.info(`${NBConstants.TAG} on-mapLoad.`);
          });
        }
      }
    }
```

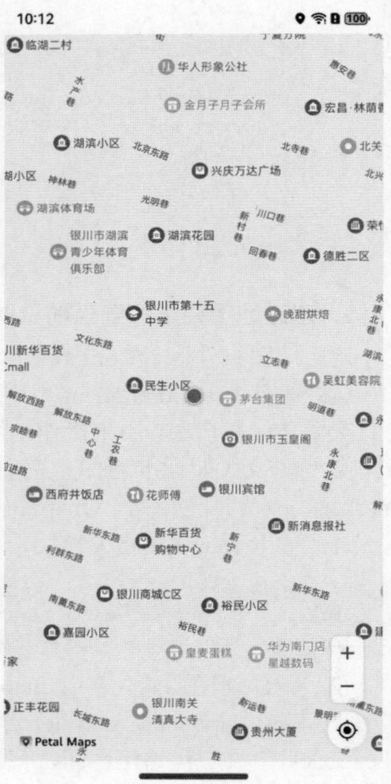

初始化地图的效果如图 15-8 所示。

图 15-8 初始化地图的效果

（3）在开启"我的位置"按钮前，需要确保应用可以获取用户的定位，即确保 ohos.permission.LOCATION 和 ohos.permission.APPROXIMATELY_LOCATION 权限在 module.json5 配置文件中已经被声明。具体代码如下。

```
// 确保权限声明，并在获得用户授权后开启"我的位置"功能 Index.ets > aboutToAppear()
// 地图初始化回调
```

```
this.callback = async (err, mapController) => {
  if (!err) {
    ...
    const grantStatus = await this.checkPermissions();
    if (!grantStatus) {
      await PermissionsUtil.reqPermissionsFromUser(this.locationPermissions);
      this.mapController?.setMyLocationEnabled(true);
    }
  }
}

// 校验应用是否被授予定位权限
async checkPermissions(): Promise<boolean> {
  for (const permission of this.locationPermissions) {
    const grantStatus: abilityAccessCtrl.GrantStatus = PermissionsUtil.checkAccessToken(permission);
    if (grantStatus === abilityAccessCtrl.GrantStatus.PERMISSION_GRANTED) {
      this.mapController?.setMyLocationEnabled(true);
      this.mapController?.setMyLocationControlsEnabled(true);
      return true;
    }
  }
  return false;
}
```

申请位置权限的对话框如图 15-9 所示。

图 15-9　申请位置权限的对话框

（4）监听"我的位置"按钮的单击事件。Map Kit 默认使用系统的连续定位能力，如果开发者希望定制显示频率或精准度，可以调用 geoLocationManager 相关接口来获取用户的位置坐标（WGS84 坐标系）。注意，访问设备的位置信息，必须申请 ohos.permission.LOCATION 和 ohos.permission.APPROXIMATELY_LOCATION 权限，并且获得用户授权。在获取到用户坐标后，调用 mapController 对象的 setMyLocation 设置用户的位置。具体代码如下。

```
// LocationUtil.ets
// 导入 geoLocationManager 模块
import { geoLocationManager } from '@kit.LocationKit';
import { BusinessError } from '@kit.BasicServicesKit';
import { NBConstants } from '../constants/NBConstants';
import { JSON } from '@kit.ArkTS';

export class LocationUtil {

  // 获取当前位置
  static async currentLocation(): Promise<geoLocationManager.Location | undefined> {
    const request: geoLocationManager.SingleLocationRequest = {
      'locatingPriority': geoLocationManager.LocatingPriority.PRIORITY_LOCATING_SPEED,
      'locatingTimeoutMs': 10000
    };
    let location: geoLocationManager.Location | undefined = undefined;
    try {
      location = await geoLocationManager.getCurrentLocation(request);
      console.log(`${NBConstants.TAG} getLastLocation succeeded. Data: ${JSON.stringify(location)}`);
    } catch (error) {
      const err = error as BusinessError;
      console.error(`${NBConstants.TAG} getLastLocation failed. Cause: ${JSON.stringify(err)}`);
    }
    return location;
  }
}
// 获取我的位置 Index.ets
async getMyLocation() {
  const location: geoLocationManager.Location | undefined = await LocationUtil.currentLocation();
  if (location !== undefined) {
    this.mapController?.setMyLocation(location);
    this.mapController?.animateCamera(map.newLatLng({
      latitude: location.latitude,
      longitude: location.longitude
    }, 15), 200)
  }
}

// 监听"我的位置"按钮单击事件 Index.ets > aboutToAppear()
this.mapController?.on('myLocationButtonClick', () => {
  this.getMyLocation();
});
```

设置当前位置的效果如图 15-10 所示。

3. 使用华为 Account Kit 获取头像

Account Kit 开放了头像和昵称授权能力,当用户允许应用获取头像和昵称后,可快速完成个人信息填写，代码如下。

```
// Index.ets
// 默认用户头像
@State avatarUri: ResourceStr = $r('app.media.nutpi_logo');
// 获取用户头像
async getAvatarAndNickName(): Promise<void> {
  // 创建授权请求，并设置参数
  let authRequest = new authentication.HuaweiIDProvider().createAuthorizationWithHuaweiIDRequest();
  // 获取头像/昵称需要的参数
  authRequest.scopes = ['profile'];
  // 用户是否需要登录授权，当该值为true且用户未登录或未授权时，会拉起用户登录或授权页面
  authRequest.forceAuthorization = true;
  authRequest.state = util.generateRandomUUID();
  try {
    let controller = new authentication.AuthenticationController(getContext(this));
    let response: authentication.AuthorizationWithHuaweiIDResponse = await controller.executeRequest(authRequest);
    if (response) {
      this.avatarUri = response.data?.avatarUri as string;
    }
  } catch (error) {
    console.error('getAvatarAndNickName failed. Cause: ' + JSON.stringify(error));
  }
}
// 头像显示在页面的右上角
Stack({ alignContent: Alignment.TopEnd }) {
  Stack({ alignContent: Alignment.Bottom }) {
    // 调用 MapComponent 组件初始化地图
    MapComponent({
      mapOptions: this.mapOption,
      mapCallback: this.callback
    })
      .width($r('app.string.full_page'))
      .height($r('app.string.full_page'))
  }
  .width($r('app.string.full_page'))
  .height($r('app.string.full_page'))

  Image(this.avatarUri)
    .width(64)
    .height(64)
    .borderRadius(32)
    .margin({ top: 16, right: 16 })
    .onClick(async () => {
      await this.getAvatarAndNickName();
    })
}
.width($r('app.string.full_page'))
.height($r('app.string.full_page'))
```

获取当前用户头像的效果如图 15-11 所示。

图 15-10　设置当前位置的效果　　图 15-11　获取当前用户头像的效果

4. 在页面底部添加"扫一扫"按钮，用于扫码开锁

具体实现的代码如下。

```
// Index.ets
// 为了防止底部信息栏覆盖地图右下角按钮，使用 offset 属性在 y 轴方向上移 56
Stack({ alignContent: Alignment.Bottom }) {
  // 调用 MapComponent 组件初始化地图
  MapComponent({
    mapOptions: this.mapOption,
    mapCallback: this.callback
  })
    .width($r('app.string.full_page'))
    .height($r('app.string.full_page'))
    .offset({ y: -56 })

  Row() {
    Column({ space: 8 }) {
      Text('扫码用车')
        .fontSize(16)
```

```
          .fontWeight(FontWeight.Bold)
        Text('附近有 3 辆单车可用')
          .fontSize(12)
          .fontWeight(FontWeight.Normal)
      }
      .height($r('app.string.full_page'))
      .justifyContent(FlexAlign.Center)
      .alignItems(HorizontalAlign.Start)
      Button() {
        Row({ space: 8 }) {
          Image($r('app.media.ic_line_viewfinder'))
            .width(20)
            .height(20)
            .fillColor(Color.White)
          Text('扫一扫')
            .fontSize(16)
            .fontWeight(FontWeight.Bold)
            .fontColor(Color.White)
        }
      }
      .height(40)
      .type(ButtonType.Capsule)
      .padding({ left: 10, right: 10 })
      .linearGradient({
        angle: 45,
        colors: [[0x49c5ef, 0.3], [0x4caefe, 0.8]]
      })
    }
    .width($r('app.string.full_page'))
    .height(64)
    .justifyContent(FlexAlign.SpaceBetween)
    .borderRadius({
      topLeft: 16,
      topRight: 16
    })
    .backgroundColor(Color.White)
    .padding({
      left: 16,
      right: 16
    })
  }
  .width($r('app.string.full_page'))
  .height($r('app.string.full_page'))
```

添加"扫一扫"按钮的效果如图 15-12 所示。

图 15-12　添加"扫一扫"按钮

5. 单击"扫一扫"按钮,判断华为账号的登录状态

(1)导入 authentication 模块及相关公共模块,代码如下。

```
import { authentication } from '@kit.AccountKit';
import { hilog } from '@kit.PerformanceAnalysisKit';
import { BusinessError } from '@kit.BasicServicesKit';
```

(2)创建授权请求并设置参数,代码如下。

```
// 创建请求参数
let stateRequest: authentication.StateRequest = {
  idType: authentication.IdType.UNION_ID,
  idValue: 'xxx' // 该值可以通过华为账号登录接口获取
}
```

(3)调用 getHuaweiIDState 方法获取华为账号的登录状态,代码如下。

```
// 判断华为账号的登录状态
async getLoginState() {
  this.loginState = false;
  if (!this.idValue) {
    const stateRequest: authentication.StateRequest = {
      idType: authentication.IdType.UNION_ID,
      idValue: this.idValue
    };
    try {
      // 执行获取华为账号登录状态的请求
      const result: authentication.StateResult = await new authentication
        .HuaweiIDProvider().getHuaweiIDState(stateRequest);
      if (result.state === authentication.State.UNLOGGED_IN
        || result.state === authentication.State.UNAUTHORIZED) { // 未登录
        this.loginState = false;
      } else {
        this.loginState = true;
      }
    } catch (error) {
      const err = error as BusinessError;
      console.error(`${NBConstants.TAG} getLoginState Failed. Cause: ${JSON.Stringify(err)}`);
    }
  }
}

// 在"扫一扫"单击事件中添加判断华为账号登录状态的方法
Button() {
  Row({ space: 8 }) {
    Image($r('app.media.ic_line_viewfinder'))
      .width(20)
      .height(20)
      .fillColor(Color.White)
    Text('扫一扫')
      .fontSize(16)
      .fontWeight(FontWeight.Bold)
```

```
      .fontColor(Color.White)
    }
}
.height(40)
.type(ButtonType.Capsule)
.padding({ left: 10, right: 10 })
.linearGradient({
  angle: 45,
  colors: [[0x49c5ef, 0.3], [0x4caefe, 0.8]]
})
.onClick(async () => {
  await this.getLoginState();
})
```

6. 华为账号未登录，使用按钮实现一键登录

具体实现的代码如下。

```
// 在"扫一扫"单击事件中添加华为账号登录状态判断的代码
Stack() {
  Row() {
    Column({ space: 8 }) {
      Text('扫码用车')
        .fontSize(16)
        .fontWeight(FontWeight.Bold)
      Text('附近有 3 辆单车可用')
        .fontSize(12)
        .fontWeight(FontWeight.Normal)
    }
    .height($r('app.string.full_page'))
    .justifyContent(FlexAlign.Center)
    .alignItems(HorizontalAlign.Start)
    Button() {
      Row({ space: 8 }) {
        Image($r('app.media.ic_line_viewfinder'))
          .width(20)
          .height(20)
          .fillColor(Color.White)
        Text('扫一扫')
          .fontSize(16)
          .fontWeight(FontWeight.Bold)
          .fontColor(Color.White)
      }
    }
    .height(40)
    .type(ButtonType.Capsule)
    .padding({ left: 10, right: 10 })
    .linearGradient({
      angle: 45,
      colors: [[0x49c5ef, 0.3], [0x4caefe, 0.8]]
    })
    .onClick(async () => {
      await this.getLoginState();
```

```
          if (this.loginState) {  // 已登录

          } else {  // 未登录
            // 调用华为账号一键登录
            this.showPanel = true;
          }
        })
      }
      .width($r('app.string.full_page'))
      .height(64)
      .justifyContent(FlexAlign.SpaceBetween)
      .borderRadius({
        topLeft: 16,
        topRight: 16
      })
      .backgroundColor(Color.White)
      .padding({
        left: 16,
        right: 16
      })
    }
    .width($r('app.string.full_page'))
    Stack() {
      LoginPanelComponent({ showPanel: this.showPanel, idValue: this.idValue })
    }

// LoginPanelCompoent.ets
import { LoginPanel, loginComponentManager, authentication } from '@kit.AccountKit';
import { JSON, util } from '@kit.ArkTS';
import { BusinessError } from '@kit.BasicServicesKit';
import { promptAction } from '@kit.ArkUI';
import { NBConstants } from '../constants/NBConstants';

@Component
export struct LoginPanelComponent {
  // 是否展示 LoginPanel 组件
  @Link showPanel: boolean;
  // 用户登录获取的 UnionID
  @Link idValue: string;

  // 定义 LoginPanel 展示的隐私文本
  privacyText: loginComponentManager.PrivacyText[] = [{
    text: '已阅读并同意',
    type: loginComponentManager.TextType.PLAIN_TEXT
  }, {
    text: '《用户服务协议》',
    tag: '用户服务协议',
    type: loginComponentManager.TextType.RICH_TEXT
  }];

  // 构造 LoginPanel 组件的控制器
  controller: loginComponentManager.LoginPanelController = new
```

```
    loginComponentManager. LoginPanelController()
      .onClickLoginWithHuaweiIDButton((error: BusinessError, response:
  loginComponentManager.HuaweiIDCredential) => {
        if (error) {
          console.error(NBConstants.TAG + "onClickLoginWithHuaweiIDButton failed. Cause: "
+ JSON.stringify(error));
          return;
        }
        console.log(NBConstants.TAG + "onClickLoginWithHuaweiIDButton ==> " +
    JSON.stringify(response));
        this.idValue = response.unionID;
      })
    @State phoneNum: string = "";
    // 获取华为账号的匿名手机号
    async getQuickLoginAnonymousPhone() {
      // 创建授权请求，并设置参数
      let authRequest = new authentication.HuaweiIDProvider().
  createAuthorizationWithHuaweiIDRequest();
      // 获取手机号时需要传入申请的 scope
      authRequest.scopes = ['quickLoginAnonymousPhone'];
      // 用于防跨站点请求伪造，非空字符即可
      authRequest.state = util.generateRandomUUID();
      authRequest.forceAuthorization = false;
      let controller = new authentication.AuthenticationController
  (getContext(this));
      try {
        let    response:    authentication.AuthorizationWithHuaweiIDResponse    =    await
controller.executeRequest(authRequest);
        let anonymousPhone = response.data?.extraInfo?.quickLoginAnonymousPhone;
        if (anonymousPhone) {
          this.phoneNum = anonymousPhone as string;
        }
      } catch (error) {
        console.error(NBConstants.TAG + 'getQuickLoginAnonymousPhone failed. Cause: ' +
JSON.stringify(error));
      }
    }

    async aboutToAppear(): Promise<void> {
      await this.getQuickLoginAnonymousPhone();
    }

    build() {
      if (this.showPanel) {
        // 构造 LoginPanel UI 组件参数
        Stack({ alignContent: Alignment.Bottom }) {
          LoginPanel({
            show: this.showPanel,
            params: {
              appInfo: {
                appIcon: $r('app.media.nutpi_logo'),
                appName: $r('app.string.app_name'),
```

```
            appDescription: $r('app.string.module_desc')
          },
          anonymousPhoneNumber: this.phoneNum,
          privacyText: this.privacyText,
          loginType: loginComponentManager.LoginType.QUICK_LOGIN
        },
        controller: this.controller
      })
    }
    .width('100%')
    .height('100%')
  }
}
```

7. 华为账号已登录，调用 Scan Kit 进行扫码解锁

（1）导入默认界面需要的扫码模块，代码如下。

```
import { scanCore, scanBarcode } from '@kit.ScanKit';
// 导入默认界面需要的日志模块和错误码模块
import { hilog } from '@kit.PerformanceAnalysisKit';
import { BusinessError } from '@kit.BasicServicesKit';
```

（2）调用 startScanForResult 方法拉起默认的扫码界面，代码如下。

```
// 启用默认的扫码界面
async startScan() {
  console.info(NBConstants.TAG + "默认界面扫码开始。");
  // 定义扫码参数 options
  const options: scanBarcode.ScanOptions = {
    scanTypes: [scanCore.ScanType.ALL],
    enableMultiMode: true,
    enableAlbum: true
  };
  try {
    const result: scanBarcode.ScanResult = await scanBarcode.startScanForResult(getContext(this), options);
    console.info(NBConstants.TAG + "Succeed. Data: " + JSON.stringify(result));
    promptAction.showToast({
      message: "开锁成功！",
      duration: 5000
    })
  } catch (error) {
    const e: BusinessError = error as BusinessError;
    console.error(NBConstants.TAG + "Failed. Cause: " + JSON.stringify(e));
  }
}
```

（3）在"扫一扫"按钮的单击事件中添加华为账号已登录，并开启扫码方法。

```
Button() {
  Row({ space: 8 }) {
    Image($r('app.media.ic_line_viewfinder'))
```

```
          .width(20)
          .height(20)
          .fillColor(Color.White)
        Text('扫一扫')
          .fontSize(16)
          .fontWeight(FontWeight.Bold)
          .fontColor(Color.White)
      }
    }
    .height(40)
    .type(ButtonType.Capsule)
    .padding({ left: 10, right: 10 })
    .linearGradient({
      angle: 45,
      colors: [[0x49c5ef, 0.3], [0x4caefe, 0.8]]
    })
    .onClick(async () => {
      await this.getLoginState();
      if (this.loginState) {   // 已登录
        await this.startScan();
      } else {  // 未登录
        // 调用华为账号一键登录
        this.showPanel = true;
      }
    })
```

扫码效果如图 15-13 所示。

8. 通过 AGC 平台推送服务向坚果单车应用推送消息

（1）获取 Push Token。在应用的 UIAbility（如 EntryAbility）的 onCreate()方法中调用 getToken()方法获取 Push Token 并上报到开发者的服务端，方便开发者的服务端向终端推送消息。具体代码如下。

图 15-13　扫码效果

```
// 导入 pushService 模块
import { pushService } from '@kit.PushKit';

// onCreate 方法中调用 getToken()接口获取 Push Token
async onCreate(want: Want, launchParam: AbilityConstant.LaunchParam): Promise<void> {
  hilog.info(0x0000, 'testTag', '%{public}s', 'Ability onCreate');
  try {
    const pushToken: string = await pushService.getToken();
    // 上报 Push Token
    console.info(`${NBConstants.TAG} Push Token: ${pushToken}`);
  } catch (error) {
    const e: BusinessError = error as BusinessError;
    console.error(NBConstants.TAG + "Failed. Cause: " + JSON.stringify(e));
  }
}
```

(2)请求通知授权,具体代码如下。

```
async onCreate(want: Want, launchParam: AbilityConstant.LaunchParam): Promise<void> {
  hilog.info(0x0000, 'testTag', '%{public}s', 'Ability onCreate');
  try {
    const pushToken: string = await pushService.getToken();
    // 上报 Push Token
    console.info(`${NBConstants.TAG} Push Token: ${pushToken}`);
    this.requestNotification();
  } catch (error) {
    const e: BusinessError = error as BusinessError;
    console.error(NBConstants.TAG + "Failed. Cause: " + JSON.stringify(e));
  }
}

// 请求通知授权
async requestNotification() {
  try {
    console.info("requestNotification: 请求通知授权开始。");
    // 查询通知是否授权
    const notificationEnabled: boolean = await notificationManager.isNotificationEnabled();
    console.info("requestNotification: " + (notificationEnabled ? '已' : '未') + "授权");
    if (!notificationEnabled) {
      // 请求通知授权
      await notificationManager.requestEnableNotification();
    }
  } catch (error) {
    const e: BusinessError = error as BusinessError;
    console.error("requestNotification failed. Cause: " + JSON.stringify(e));
  }
}
```

获取通知授权的效果如图 15-14 所示。

图 15-14　获取通知授权的效果

(3)登录 AGC 平台,在"我的项目"中选择目标应用,在左侧菜单栏"增长→推送服务"中,单击页面中的"添加通知"按钮,即可进入推送通知详情页面。在推送内容中填写相关信息,单击"提交"按钮发送即可。效果如图 15-15 所示。

图 15-15　登录 AGC 平台添加通知

（4）在下拉通知信息页面查看是否收到发送的通知消息，如图 15-16 所示。

图 15-16　查看下拉通知

第 16 章 酷酷音乐

本章将结合酷酷音乐 APP 项目，详细讲解鸿蒙开发在 UI 自适应、响应式布局，以及"一次开发、多端部署"等方面的落地方案。本章内容包括"一次开发、多端部署"概念下的多设备工程配置方法和多端 UI 自动适配方式（自适应布局、响应式布局、栅格布局），以及多设备能力验证、后台运行、一镜到底等功能的实现。

16.1 项目概述

酷酷音乐是一款音乐 APP，在开发完成后即可将其直接部署并运行在手机、折叠屏和平板上。它的界面能自动根据设备尺寸进行适配，不需要针对不同的设备开发独立的版本。同时，作为一款音乐软件，它还支持音乐的后台播放，以便用户在息屏或切换到其他应用后仍能继续播放音乐。

酷酷音乐的主要功能如下。

（1）支持在手机、折叠屏、平板上安装并运行。不同设备的应用页面通过响应式布局和自适应布局可以呈现合适的效果。

（2）单击界面上的播放/暂停、上一首、下一首图标可以控制音乐播放的功能。

（3）单击界面上的播放控制区空白处或列表歌曲项，会跳转到播放页面。

（4）单击界面上的"评论"按钮将跳转到对应的评论页面。

注意：由于本项目是示例项目，因此其他按钮无实际的单击事件或功能。

读者需要注意同一个页面中的不同组件在不同硬件端的样式区别，酷酷音乐在手机端、折叠屏、平板端的部署 UI 界面如图 16-1～图 16-3 所示。

该项目的完整代码请参见本书附录代码 16 中的 MusicHome.zip 压缩包。

运行时需设置引用所有 HSP 模块（见图 16-4）。首先，单击"Run→Edit Configurations"，然后选择 Deploy Multi Hap 标签页，选中"Deploy Multi Hap Packages"复选框，再选中 Module 下的 phone 复选框和所有 HSP 模块，最后单击 OK 按钮。完成配置后，单

图 16-1 酷酷音乐手机端部署 UI 界面

击 Run→Run "模块名称"（如 Run "phone"）或单击 ▶ 来启动应用/服务的编译构建。HSP 模块引用配置界面如图 16-4 所示。

图 16-2　酷酷音乐折叠屏部署 UI 界面

图 16-3　酷酷音乐平板端部署 UI 界面

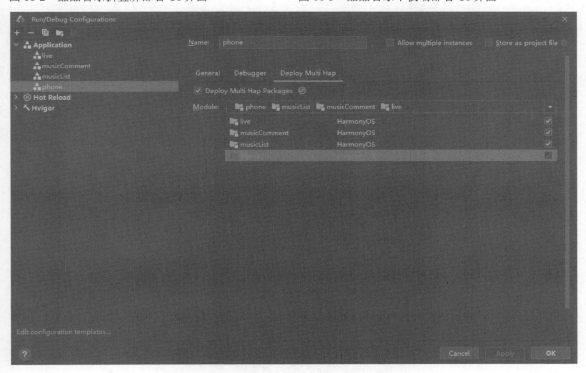

图 16-4　HSP 模块引用配置界面

16.2 多设备部署支持

多设备部署是 HarmonyOS NEXT 的重要理念之一。它是指一个工程经过一次开发上架后,即可多端按需部署,即"一次开发、多端部署",支持快速、高效地开发多端设备应用。在开发层面上,为保证应用的界面或功能正确运行在不同设备上,需要对工程项目进行专门的配置。

首先,基于最佳工程实践,将项目代码划分为 3 层:即 common、features 和 products。

```
//16/MusicHome 项目
Project
├── common                # 公共特性(HAR - 静态,可做三方库)
│
├── features              # 功能模块(HSP - 动态,仅应用内共享)
│   ├── feature1          # 子功能 1
│   ├── feature2          # 子功能 2
│   └── ...
│
└── products              # 产品模块(HSP 和 HAR 的组合)
    ├── wearable          # 穿戴类
    ├── default           # 默认设备类
    └── ...               # 其他可能的设备
```

从上面的说明中可以看到,common 目录中放置了公共模块的代码。其内部包含常量、数据实体类、通用工具等功能。这些功能本身比较独立,又会被项目中的多个模块和组件共享使用;features 目录中包含了应用的各个业务功能模块的代码,它们可能是某些功能部分的页面,也可能是具体的业务功能;products 目录中的是针对具体设备的基座代码,即一些针对特定设备或产品的代码和组件。

注意:common 和 features 目录的内容都是要被应用引用和使用的,因此,可以将它们划分为 Library 类型的模块,并将它们打包成对应类型的资源包。最后,它们将分别被打包为 HAR 包和 HSP 包。而 product 目录中针对每一个设备的入口模块则会被创建为 HAP 包,从而支持在不同设备上的部署。

接下来配置项目的目录。

(1) 右键单击根目录菜单,选择新建→目录,如图 16-5 所示。

图 16-5 新建子目录

（2）创建完 3 个目录后的文件结构如图 16-6 所示。

（3）在新建的目录中创建对应类型的模块。右击对应的目录（如 common），选择 "新建→模块"，如图 16-7 所示。

图 16-6　新建工程目录后的文件结构

图 16-7　新建模块

（4）在弹出的菜单中需要选择要创建的模板类型，如图 16-8 所示。

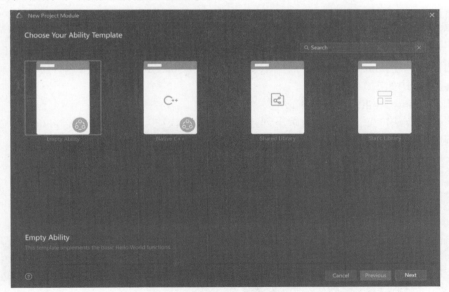

图 16-8　选择模板类型

在图 16-8 中，Empty Ability 模板中包含 UIAbility 组件，它会将模板块打包成 HAP 类型的资源包。因此，products 目录中的各个设备模块应选择此模板；Native C++为 C++模块的模板，同样包含 UIAbility 组件，会将模板打包成 HAP 类型资源包；Shared Library 会将模块打包为 HSP 类型资源包。HSP 包中包含代码、C++库、资源和配置文件，通过它实现代码和资源的共享。HSP 包中不包含 UIAbility，不能独立发布；Static Library 是静态资源共享包（HAR），其内容通用性高，适合作为三方库。在 HAR 模块中也不包含 UIAbility。

接下来，我们利用静态资源共享包在 common 子目录下创建通用模块。

（1）新建 Static Library（.har 包）。

右击 common 目录，选择"新建→模块→Static Library"来创建 common 目录中的子模块。这里，我们创建两个模块，mediaCommon 和 constantsCommon。Static Library 模块在构建时会被打包为 HAR 包。新建模块 mediaCommon 和 constantsCommon 的分解如图 16-9 和图 16-10 所示。

图 16-9　新建模块 mediaCommon

图 16-10　新建模块 constantsCommon

创建完成后观察其中一个模块下的 module.json5 中的信息，如图 16-11 所示，可以看到模块的类型是 har。

（2）新建 Shared Library（.hsp 包，features 模块）。

右击 features 目录，选择"新建→模块→选择 SharedLibrary"来创建 features 模块的子模块。我们创建 3 个模块：live、musicComment 和 musicList。live 模块对应直播功能；musicComment 模块对应歌曲评论功能；musicList 模块对应歌曲列表功能。SharedLibrary 在构建时会被打包为 .hsp 包。features 的目录结构如图 16-12 所示。

（3）新建 Empty Ability 模块（.hap 包）。

按照同样的方法，在 products 目录下创建对应设备的模块，例如创建一个 phone 模块。products 的目录结构如图 16-13 所示。

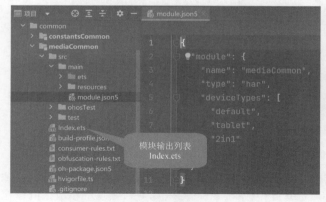
图 16-11　HAR 项目的 module.json5

图 16-12　features 的目录结构

图 16-13　products 的目录结构

观察 module.json5 文件内容可以看到，此模块包含 EntryAbility。phone 模块的 module.json5 如

图 16-14 所示。

图 16-14 phone 模块的 module.json5

products 中的模块可以依赖 features 和 common 的代码,按需组合实现应用的功能。配置完成后完整的目录结构如图 16-15 所示。

图 16-15 完整的目录结构

在上面的配置中,应用的功能模块(features 模块)均配置为 HSP 包,HSP 包不随使用方进行编译。因此,products 中的模块运行时,必须先指定要使用的 HSP 包,然后才能在 HAP 包中引用 HSP 包中的依赖。请在运行配置界面按图 16-16 进行设置。

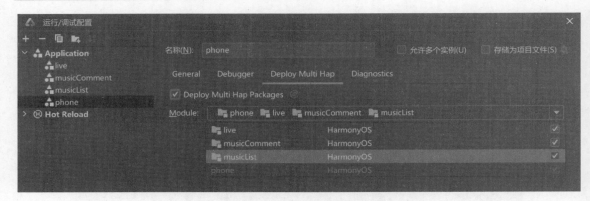

图 16-16　多 HAP 部署

16.3　ohpm 模块依赖

在应用开发中，我们通常不会将所有的代码写在同一个文件中，而是会将程序拆分成多个不同的模块，再通过模块之间的组合调用，最终拼装完成整个程序。因此，保证代码之间正确的引用最为关键。

在酷酷音乐项目中，我们将模块分成了 common、features 和 products 3 个目录，并将它们设置为不同类型（HSP、HAR）的资源包。下面我们来看看如何进行配置以保证不同包之间的资源能正确调用。

在鸿蒙应用中，各模块使用包管理器（ohpm）根据模块中的包配置文件（oh-package.json5）来管理依赖。定义模块输出文件如图 16-17 所示，页面中使用依赖如图 16-18 所示。

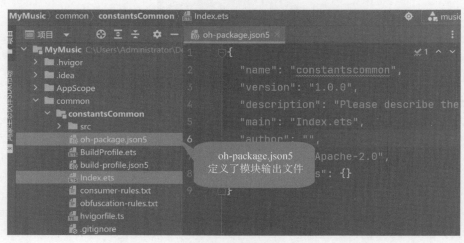

图 16-17　定义模块输出文件

图 16-18　页面中使用依赖

1. 引用 HAR 包

在 phone 模块的 oh-package.json5 中配置依赖项，引用 HAR 包如图 16-19 所示。

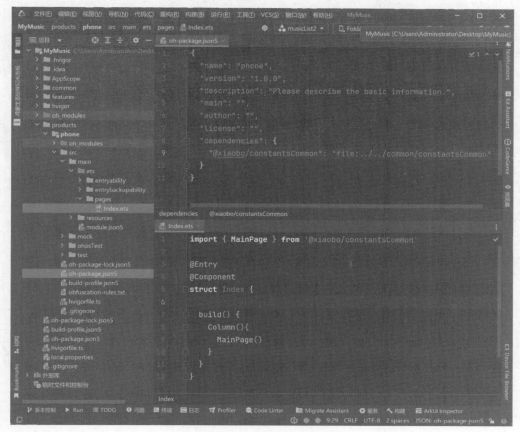

图 16-19　引用 HAR 包

首先，在 phone 项目的 oh-package.json5 文件的 dependencies 字段中新增依赖项。该依赖项的键是"@xiaobo/constantsCommon"，值为"file:../../common/constantsCommon"。添加完成后，在 phone 项目的代码文件中，如 index.ets 中，就可以对这个依赖项进行引用了。

注意：①依赖项是以键-值对的形式进行配置的；②依赖项的值对应引用文件的具体位置，依赖项的键用来在代码中引用的时候使用；③键的字符串内容可以自由定义。不过实践中推荐的组件名的格式是"@org/name"。其中，org 对应组织名，name 对应组件的名称；④依赖项的值使用了"file:"开头，说明引用的是本地文件。

2. 引用 HSP 包

引用 HSP 包的方式和前文引用 HAR 包的方法一致，如图 16-20 所示。

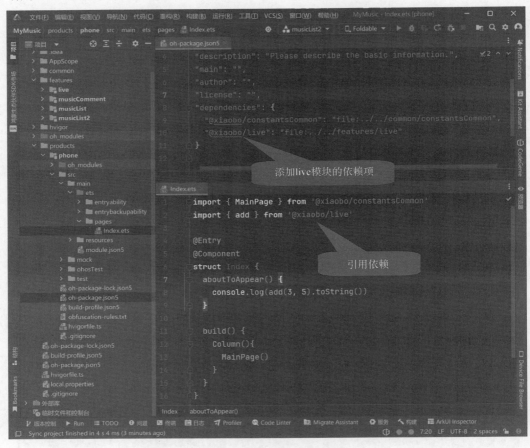

图 16-20　引用 HSP 包

3. 跳转到依赖页面

有时我们引用的依赖不是函数或工具类，还有可能是依赖包中的完整功能页面（在本项目中，应用的主要功能页面都分别放在了 features 中的各个 HSP 模块中。当需要跳转到依赖包中的页面时，可以通过以下两种方式实现。

1）使用 router.pushUrl 方法

使用基本的路由跳转方式，代码如下。

```
// MusicHome/products/phone/src/main/ets/pages/index.ets

// 77 行
  router.pushUrl({
    url: item.url
  }, router.RouterMode.Single);
// ... 省略其他代码
```

其中，item.url 的值可以在 IndexViewmodal 文件中找到，如图 16-21 所示。

```
27    getIndexItemList(): IndexItem[] {
28      let IndexItemList: IndexItem[] = [];
29      IndexItemList.push(new IndexItem($r('app.string.music_title'), $r('app.string.music_description'),
30        $r('app.string.button_music'), $r('app.media.ic_music'),
31        '@bundle:com.huawei.music.musichome/musicList/ets/pages/Index'));
32      IndexItemList.push(new IndexItem($r('app.string.live_title'), $r('app.string.live_description'),
33        $r('app.string.button_live'), $r('app.media.ic_live'),
34        '@bundle:com.huawei.music.musichome/live/ets/pages/Index'));
35      return IndexItemList;
36    }
37  }
```

图 16-21 IndexViewmodal.ets 中的 URL 值

可以看到，跳转到依赖页面的逻辑中使用的 URL 是一个完整路径。该路径的第一项是当前应用的 bundle 名。在 bundle 名后面跟着的是模块名，以及依赖资源在对应模块下的相对路径。由于资源是以模块为单位打包在应用包中的，所以直接通过模块名即可访问依赖。bundle 名可以在项目根目录下的 AppScope / app.json5 文件中查看，如图 16-22 所示。

图 16-22 APP 配置文件

2）使用 Navigation 导航组件

代码如下。

```
Import { MainPage } from '...'

// ...省略其他代码

Navagation(){
```

```
        NavRouter(){
Button('跳转到模块的页面')
NavDestination(){
        MainPage() // 导入的依赖页面
    }
    }
    }

// ...省略其他代码
```

导入后的页面效果如图 16-23 所示。

使用 Navigation 组件是鸿蒙开发推荐的方式。当在左侧的页面中单击按钮后，会自动跳转到依赖页面（右侧页面 Hello World）。通过 Navigation 组件跳转后还会在左上角自动增加一个后退的导航按钮。

如果开发者想把自己编写的模块分享给其他开发者使用，需要将模块的类型改为 HAR，并发布到 ohpm 中心仓库或 ohpm-repo 私有仓库。通过 ohpm 可以使用其他人开发的模块。以下是使用第三方模块（ohpm 中心仓库）的示例命令。

图 16-23　Navigation 示例效果

```
ohpm install @ohos/axios              // 安装 axios 包
```

16.4　UI 适配之自适应布局

在前面我们介绍了将项目拆分成不同模块进行组织的工作。这些工作属于工程配置级别的操作。那么，接下来我们来讨论编写界面时如何实现"一次开发、多端部署"。为了实现"一套 UI 界面代码，在不同尺寸的屏幕下都能显示最合适的布局"这一目的，可以采用两种方式：自适应布局和响应式布局。本节将讲解自适应布局的内容。

自适应布局处理有 4 种场景：自适应拉伸、自适应缩放、自适应延伸和自适应折行，下面依次进行介绍。

1. 自适应拉伸

对于需要根据显式区域尺寸对元素进行拉伸的场景，我们可以使用以下两种能力（见表 16-1）。

表 16-1　自适应拉伸的两种能力

能　力	场　景	实　现
拉伸能力	容器尺寸变化时，增减的空间全部分配给容器的指定子组件	Flex 的 flexGrow（容器尺寸大于所有子组件时生效）、flexShrink（容器尺寸小于所有子组件时生效）
均分能力	容器尺寸变化时，增减的空间均匀分配给容器所有空白区域	Row、Column、Flex 的 justifyContent：FlexAlign.SpaceEvenly；Blank 子组件

其中，Blank 组件是比较好用的。在一个容器中，一个 Blank 组件会自动占满容器中剩余的空间。如果放置多个 Blank 组件，则 Blank 组件会平均分配剩余的空间。酷酷音乐项目中 MusicList 模块中 header 导航栏的结构代码如下。

```
// MusicHome/features/musicList/src/main/ets/components/Header.ets
//...省略其他代码
build() {
  Row() {
    Image($r('app.media.ic_back'))
    // 省略样式代码...
    Text($r('app.string.play_list'))
    // 省略样式代码...
    Blank()
    Image($r('app.media.ic_more'))
      // 省略样式代码...
  }
  // 省略样式代码...
}
//...省略其他功能性代码
```

Blank 组件的使用示例效果如图 16-24 所示。

(a) 手机端效果　　　　　　　　(b) 折叠屏端效果

图 16-24　Blank 组件的使用示例效果

上面的例子中，导航栏 Row 组件下的 Image 组件和 Text 组件根据它们自己的内容占据了对应的宽度（最小宽度），剩下的空间由 Blank 组件拉伸后占满。在图 16-24 中，可以看到，当设备屏幕变宽后，Blank 组件会自动占满空间，而其他组件仍保持原始的比例。

2. 自适应缩放

缩放的情况也有两种能力可以处理，分别是占比能力和缩放能力（见表 16-2）。

表 16-2 占比能力和缩放能力

能 力	场 景	实 现
占比能力	子组件的宽高按比例随容器变化	● 宽高设为父组件宽高的百分比； ● layoutWeight
缩放能力	子组件的宽高按比例随容器变化	布局约束的 aspectRatio 属性

占比能力的示例代码如下。

```
// MusicHome/features/musicList/src/main/ets/components/PlayList.ets

//...省略其他代码

Column() {
  this.PlayAll() //PlayAll 组件
  List() {
  LazyForEach(new SongDataSource(this.songList),
    (item: SongItem, index: number) => {
        ListItem() {
          Column() {
            this.SongItem(item, index) //对应每一行歌曲的元素
          }       // ...省略样式代码
        }
    }, (item: SongItem, index?: number) => JSON.stringify(item) + index)
  }
  .layoutWeight(1)  //占据 Column 容器的全部空间
  // ...省略样式代码
  .divider({...})
}
```

播放列表占据播放区剩下全部

占比能力示例的实现效果如图 16-25 所示。

在图 16-25 中，界面下方为一个 PlayList 组件（播放列表）。该组件中包含两个元素：PlayAll 组件和 List 组件。其中，PlayAll 组件设置正常的行高。List 组件设置了 layoutWeight(1)属性，此属性会使 List 组件自动占据 Column 中全部的剩余高度。因此，从结果上看，PlayList 的 List 组件被拉伸，以充满整个列。

图 16-25 占比能力示例的实现效果

缩放能力的示例代码如下。

```
// MusicHome/features/musicList/src/main/ets/components/AlbumComponent.ets
```

```
//...省略其他代码

@Builder
CoverImage() {
  Stack({ alignContent: Alignment.BottomStart }) {
    Image($r('app.media.ic_album'))
      .width(StyleConstants.FULL_WIDTH)
      .aspectRatio(ContentConstants.ASPECT_RATIO_ALBUM_COVER)   // 变量值为 1
// ...省略其他代码
```

折叠屏缩放能力示例和手机端缩放能力示例效果分别如图 16-26 和图 16-27 所示。

图 16-26 折叠屏缩放能力示例

图 16-27 手机端缩放能力示例

从图 16-26 和图 16-27 中可以看到，在对 Image 元素设置了 aspectRatio(1)后，专辑图片（Image 元素）会随着屏幕尺寸变化而进行自动缩放，同时保持长宽比不变。

3. 自适应延伸

延伸能力分为容器内延伸和组件级延伸两种，延伸能力的场景及实现如表 16-3 所示。

延伸能力示例效果如图 16-28 所示。

可以看到，在折叠屏界面中，由于音乐列表容器高度更高，List 组件会自动进行延伸，从而显示更多的 MusicItem。

隐藏能力指的是当容器空间不够时，开发者可以自定义由于空间缩小需要隐藏的元素的优先级，元素会根据优先级进行隐藏。示例代码如下。

表 16-3 延伸能力的场景及实现

能力	场景	实现
容器内延伸	子组件按在列表中的先后顺序，随容器尺寸变化显示或隐藏	● 通过 List； ● 通过 Scroll 配合 Row 或 Column
组件级延伸	子组件按预设的显示优先级，随容器尺寸变化显示或隐藏；相同显示优先级的子组件同时显示或隐藏	displayPriority 属性

(a) 手机端示例　　　　　　　　(b) 折叠屏端示例

图 16-28 延伸能力示例

```
// MusicHome/features/musicList/src/main/ets/components/Player.ets
//...省略其他代码
Row() {
    Row() { // 此元素为播放器左侧区域
      Image(this.songList[this.selectIndex]?.label)
        // ...省略样式和事件代码
      Column() {
        Text(this.songList[this.selectIndex].title)
          // ...省略样式代码
        Row() {
          Image($r('app.media.ic_vip'))
            // ...省略样式代码
          Text(this.songList[this.selectIndex].singer)
            //...省略样式代码
```

```
            }
        }
        // ...省略样式代码
    }
    // ...省略样式和事件代码

    Blank()    // 中间的空白
        // ...省略事件代码

    Row() {    // 播放器右侧区域
        Image($r('app.media.ic_previous'))              // "前一首歌"按钮
            // ...省略样式代码
            .displayPriority(PlayerConstants.DISPLAY_PRIORITY_TWO)
            .onClick(() => MediaService.getInstance().playPrevious())
         Image(this.isPlay ?
            $r('app.media.ic_play') : $r('app.media.ic_pause'))
          // ...省略样式代码
          .displayPriority(PlayerConstants.DISPLAY_PRIORITY_THREE)
          // ...省略事件代码
         Image($r('app.media.ic_next'))                 // "后一首歌"按钮
          // ...省略样式代码
          .displayPriority(PlayerConstants.DISPLAY_PRIORITY_TWO)
          // ...省略事件代码
         Image($r('app.media.ic_music_list'))           // "歌曲列表"按钮
          // ...省略样式代码
          .displayPriority(PlayerConstants.DISPLAY_PRIORITY_ONE)
    }
    .width(new BreakpointType({  // 通过断点设置控制区域的宽度随屏幕大小变化而变化
       sm: $r('app.float.play_width_sm'),
       md: $r('app.float.play_width_sm'),
       lg: $r('app.float.play_width_lg'),             // 只有 lg 的情况能放下 4 个图标
    }).getValue(this.currentBreakpoint))
    .justifyContent(FlexAlign.End)
  }
// ...省略样式代码
// ...后面省略
```

隐藏能力手机端示例和隐藏能力平板端示例效果分别如图 16-29 和图 16-30 所示。

图 16-29　隐藏能力手机端示例

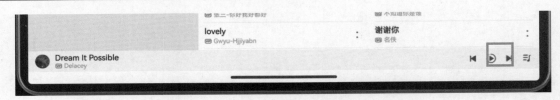

图 16-30　隐藏能力平板端示例

可以看到，在音乐列表的底部有一个播放器区域。该区域左边显示歌曲封面、名字等信息；右侧是歌曲播放的控制区域。当控制区域空间有限时，相当于将所有按钮进行缩小处理，减少控制按钮的数量可能才是更好的选择。这样，用户才能更好地单击按钮。从图 16-29 和图 16-30 中可以看到，当页面展示在手机端时，只展示 3 个按钮，而在平板端则展示 4 个按钮。那么，当控制区域缩小时，哪一个按钮会先被隐藏呢？我们可以通过组件的 displayPriority 属性来控制。

当容器尺寸变小时，UI 框架会先隐藏 displayPriority 值设置的最小元素。因此本例的逻辑是：当控制区域尺寸变小时，首先是第四个音乐列表按钮隐藏。当区域继续变小时，"前一首歌"和"后一首歌"按钮隐藏，只显示"播放/暂停"按钮。

4. 自适应折行

折行的能力、场景和实现如表 16-4 所示。

表 16-4　折行的能力、场景和实现

能　　力	场　　景	实　　现
折行能力	容器尺寸发生变化时，如果不足以显示完整内容，则自动换行	Flex 的 wrap 属性设为 FlexWrap.Wrap

自适应折行效果如图 16-31 所示。

图 16-31　自适应折行效果

16.5　UI 适配之响应式布局

当容器、屏幕宽度变得很大时，自适应布局这种简单缩放元素的方式可能会导致页面出现大片空白、内容稀疏等不美观的问题。因此，我们需要更细致和抽象的宽度尺寸定义，以便实现针对性的布局。其实，这些问题可以通过响应式布局来进一步优化。要学习响应式布局，我们先来了解在响应式布局中一个最重要的概念——"断点"（breakpoint）。

根据不同设备窗口的宽度，将它们分成几个不同的区间，这些区间的临界值称为断点。这样，开发者就可以根据当前容器处于何种断点区间来进行布局调整，以适配容器的尺寸。典型的断点区间如表 16-5 所示。

表 16-5　典型的断点区间

断　点	设　备	范围（vp）
xs	最小宽度设备（手表）	[0, 320)
sm	小宽度设备（手机）	[320, 600)
md	中等宽度设备（折叠屏）	[600, 840)
lg	大宽度设备（平板/电视）	[840, ∞)

前面的说明中提到，开发者需要通过匹配当前容器处于哪个断点区间来控制页面布局。那么，为了实现响应式布局，首先需要做的是获取并监听页面断点的变化。当元素显示在页面上时会处于一个初始的断点状态，然后元素尺寸的变化、移动设备横屏/竖屏切换这些情况都可能会导致容器页面尺寸的改变，进而导致断点状态变化。我们需要对这些变化进行及时响应，以最优的布局将页面显示给用户。

鸿蒙系统提供了几种方法来判断应用当前处于何种断点下。大致有以下 3 种方法。

（1）获取窗口对象（Window）。

（2）通过媒体查询（media query）。

（3）借助栅格组件（GridRow）。

16.5.1　获取窗口对象

本节分为两部分，第一部分会介绍直接通过窗口对象获取页面断点的方法，第二部分则会给出一个更贴近实际业务代码的断点系统封装方法供读者参考。

1. 直接通过窗口对象获取页面断点

与浏览器前端开发类似，我们可以通过窗口对象（Window）获取到页面的尺寸，进而判断页面的断点状态。示例代码如下。

```
// 任意 HAP 模块中的/src/main/ets/entryability/EntryAbility.ets

import { display, window } from '@kit.ArkUI';

// ...省略其他代码

updateBp(pxWidth: number) { // 更新断点函数
  let bp = '' // 断点
  let width = pxWidth / display.getDefaultDisplaySync().densityPixels
  if (width < 320) {
    bp = 'xs'
```

```
  } else if (width < 600) {
    bp = 'sm'
  } else if (width < 840) {
    bp = 'md'  } else {
    bp = 'lg'
  } AppStorage.setOrCreate('bp', bp)                              //设置或更新全局变量
}

async onWindowStageCreate(windowStage: window.WindowStage) {
  let window = await windowStage.getMainWindow()                  //获取主窗口对象
  this.updateBp(window.getWindowProperties().windowRect.width)    // 计算断点值

  window.on('windowSizeChange', (size) => {
    this.updateBp(size.width)                                     // 每次 window 大小变化时计算断点值
  })

// ...省略其他代码
```

注意: 上面的代码请配置在模块对应的 EntryAbility 文件中。首先,编写一个更新函数 updateBp,该函数接收一个像素值,并判断像素值处于哪个断点区间。然后,在 AppStorage 全局仓库中保存(更新)判断结果的断点类型。这样,在其他组件中就可以获取该值,从而针对窗口尺寸的变化进行布局响应。另外,请读者注意在计算时的这段代码。

```
let width = pxWidth / display.getDefaultDisplaySync().densityPixels
```

上面这行代码将像素值的单位由 px 转换为 vp,然后按规则判断即可得到断点值。

下面介绍 onWindowStageCreate() 函数的作用。当入口组件进入 onWindowStageCreate 阶段时,通过 windowStage 对象获取到 Window 对象,再通过 Window 对象获取窗口的宽度,并将宽度传给 updateBp 方法来更新全局的断点类型。这样,其他组件就可以根据断点的变化而自动更新。最后,可以在 Window 上注册一个监听器来监听窗口的大小变化,每当窗口尺寸变化时,则根据最新的窗口尺寸更新全局断点类型。这个监听操作在移动端的主要应用场景是处理设备横竖屏切换时导致页面尺寸变化的情况。

配置完代码后,为了调试屏幕旋转,在模块的 module.json5 中配置接受自动旋转(横屏模式),代码如下:

```
abilities": [
  {
    "orientation": "auto_rotation",
…
```

最后编写一个简单的测试页面,代码如下。

```
// 模块/src/main/ets/pages/Index.ets

@Entry
@Componentstruct Index {
  @StorageProp('bp') bp: string = ''
  build() {
    Column(){
      Button(this.bp)
        .fontSize(100)
```

```
            .height('100%')
            .width('100%')
      }
   }
}
```

获取窗口横/竖屏自适应的手机端和平板端示例分别如图 16-32 和图 16-33 所示。

> **Window 对象的尺寸：**
> Window 对象获取的是整个窗口的大小，该数值一般对应屏幕的大小，用于判断不同设备、不同横竖屏下的屏幕尺寸情况。但是，它不能用于对具体元素进行断点判断。

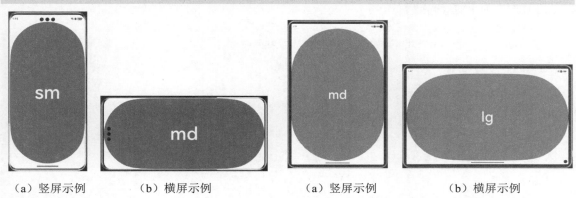

（a）竖屏示例　　　　（b）横屏示例　　　　　　（a）竖屏示例　　　　（b）横屏示例

图 16-32　获取窗口手机端横/竖屏自适应示例　　　图 16-33　获取窗口平板端横/竖屏自适应示例

2. 断点系统封装

上例代码中对于断点匹配的逻辑是简单的 if-else 语句。但在实际开发中，往往会有多个断点值需要进行匹配的情况，例如，当窗口的尺寸为 sm/md/lg 时，分别进行不同布局。在这种情况下，如果使用 if-else 语句就会写出多层条件判断，不利于代码维护。因此，我们需要对断点识别能力进行更高级的封装。示例代码如下。

```
// MusicHome/common/mediaCommon/src/main/ets/utils/BreakpointSystem.ets
declare interface BreakpointTypeOption<T> {
  sm?: T,
  md?: T,
  lg?: T
}

export class BreakpointType<T> {
  options: BreakpointTypeOption<T>

  //generated constructor
  constructor(options: BreakpointTypeOption<T>) {
    this.options = options
  }

  getValue(currentBp: string): T { // 在此方法中通过 switch 直接返回匹配到的 bp 值
```

```
      switch (currentBp) {
        case "sm":
          return this.options.sm as T
        case "md":
          return this.options.md as T
        default:
          return this.options.lg as T
      }
    }
  }
// ...省略其他代码
```

在页面中使用的代码如下。

```
// 测试 Index.ets
import { BreakpointType } from './BreakpointSystem'

@Entry @Component
struct Index {
  @StorageProp('bp') bp: string = ''
  build() {
    Column(){
      Button(this.bp)
        .fontSize(
          new BreakpointType({  // 1)
            sm: 50,
            md: 150,
          }).getValue(this.bp)
        )
        .height('100%')
        .width('100%')
    }
  }
}
```

在上述代码中的 1）处可以看到，设置组件的 fontSize 时，首先初始化了一个字典对象，为需要匹配的 bp 值设置对应的 fontSize 值。然后通过 getValue 方法向 BreakpointType 传入当前窗口的 bp 值，BreakpointType 就会直接匹配返回对应 bp 的 fontSize 值。新的返回值将更新组件的 fontSize。断点封装横/竖屏自适应示例效果如图 16-34 所示。

16.5.2 通过媒体查询

媒体查询机制提供了丰富的媒体特征监听能力，它可以监听应用显示区域的变化、横/竖屏切换、深浅色、设备类型等多种属性。结合媒体查询和断点，开发者可以更好地封装断点相关的处理。下面来看以下示例。

（a）竖屏示例　　　（b）横屏示例

图 16-34　断点封装横/竖屏自适应示例

1. 定义一个常量文件，包含断点相关的数值及范围

代码如下。

```
// 示例 BreakpointConstants
export class BreakpointConstants {                    // 定义常量
  static readonly BREAKPOINT_SM = 'sm'                 // 断点值
  static readonly BREAKPOINT_MD = 'md'
  static readonly BREAKPOINT_LG = 'lg'
  static readonly BREAKPOINT_VALUE = ['320vp', '600vp', '840vp']

  static readonly CURRENT_BREAKPOINT = 'currentBreakpoint'
  static readonly RANGE_SM = '(320vp<=width<600vp)'    // 断点范围值
  static readonly RANGE_MD = '(600vp<=width<840vp)'
  static readonly RANGE_LG = '(840vp<=width)'
}
```

2. 定义断点的结构，包括值、范围和媒体查询监听器

注意：这里的 mediaquery 是 ArkUI 提供的一个媒体查询工具模块，通过它可以直接获得一个媒体查询监听器。代码如下。

```
//BreakpointSystem.ets
import { BreakpointConstants } from './BreakpointConstants'
import { mediaquery } from '@kit.ArkUI'

// ...省略其他代码
export interface Breakpoint { // 定义断点数据对象结构
name: string,
range: string,
mediaListener?: mediaquery.MediaQueryListener
}
// ...省略其他代码
```

3. 断点系统及媒体查询封装

代码如下。

```
//BreakpointSystem.ets
import { BreakpointConstants } from './BreakpointConstants'
import { mediaquery } from '@kit.ArkUI'

// ...省略其他代码
export interface Breakpoint {
  name: string,
  range: string,
  mediaListener?: mediaquery.MediaQueryListener
}

export class BreakpointSystem {
  currentBp = ""                              // 当前断点
  breakpoints : Breakpoint[] = [              // 断点对象数组
    {name:BreakpointConstants.BREAKPOINT_SM,
      range:BreakpointConstants.RANGE_SM},
    {name:BreakpointConstants.BREAKPOINT_MD,
      range:BreakpointConstants.RANGE_MD},
```

```
    {name:BreakpointConstants.BREAKPOINT_LG,
     range: BreakpointConstants.RANGE_LG}
  ]

  private updateCurrentBp(bp: string) {
    if (this.currentBp !== bp) {             // 如果断点发生变化
      this.currentBp = bp                    // 更新断点值
      AppStorage.setOrCreate(BreakpointConstants.CURRENT_BREAKPOINT,
this.currentBp)
    }
  }

  public start() {                           // 循环对断点进行媒体查询并监听
    this.breakpoints.forEach((bp, index) => {
      bp.mediaListener = mediaquery.matchMediaSync(bp.range)
      if (bp.mediaListener.matches) {        // 如果匹配
        this.updateCurrentBp(bp.name)        // 更新为当前断点值
      }    //如果监听到发生变化
      bp.mediaListener.on('change', (result) => {
        if (result.matches) {                // 如果匹配，则更新为当前断点值
          this.updateCurrentBp(bp.name)
        }
      })
    })
  }

  public stop(){                             // 关闭所有媒体查询监听
    this.breakpoints.forEach((bp) => {
      if (bp.mediaListener) {
        bp.mediaListener.off('change')
      }
    })
  }}
// ...省略其他代码
```

mediaquery.matchMediaSync 方法支持根据开发者设置的条件进行监听并触发事件。在上面的代码中，该方法传入了一个范围条件进行监听匹配。可以看到，通过媒体查询，开发者不仅可以处理具体的 bp 值变化，也可以根据一个范围值对界面尺寸变化进行区分处理。媒体查询条件支持很多种属性和区间的监听，具体的语法规则请参见官方文档。

4. 在页面中使用

在页面即将显示时启动监听器，代码如下。

```
// 示例 Index.ets
import { BreakpointConstants } from './BreakpointConstants'
import { BreakpointSystem, BreakpointType } from './BreakpointSystem'

// ...省略其他代码

@StorageProp(BreakpointConstants.CURRENT_BREAKPOINT) bp: string = ''
breakpointSystem = new BreakpointSystem()
```

```
aboutToAppear() {
  this.breakpointSystem.start()
}

aboutToDisappear() {
  this.breakpointSystem.stop()
}

// ...省略其他代码

Column(){
  Button(this.bp)
    .fontSize(new BreakpointType({
      sm: 60,
      md: 200,
    }).getValue(this.bp))
    .fontColor(new BreakpointType({
      sm: Color.Gray,
      md: Color.Green
    }).getValue(this.bp))
    .height('100%')
    .width('100%')
}

// ...省略其他代码
```

在上面的代码中，我们通过 aboutToAppear()方法在页面将显示时注册了媒体查询监听器，通过 aboutToDisappear()方法在页面消失时注销了监听器。监听器监听到页面媒体（尺寸等属性）变化后，更新全局 bp 值。最后，我们在页面中通过 getValue()方法就可以绑定 bp 值了。当 bp 值变化后会自动更新页面元素。效果如图 16-35 所示。

16.5.3 借助栅格布局

栅格布局的概念可以这样理解："将容器分成多个格子，格子之间有细小的沟槽"。其布局效果如同栅栏（见图 16-36）。使用栅格布局时，开发者可以根据不同的容器宽度，微调格子数与沟槽尺寸，使 UI 设计更贴合显示效果，进而增强界面的美观性。

（a）竖屏示例　　　　　（b）横屏示例

图 16-35　媒体查询横/竖屏自适应示例

从命名上可以看出，栅格布局优先考虑了横向（Row 容器）上元素的排布方式。其将容器的横向空间划分为很多格子（GridCol 元素），格子间的间隔称为 Gutter。我们设置每行上的格子数目和间隔尺寸后，UI 框架会根据窗口尺寸自动计算内部元素的大小，实现自适应。另外，如果元素内格子总数超过规定的数目，多余的格子会自动折行。栅格布局示例如图 16-37 所示。

图 16-36 栅栏　　　　　　　　　　图 16-37 栅格布局示例

栅格布局示例代码如下。

```
GridRow({columns: 4}) {
  ForEach([1,2,3,4,5,6,7], () => { // 7 个元素，每 4 个元素为一行
    GridCol() {
      ...
    }
  })
}
```

那么，栅格布局该怎么使用呢？在实际开发中，需要配合断点系统一起使用。开发者可以根据当前页面的断点情况，为栅格设置不同的格子数和间隔尺寸。开发者只需要考虑元素的数量，而不是具体的尺寸，就可以让布局较好地适配设备的尺寸。栅格布局在手机端和平板端的对比如图 16-38 所示。

酷酷音乐项目中栅格布局的使用示例如图 16-39 所示。

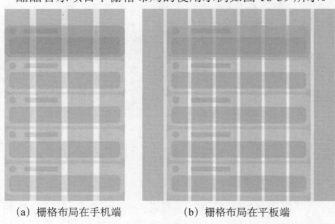

(a) 栅格布局在手机端　　　(b) 栅格布局在平板端

图 16-38 栅格布局在手机端和平板端的对比　　　图 16-39 栅格布局使用示例 UI

接下来，我们观察歌曲列表上方的专辑封面，可以发现，它使用了栅格布局，代码如下。

```
// MusicHome/features/musicList/src/main/ets/components/AlbumComponent.ets
// ...省略其他代码
GridRow() {
  GridCol({
    span: {
      sm: GridConstants.SPAN_FOUR,
      md: GridConstants.SPAN_TWELVE,
      lg: GridConstants.SPAN_TWELVE
    }
  }){
    this.CoverImage()  // 封面图片
  }

  GridCol({
    span: {
      sm: GridConstants.SPAN_EIGHT,
      md: GridConstants.SPAN_TWELVE,
      lg: GridConstants.SPAN_TWELVE
    }
  }) {
    this.CoverIntroduction()    // 专辑介绍
  }

  GridCol({
    span: {
      sm: GridConstants.SPAN_TWELVE,
      md: GridConstants.SPAN_TWELVE,
      lg: GridConstants.SPAN_TWELVE
    }
  }) {
    this.CoverOptions()     // 控制区
  }

// ...省略其他代码
```

在栅格布局中，需要使用 GridRow 作为外层容器，内部元素包裹在 GridCol 中。通过为 GridCol 设置 span 属性（占据的格子数）来控制栅格中元素的尺寸。在上面的代码中，sm 状态下封面占 4 格、介绍占 8 格、控制区占 12 格（换下一行）。而在 md 和 lg 状态下，3 个区域各占 12 格。图 16-39 展示的是 sm 状态的界面，md 状态的界面效果如图 16-40 所示。

在折叠屏状态下，3 个组件都在左侧容器中占满了一行。另外，读者还可以观察到，折叠屏状态下元素的内边距、外边距都有所增大。边距样式的配置代码如下。

图 16-40　栅格折叠屏示例 UI

```
// MusicHome/features/musicList/src/main/ets/components/ AlbumComponent.ets
// ...省略其他代码
GridRow() {...}
  .padding({
    top: this.currentBreakpoint === BreakpointConstants.BREAKPOINT_SM ?
      $r('app.float.cover_padding_top_sm'):
      $r('app.float.cover_padding_top_other'),
    left: new BreakpointType({
      sm: $r('app.float.album_padding_sm'),       // 0vp
      md: $r('app.float.album_padding_md'),       // 10vp
      lg: $r('app.float.album_padding_lg')        // 20vp
    }).getValue(this.currentBreakpoint),
    right: new BreakpointType({
      sm: $r('app.float.album_padding_sm'),
      md: $r('app.float.album_padding_md'),
      lg: $r('app.float.album_padding_lg')
    }).getValue(this.currentBreakpoint)
  })
}.margin({
  left: new BreakpointType({
    sm: $r('app.float.cover_margin_sm'),          // 10vp
    md: $r('app.float.cover_margin_md'),          // 30vp
    lg: $r('app.float.cover_margin_lg')           // 40vp
  }).getValue(this.currentBreakpoint),
  right: new BreakpointType({
    sm: $r('app.float.cover_margin_sm'),
    md: $r('app.float.cover_margin_md'),
    lg: $r('app.float.cover_margin_lg')
  }).getValue(this.currentBreakpoint)
})
// ...省略其他代码
```

平板端的效果与折叠屏的效果类似,如图 16-41 所示。

图 16-41　栅格布局平板端示例 UI

可以看到，在手机端和折叠屏端的音乐列表都是一列的。而在平板端，由于界面更宽，音乐列表分成了两栏，其显示效果比将 ListItem 拉伸成一行更好。代码实现如下。

```
// MusicHome/features/musicList/src/main/ets/components/PlayList.ets

// 111 行
Column() {
this.PlayAll()
   List() {
     LazyForEach(new SongDataSource(this.songList),
       (item: SongItem, index: number) => {...},
       (item: SongItem, index?: number) => JSON.stringify(item) + index)
   }
   .width(StyleConstants.FULL_WIDTH)
   .backgroundColor(Color.White)
   .margin({ top: $r('app.float.list_area_margin_top') })
   .lanes(this.currentBreakpoint === BreakpointConstants.BREAKPOINT_LG ?
     ContentConstants.COL_TWO : ContentConstants.COL_ONE)
   .layoutWeight(1)
   .divider({...})
 }
// ...省略其他代码
```

在上面的代码中，List 组件配置了 1 个 lanes API。其效果是，若当前页面的断点是 lg，则设置为 2 栏；若是其他断点，则设置为 1 栏。

16.6　断点组件

断点组件是指根据断点情况控制自身显隐的组件，类似条件渲染。下面我们将围绕酷酷音乐项目的具体实践来讲解断点组件的运用。

首先来看页面的布局设计。在 UI 设计上，我们将界面划分成不同的区域，并根据不同设备的断点情况进行组合。表 16-6 是在手机端 sm 断点情况下显示的 4 个区域。另外，手机端还支持用户通过滑动手势切换封面和歌词。

表 16-6　UI 界面区域组成

序　号	区　　域	组　　成
1	标题区	Row 的 justifyContent 属性设置为 FlexAlign.SpaceBetween 来实现均分
2	专辑封面	Image 设置 aspectRatio 为 1，使图片宽高相等
3	歌曲信息	Column 沿垂直方向布局展示两行文本
4	播控区	使用 Slider 实现进度条

1. 手机端 UI

图 16-42 展示了酷酷音乐应用的音乐播放页面在手机端的显示效果，其中的数字对应表 16-6 中的各个区域。图 16-43 页面则是通过 Swiper 切换为歌词显示的界面。代码如下。

```
// MusicHome/features/musicList/src/main/ets/components/MusicControlComponent.ets

// 92 行
Row() {
  if (this.isFoldFull) {...}
  else if (this.currentBreakpoint ===
    BreakpointConstants.BREAKPOINT_LG) {...}
  else {
    Stack({ alignContent: Alignment.TopStart }) {
      Swiper() {
        MusicInfoComponent()
        // ...省略样式代码
        LyricsComponent({
          isShowControl: this.isShowControl,
          isTablet: this.isTabletFalse })
      }
      // ...省略样式代码
      .indicator(
        new DotIndicator()
          // ...省略样式代码
      )
      .clip(false)
      .loop(false)
      .onChange((index: number) => {...})

      TopAreaComponent({ isShowPlay: this.isShowPlay })
        // ...省略样式代码
    }
    // ...省略样式代码
  }
  // ...省略样式代码
}
```

注意：上述代码中的第一个判断条件 this.isFoldFull 对应的是折叠屏展开态；第二个判断条件对应的是 lg 下的组件结构，一般是平板设备；第三个判断 else 语句对应的是 sm 断点，对应手机设备。同时，折叠屏的非展开状态和 sm 断点使用相同的布局逻辑。

2. 折叠屏 UI

折叠屏完全展开的状态一般可以归属到 md 断点。因为页面更宽了，所以我们将歌词区域直接显示在页面中，从而不需要用户滑动了。折叠屏展开态 UI 如图 16-44 所示。

在折叠屏的 UI 界面，除了原来的 1～4 区域，还增加了两个功能区 5、6。折叠屏上额外的功能区如表 16-7 所示。

第 16 章 酷酷音乐

图 16-42 断点组件示例—音乐播放页—手机端 UI

图 16-43 音乐播放页—歌词显示

图 16-44 折叠屏展开态 UI

表 16-7 折叠屏上额外的功能区

序　号	区　　域	组　　成
5	歌词区域	Canvas 结合动画实现歌词滚动
6	歌词按钮区	"词" 按钮

折叠屏态的对应代码如下。

```
// MusicHome/features/musicList/src/main/ets/components/MusicControlComponent.ets

// 92 行
Row() {
  if (this.isFoldFull) {
    Column() {
      TopAreaComponent({ isShowPlay: this.isShowPlay })
        .margin({...})
      GridRow({
        columns: { md: BreakpointConstants.COLUMN_MD },   // 8
        gutter: BreakpointConstants.GUTTER_MUSIC_X
      }) {
        GridCol({ // 播放控制区
          span: { md: BreakpointConstants.SPAN_SM }
        }) {
          MusicInfoComponent()
        }
        .margin({...})
        GridCol({  // 歌词区
          span: { md: BreakpointConstants.SPAN_SM }
```

```
        }) {
          LyricsComponent({
            isShowControl: this.isShowControlLg,
            isTablet: this.isTabletFalse })
        }
        .padding({。。。})
      }
      .layoutWeight(1)
      .margin({。。。})
    }
    .layoutWeight(1)
    .padding({。。。})
  }
  else if (this.currentBreakpoint ===
    BreakpointConstants.BREAKPOINT_LG) {...}
  else {...}
```

在上面的代码逻辑中，折叠屏展开态中不再存在 Swiper 组件，而是直接展示播放控制区和歌词区。同时，设置 GridRow 在 md 态下总格数为 8，播控区和歌词区各占 4 格，从而实现 md 断点下播控区和歌词区分成左右两列展示的效果。

3. 平板端 UI

平板端布局和折叠屏展开态布局类似。由于界面变得更大更宽，其中的组件次序也略有变化，间隔也更大。注意，在区域 6 中增加了一个"收藏"按钮，如图 16-45 所示。

图 16-45　平板端 UI

平板端的布局代码如下。

```
// MusicHome/features/musicList/src/main/ets/components/MusicControlComponent.ets

// 93 行
if (this.isFoldFull) {...}
else if (this.currentBreakpoint === BreakpointConstants.BREAKPOINT_LG) {
  Column() {
    TopAreaComponent({ isShowPlay: this.isShowPlay })
```

```
            .padding({...})
          GridRow({
            columns:{
              md:BreakpointConstants.COLUMN_MD,
              lg:BreakpointConstants.COLUMN_LG                      // lg 下总格数为 12
            },
            gutter: BreakpointConstants.GUTTER_MUSIC_X
          }) {
            GridCol({  // 播控区的容器
              span:{
                md: BreakpointConstants.SPAN_SM,
                lg: BreakpointConstants.SPAN_SM                     // 占据 4 格
              },
              offset: { lg: BreakpointConstants.OFFSET_MD }         // 偏移 1 格
            }) {
              Column() {
                Image(this.songList[this.selectIndex].label)
                    // ...省略样式代码
                ControlAreaComponent()
              }
              .height(StyleConstants.FULL_HEIGHT)
              .justifyContent(FlexAlign.SpaceBetween)
              .margin({...})
            }
            GridCol({   // 歌词区的容器
              span:{
                md: BreakpointConstants.SPAN_SM,
                lg: BreakpointConstants.SPAN_MD                     // 占据 6 格
              },
              offset: { lg: BreakpointConstants.OFFSET_MD }         // 偏移 1 格
            }) {
              LyricsComponent({
                isShowControl: this.isShowControlLg,
                isTablet: this.isTablet
              })
            }
          }
          .layoutWeight(1)
          .padding({...})
        }
      } else {...}
// ...省略其他代码
```

  在上面的代码中使用了 offset 属性，这个属性的值表示当前格子相对于前一个格子偏移的格子数，即在左侧产生（格子宽度×offset）的间隔。在本例中，使用 offset 比用 gutter 明确指定数值更好。我们可以看到，代码中首先设置总屏幕的宽度为 12 格，播控区占据 4 格，歌词区占据 6 格，剩余的两格作为间隔，最后通过 offset 属性分别设置了 1 格的偏移量在播控区和歌词区上。这样，保证了整个界面的内容和间隔都能根据窗口的宽度按比例自动计算。断点组件 offset 效果如图 16-46 所示。

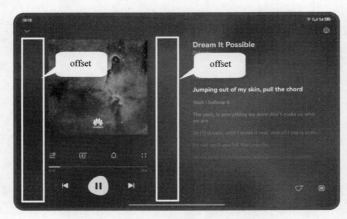

图 16-46　断点组件 offset 效果

16.7　多设备能力验证

APP 应用开发工作至少包含两个方面：UI 的设计开发和业务功能的实现。在前面的章节中我们已经了解了鸿蒙应用"一次开发、多端部署"的工程配置方法，以及基于断点的自适应布局方法。下面介绍如何解决不同设备功能支持不一致的兼容问题。

系统能力（system capability，SysCap）是指操作系统中每一个相对独立的特性能力，如蓝牙、Wi-Fi、NFC、摄像头、折叠全展开模式等，每个系统能力依赖目标设备支持而存在。系统能力可分为以下 3 个能力集。

- 支持能力集：设备具备的系统能力集合，可在设备配置文件中配置。
- 要求能力集：开发时要求必备的系统能力集合，可在应用配置文件中配置。
- 联想能力集：开发时 IDE 自动联想的所在系统的能力集合，可在应用配置文件中配置。

1. 能力动态判断

如果目标设备不支持某个系统能力，那么，我们在程序中是无法调用相关能力的 API 的。因此，为了保证程序能正常运行或判断是否需要开启功能降级方案，我们需要检查当前系统是否支持指定的系统能力，即要对系统能力进行动态判断。

> **要求能力集使用策略：**
> 如果某个系统能力没有写入应用的要求能力集中，那么，在使用前需要判断设备是否支持该系统能力。
> 如果某个系统能力写入了应用要求能力集中，则在程序中可以考虑不做特别细致的能力验证。因为在安装或者启动时，应用会对相关能力进行校验。若校验失败，则用户无法启动程序。

能力动态判断的方式分为以下两种。

（1）使用 CanIUse 接口判断是否支持，代码如下：

```
// CanIUse 示例
if (canIUse("SystemCapability.Communication.NFC.Core")) { // 是否支持 NFC
  console.log("该设备支持 SystemCapability.Communication.NFC.Core");
} else {
  console.log("该设备不支持 SystemCapability.Communication.NFC.Core");
}
```

（2）通过 import 的方式将能力相关模块导入。若当前设备不支持该能力，则 import 方式导入的结果会是 undefined。因此，开发者也可以通过判断 import 的内容是否存在，来确认系统能力相关的 API 是否存在。

```
// import 验证示例
import controller from '@ohos.nfc.controller';
try {
   controller.enableNfc();
   console.log("controller enableNfc success");
} catch (busiError) {
   console.log("controller enableNfc busiError: " + busiError);
}
```

下面来看能力动态验证在酷酷音乐项目中的使用。

```
/ MusicHome/features/musicList/src/main/ets/components/MusicControlComponent.ets
// 47 行
Private callback: Callback<display.FoldDisplayMode> =
(data: display.FoldDisplayMode) => {
    if (canIUse('SystemCapability.Window.SessionManager')) {
      if (data === display.FoldDisplayMode.FOLD_DISPLAY_MODE_FULL) {
        this.isFoldFull = true;
      } else {
        this.isFoldFull = false;
      }
    }
};
```

上面代码的作用是检查折叠屏是否完全展开，以进行布局的自适应。由于不是所有的设备都支持这个是否展开的 API（display.FoldDisplayMode.FOLD_DISPLAY_MODE_FULL），所以，在使用这个 API 之前需要先进行验证。

2. 配置联想和要求能力集

IDE 会根据工程所支持的设备自动配置联想能力集和要求能力集。如果有需要，项目也支持开发者对能力集的配置进行自定义修改，从而更好地适配不同系统，配置文件示例如下。

```
// syscap.json
{
    "devices": {
        "general": [       // 每一个典型设备对应一个 syscap 支持能力集，可配置多个典型设备
            "default",
            "tablet"
        ],
        "custom": [        // 厂家自定义设备
            {
                "某自定义设备": [
```

```
                    "SystemCapability.Communication.SoftBus.Core"
                ]
            }
        ]
    },
    // addedSysCaps 内的 sycap 集合与 devices 中配置的各设备支持的 syscap 集合的并集
    //共同构成联想能力集
    "development": {
        "addedSysCaps": [
            "SystemCapability.Communication.NFC.Core"
        ]
    },
    // 配置要求能力集要慎重添加，因为这可能导致应用无法分发到目标设备上
    // 当该要求能力集为某设备的子集时，应用才可被分发到该设备上
    "production": {
        "addedSysCaps": [],
        "removedSysCaps": []
        // devices 中配置的各设备支持的 syscap 集合的交集，添加 addedSysCaps 集合
        // 再除去 removedSysCaps 集合，共同构成要求能力集
    }
}
```

3. 能力集总结

从软件开发到用户使用，APP 通常要经过分发、下载、安装、运行等环节。借助 SysCap 机制，我们可以在各个环节中根据系统能力对 APP 的分发加以拦截或管控，保证用户的 APP 可以在设备上正常安装和使用。

各阶段的 SysCap 策略如表 16-8 所示。

表 16-8　各阶段的 SysCap 策略

阶　　段	策　　略
分发和下载	只有当应用的要求能力集是设备支持能力集的子集时（设备满足应用运行要求），才可以分发到该设备
安装	只有当应用要求能力集是设备支持能力集的子集时，才可以安装到该设备上
运行	应用在使用要求能力集之外的能力前，需要动态判断相应系统能力的有效性，防止崩溃或功能异常

通过 SysCap 机制，可以帮助开发者仅关注设备的系统能力，而不用考虑成百上千种具体的设备类型，降低了多设备应用开发的难度。

16.8　后台运行

酷酷音乐的核心功能是播放音乐。当用户开始播放音乐后，往往不会一直停留在音乐播放 APP 中。例如，用户可能会关闭屏幕，也可能会运行其他应用。无论哪种情况，我们都需要确保音乐能在后台继续播放。下面我们来看在酷酷音乐中是怎么实现的。

首先，要想使音乐在后台播放，需要开启对应的权限。

```
// products/phone/src/main/module.json5
// 在入口模块的配置文件中申请后台运行权限
// 在酷酷音乐项目中就是各个设备的入口模块
"requestPermissions": [
  {
    "name": "ohos.permission.KEEP_BACKGROUND_RUNNING",
    "reason": "$string:reason_background",
    "usedScene": {
      "abilities": ["EntryAbility"],
      "when": "always"
    }
  }
],
```

编写后台运行工具类，在该类中获取应用的 ability，并执行后台任务。

```
// MusicHome/common/mediaCommon/src/main/ets/utils/BackgroundUtil.ets
// ...省略其他代码
export class BackgroundUtil {
 public static startContinuousTask(context?:common.UIAbilityContext):void {
    if (!context) {
      Logger.error('this avPlayer: ', `context undefined`);
      return
    }
    let wantAgentInfo: wantAgent.WantAgentInfo = {
      wants: [
        {
          // 要执行后台任务的应用 ability 模块信息
          bundleName: context.abilityInfo.bundleName,
          abilityName: context.abilityInfo.name
        }
      ],
      // 启动 ability
      operationType: wantAgent.OperationType.START_ABILITY,
      requestCode: 0,
      wantAgentFlags: [wantAgent.WantAgentFlags.UPDATE_PRESENT_FLAG]
    };

    wantAgent.getWantAgent(wantAgentInfo).then((wantAgentObj: Object) => {
      try {
        // 执行后台任务：音乐播放
        backgroundTaskManager.startBackgroundRunning(
          context,
          backgroundTaskManager.BackgroundMode.AUDIO_PLAYBACK,
          wantAgentObj
        ).then(() => {
          Logger.info('this avPlayer: ',
            'startBackgroundRunning succeeded');
        }).catch((error: BusinessError) => {
          Logger.error(
            'this avPlayer: ',
            `startBackgroundRunning failed Cause: code ${error.code}`
          );
        });
      } catch (error) {
```

```
      Logger.error(
        'this avPlayer: ',
        `startBackgroundRunning failed.
        code ${(error as BusinessError).code}
        message ${(error as BusinessError).message}`
      );
    }
  });
}

// ...省略其他代码
```

在后台运行工具类中，提供了 startContinuousTask 方法来开启后台播放任务，以及 stopContinuousTask 方法来关闭后台播放任务。

那么，启动后台播放任务的时机是什么时候呢？当应用切换到后台的时候？或者是监听到屏幕关闭的事件？实际上，我们只需要在启动音乐播放时就直接开启后台任务即可。

项目中的代码片段如下。

代码片段 1：

```
// MusicHome/common/mediaCommon/src/main/ets/utils/MediaService.ets
// ...省略其他代码
// 387 行
/**
 * Play music.
 */
public async play() {
  Logger.info(TAG, 'AVPlayer play() isPrepared:' + this.isPrepared + ', state:' + this.state);
  BackgroundUtil.startContinuousTask(this.context); // 播放时启动后台任务
  if (!this.isPrepared) {
    this.start(0);
  } else if (this.avPlayer) {
    this.avPlayer.play().then(() => {...})
  }
}
```

代码片段 2：

```
// MusicHome/common/mediaCommon/src/main/ets/utils/MediaService.ets
// ...省略其他代码
// 277 行
/**
 * Play music by index.
 *
 * @param musicIndex
 */
async loadAssent(musicIndex: number) {
  if (musicIndex >= this.songList.length) {...}
  BackgroundUtil.startContinuousTask(this.context); // 播放时启动后台任务
  this.updateMusicIndex(musicIndex);
  if (this.isFirst && this.avPlayer) {...} else {...}
}
```

上面两段代码分别对应用户单击播放键和在歌单中选择某一首歌进行播放时执行的代码片段。

当触发播放逻辑时,就会执行上面配置的后台播放代码来开启后台任务。

16.9 一镜到底

一镜到底是指一种交互效果,其效果是,当用户触发交互后,相应的功能页面会从下方弹出,并占据整个窗口(全屏)与用户交互。这与传统页面的"跳转-后退"切换方式不同。一镜到底示例:播放器界面如图 16-47 所示。

图 16-47 一镜到底示例:播放器界面

在酷酷音乐应用中,用户单击歌曲的播放条后,歌曲播放界面会以流畅的动画效果从屏幕底部向上滑出,以全屏显示并为用户提供交互操作。当用户向下拉动歌曲播放界面时,播放界面会向下滑动并退场。其实现方式如下。

(1)将播放条与全屏模态框进行绑定,代码如下。

```
// MusicHome/features/musicList/src/main/ets/components/Player.ets
// 158 行
.bindContentCover(                    // 单击后显示全屏模态窗口
    $$this.isShowPlay,                // 为 true 时显示窗口
    this.musicPlayBuilder(),          // 窗口中的元素(界面)
    ModalTransition.DEFAULT           // 转场方式
)
```

(2)通过 bindContentCover API,单击播放条后会显示全屏模态框,模态框内是歌曲播放界面,但此时还没有"向上弹出"的效果。下面是设置播放页入场动效的代码。

```
// MusicHome/features/musicList/src/main/ets/components/Player.ets
// 181 行
@Builder
musicPlayBuilder() {
    Column() {...}
    .height(StyleConstants.FULL_WIDTH)
    .width(StyleConstants.FULL_HEIGHT)
    .justifyContent(FlexAlign.End)
    .transition(   // 自定义转场效果
        TransitionEffect.translate({ y: 1000 })  // y轴下方1000 处进入
        .animation({ curve: curves.springMotion(0.6, 0.8) }))
        // 动画效果-弹性曲线
    )
}
```

(3)除了入场动效,还有退场动效。在酷酷音乐项目中我们使用下拉退场的方式,其实现代码

如下。

```
// MusicHome/features/musicList/src/main/ets/components/Player.ets
// 35 行
@State componentHeight: number = 0;                          // 组件高度
@StorageLink('deviceHeight') deviceHeight: number = 0;
private panOption: PanGestureOptions =
  new PanGestureOptions({ direction: PanDirection.Vertical });   // 垂直手势

// 181 行
@Builder
  musicPlayBuilder() {
    Column() {
      Column() {
        MusicControlComponent({ isShowPlay: this.isShowPlay })
      }
      .height((100 - this.componentHeight) + '%')
      // 用户向下拉动时，组件高度增加，音乐播放页面的高度随之减小
    }
// ...省略其他代码

// 228 行
.gesture(
    PanGesture(this.panOption)
      .onActionUpdate((event?: GestureEvent) => {   // 向下滑动时监听
        if (event) {
          // offsetY: 转换滑动位移。垂直方向上用户手势的偏移量，相当于向下滑动的距离
          let height = event.offsetY / this.deviceHeight * 100;
          // 得到后方组件高度
          this.componentHeight = height;
          if (this.componentHeight < 0) {
            this.componentHeight = 0;
          }
        }
      })
      .onActionEnd(() => {   // 用户滑动交互结束时
        if (this.componentHeight > 40) {
          // 如果后方组件高度超过 40，则认为用户想隐藏播放面板
          this.isShowPlay = false;
        } else {
          this.componentHeight = 0;
        }
      })
)
// ...省略其他代码
```